省域新型电力系统
调度运行与控制

SHENGYU XINXING DIANLI XITONG
DIAODU YUNXING YU KONGZHI

国网浙江省电力有限公司◎编著

企业管理出版社
ENTERPRISE MANAGEMENT PUBLISHING HOUSE

图书在版编目（CIP）数据

省域新型电力系统调度运行与控制 / 国网浙江省电力有限公司编著. -- 北京 : 企业管理出版社, 2024.10（2025.1 重印）

ISBN 978-7-5164-2928-0

Ⅰ. ①省… Ⅱ. ①国… Ⅲ. ①电力系统调度－研究②电力系统运行－研究③电力系统自动化－自动控制－研究 Ⅳ. ① TM73 ② TM763

中国国家版本馆 CIP 数据核字（2023）第 185527 号

书　　名：省域新型电力系统调度运行与控制
书　　号：ISBN 978-7-5164-2928-0
作　　者：国网浙江省电力有限公司
责任编辑：刘玉双
出版发行：企业管理出版社
经　　销：新华书店
地　　址：北京市海淀区紫竹院南路17号　邮　　编：100048
网　　址：http://www. emph. cn　电子信箱：26814134@qq.com
电　　话：编辑部（010）68701661　发行部（010）68701816
印　　刷：北京亿友数字印刷有限公司
版　　次：2024年10月第1版
印　　次：2025年1月第2次印刷
开　　本：787mm×1092mm　1/16
印　　张：18.25印张
字　　数：336千字
定　　价：88.00元

编委会

序

在我国全面深化改革，推进中国式现代化的进程中，电力需求保持着较快增长。党的二十届三中全会提出，要加快规划建设新型能源体系，完善新能源消纳和调控政策措施。新型电力系统是新型能源体系的重要组成部分，也是实现新能源高效可靠消纳的关键载体。新能源的迅猛发展，特别是风电、光伏等可再生能源的大规模并网，正深刻改变着电力系统的面貌，对电力系统调度运行与控制提出了前所未有的挑战。如何精准应对新能源的间歇性与波动性，确保电力系统在复杂多变的环境中保持安全、稳定、高效运行，同时最大化清洁能源的利用价值，已成为电力行业亟待破解的难题。基于这样的背景，《省域新型电力系统调度运行与控制》一书应运而生，它犹如一座桥梁，连接着理论研究与实践应用，为新型电力系统的建设与发展提供了重要的智力支持。本书由一群深耕电力系统调度运行与控制领域的专家撰写，旨在系统性地探讨省域新型电力系统调度运行与控制面临的关键问题，提出相应的解决方案，并分享浙江电网的实践应用案例。这不仅是对当前理论研究的一次深入总结，更是对未来发展趋势的前瞻性探索。

本书内容丰富、结构严谨，涵盖了新型电力系统运行机理和防御控制、电力电量平衡、源网荷储协同调控、有源配电网管理和主配网协同运行机制、电网理想调度、电力现货市场与碳交易市场协同机制、智慧调度支撑体系、保护控制体系、广域调度通信网，以及监控网络安全等多个方面。每部分内容都紧密结合当前电力系统的实际情况，深入剖析了存在的问题，提出了切实可行的解决方案，并辅以翔实的案例说明。

值得一提的是，本书不仅注重理论研究的深度和广度，更强调实践应用的可操作性和实效性。通过介绍浙江电网在新型电力系统调度运行与控制方面的实践案例，我们可以清晰地看到理论研究如何转化为实际应用，以及这些应用如何推动电力系统的转型升级。这些案例不仅为我们提供了宝贵的经验借鉴，更为我们未来的工作指明了方向。

总之，《省域新型电力系统调度运行与控制》不仅是一本内容丰富、结构严谨的学术著作，更是一本具有很高实用价值的实践指南。它以其独特的视角、深入的分析和丰富的案例，为我国新型电力系统的建设和发展提供了有力的支撑和推动。我相信，本书的出版将为广大电力系统工作者带来深刻的启发和宝贵的收获，推动我国电力行业向更加安全、高效、清洁、低碳的方向发展。

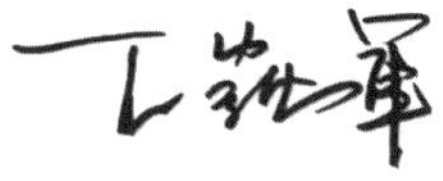

2024 年 9 月

前　言

《省域新型电力系统调度运行与控制》一书的核心在于系统性地梳理并分析了省域新型电力系统调度运行与控制的关键问题与挑战。新型电力系统的构建是一个复杂而庞大的系统工程，其中调度运行与控制作为核心环节，直接关系到电力系统的安全稳定运行、能源的高效利用，以及清洁能源的广泛消纳。因此，本书在内容安排上，特别注重理论与实践的紧密结合，力求为读者呈现一个既具有理论深度又具备实践指导意义的完整框架。

本书的内容覆盖了新型电力系统调度运行与控制的核心议题。

在理论层面，本书对新型电力系统的运行机理进行了全面剖析，揭示了其独特的运行规律与特性。通过引入先进的数学模型与仿真技术，本书深入研究了电力系统的动态行为，为调度运行与控制策略的制定提供了坚实的理论基础。同时，本书还深入探讨了电力系统的防御控制策略，提出了一系列旨在提高系统稳定性与可靠性的创新方法，为电力系统的安全稳定运行提供了有力保障。

在实践应用方面，本书更是下足了功夫。通过详细分析浙江电网的实践案例，本书生动展现了新型电力系统调度运行与控制在实际工作中的应用场景与效果。这些案例不仅涵盖了电力系统调度运行与控制的各个方面，如电力电量平衡、源网荷储协同调控、有源配电网管理等，还深入探讨了电力现货市场与碳交易市场的协同机制，以及智慧调度支撑体系、保护控制体系、广域调度通信网和监控网络安全等前沿领域的研究与实践情况。通过这些案例的分享，读者可以更加直观地了解新型电力系统调度运行与控制的复杂性与多样性，从而更加有效地应对实际工作中的挑战。

此外，本书还特别注重对未来发展趋势的预测与展望。在总结当前研究成果的基础上，本书结合国内外最新的技术动态与政策导向，对新型电力系统调度运行与控制领域的发展趋势进行了深入分析。从智能电网、微电网、虚拟电厂等新型电力系统形态的发展，到人工智能、大数据、云计算等先进技术在电力系统调度运行与控制中的应用，本书都进行了全面深入的探讨。这些预测与展望不仅为读者提供了宝贵的信息资源，更为未来新型电力系统的建设与发展指明了方向。

总之，《省域新型电力系统调度运行与控制》一书是对新型电力系统调度运行与控制领域的一次全面深入的探索和总结。希望本书的出版，能够为广大电力系统工作者提供有益的参考和启示，共同推动我国新型电力系统的建设和发展。

编写组

2024 年 8 月

目 录

第 1 章

概　述

1.1 “3060”双碳战略和新型电力系统建设

2020 年 9 月，习近平在第七十五届联合国大会一般性辩论上发表重要讲话指出，中国将提高国家自主贡献力度，采取更加有力的政策和措施，二氧化碳排放力争于 2030 年前达到峰值，努力争取 2060 年前实现碳中和。

实现“双碳”目标，是一场广泛而深刻的经济社会系统性变革，不是轻轻松松就能实现的。要提高战略思维能力，把系统观念贯穿“双碳”工作全过程。要坚持先立后破、通盘谋划。注重处理好发展和减排、整体和局部、长远目标和短期目标、政府和市场的关系。

2020 年我国能源相关碳排放占全社会碳排放的 72.7%，具体到行业，电力行业的碳排放占比高达 40%，是第一碳排放大户。实现“双碳”目标，能源是主战场，电力是主力军，电网是排头兵，大力发展风能、太阳能等新能源是关键。实现“双碳”目标，以电网为平台，数字化、标准化为支撑，在生产侧实现清洁化，在消费侧实现高度电气化。电力系统不仅自身要实现碳中和，还要承接工业、建筑、交通等领域转移的能源消耗和碳排放，助力全社会实现碳中和。

2021 年 3 月 15 日，习近平总书记在中央财经委员会第九次会议上提出要深化电力体制改革，构建以新能源为主体的新型电力系统。2022 年 10 月，党的二十大报告提出加快规划建设新型能源体系，为新时代能源电力发展提供了根本遵循。2023 年 6 月国家能源局组织发布《新型电力系统发展蓝皮书》，全面阐述新型电力系统的发展理念、内涵特征，描绘发展阶段及显著特点，提出了建设新型电力系统的总体架构和重点任务。

调度系统作为电力系统运行的指挥中枢，承担着保障电力供应、电网安全和服务发展等重大责任。面对新时代、新形势、新任务，调度系统亟须不断推动管理和技术创新，构建适应新型电力系统的调度体系，提升调度驾驭电力系统的能力，保障电力安全可靠供应，服务能源绿色低碳转型。

1.2 省域新型电力系统运行面临的挑战

为保障省域新型电力系统运行的安全可靠、清洁低碳、经济高效，电网调度运行面临来自源荷平衡、运行控制、市场机制、技术升级和管理转型五个方面的挑战。

第一，源网荷储大规模发展重塑供需平衡方式，电力电量平衡存在时空不确定性、多时间尺度性和综合能源耦合性。一是，大规模新能源接入使电网平衡的概率化特征更为明显，其出力不确定性要求电网具备更多的弹性运行空间，使电力电量平衡方式安排难度进一步增大。二是，传统“年 / 月 / 日 / 实时”的平衡安排时间尺度已难以适应新能源出力在多时间尺度上的波动性，实时滚动的电网平衡安排需求更为迫切。三是，一二次能源紧密耦合影响电力电量平衡和全网保供能力。在寒潮、大面积长时间阴雨天等情况下，需要传统煤电机组和省外受电兜底，电力电量平衡将向上游电煤、燃气和水电等综合能源平衡传导。如何实现源网荷储友好互动、多种能源互通互济，提升电网弹性平衡能力，亟须全新的平衡措施与理论技术支撑。

第二，调度对象趋向分散多元，“双高”系统特性日益显著，电网运行控制方式与安全防御体系亟须升级。一是，新能源具有单体容量小、数量多、通信接入局限等特点，分布式源网荷储等资源均接入低压配网。以浙江电网为例，预计到 2030 年，接入配网的新能源发电主体数量可达 60 万个，调度运行控制难度提升。二是，新能源控制策略对电网稳定形态影响复杂，系统调频调压、转动惯量、短路电流等运行指标发生变化，对电网“三道防线”等安全防御体系提出更高要求，安全运行不确定性增加。例如，直流闭锁等重大故障后新能源大规模脱网风险，分布式电源接入配网后导致短路电流分布存在差异，部分方式下短路电流不过零点。分散调度资源的有效控制策略和新型安全防御体系亟待研究。

第三，电力市场参与主体增加，清洁低碳约束增强，电力现货市场与碳交易市场协同运行机制仍需完善。一是，在推动多元主体参与市场交易的背景下，可中断负荷、储能、虚拟电厂等第三方独立主体逐步引入，导致电力现货市场出清更为复杂，对发电统筹、计划检修、故障处置和出清模式等方面提出了更高要求。二是，在“双碳”背景下，市场约束边界增加了清洁低碳要求，新能源参与电力现货市场的需求不断增强，新能源发电出力预测变化直接影响市场需求，且碳市场与电力市场如何协同发展的机制有待进一步探索。

第四，海量调度对象的运行感知、信息交互和网络安防等问题日益突出，调度支持系统的数字化升级更趋迫切。新型电力系统建设加速了电网向广泛互联互通的能源互联网演进，电网调控对象和市场主体将从现有的数百台直调机组扩展至多类型、多电压等级的海量源网荷储资源，对调度支持系统的运行感知和信息交互提出了更高要求。同时，光纤、5G 和无线等多种分布式资源接入形式，进一步扩大了电力监控系统网络的暴露范围，网络安防形势更为严峻。因此，亟须以推进数字化转型为契机，统筹调度支持系统数字化升级改造和融合发展，以数智通信新技术赋能新型电力系统安全可靠运行。以浙江电网为例，预计到 2030 年，省级调度技术支持系统直接采集测点数量将由当前45万快速增长至200万，汇集数据将达到1PB每年。

第五，新型电力系统生产组织方式变革要求现有调度管理模式转型升级。分布式新能源、可控负荷和新型储能等调度对象主要接入低压配网，调管范围逐级下沉至地县级调控机构。现有的省地县三级调度管理模式是垂直的、单向的、较为独立的，且源网荷储各类调度技术规范有待完善，难以满足大电网与分布式、微电网融合发展的新要求。因此，对现有调度模式亟须进行适应性升级，强化省地县三级调度的业务融合和专业管理，形成与新型电力系统生产组织关系相匹配的调度管理模式。

1.3 新型电力系统调度运行与控制体系框架

实现省域新型电力系统的安全、低碳、高效运行，是一项颠覆性、挑战性和开创性并存的全局工作，对电网调度运行工作提出了新的要求。电网调度运行角色定位将从传统电网生产运行组织机构，向新型电力系统的“安全运行者”、能源清洁配置的“高效组织者”转变，迫切要求推动省域调度运行与控制体系转型升级（如图1-1所示）。

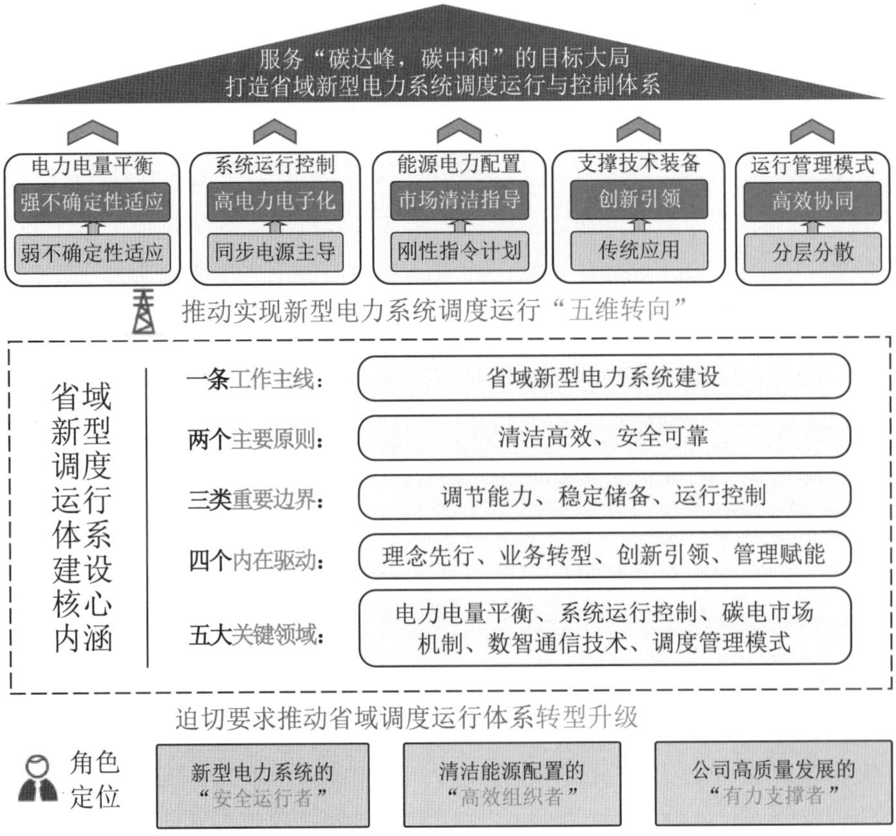

图1-1 构建新型电力系统调度体系省级示范实施框架

新型电力系统调度运行与控制体系的核心内涵是坚持省域新型电力系统建设一条主线；贯彻“清洁高效、安全可靠”的两大原则；把握“调节能力、稳定储备、运行控制”三类重要边界；统筹“理念先行、业务转型、创新引领、管理赋能”四个内在驱动；重点攻关“电力电量平衡、系统运行控制、碳电市场机制、数智通信技术、调度管理模式”五大关键领域，全面推进“发-输-配-用”全流程协同管控、“源-网-荷-储”全要素协调互动，全面支撑省域新型电力系统落地运行。

新型电力系统调度体系的核心成效是实现新型电力系统调度运行的五维转向，即电力电量平衡从“弱不确定性适应”转向“强不确定性适应”；系统运行控制从“同步电源主导”转向“高电力电子化”；能源电力配置从“刚性指令计划”转向“市场清洁指导”；支撑技术装备从“传统应用”转向“创新引领”；运行管理模式从“分层分散”到“高效协同”。

三类重要边界。调节能力边界，合理设定新能源与灵活性资源的运行配比。从资源类型、调节容量、调节速率和控制时长四个维度进行灵活性资源调用，满足电网备用、调峰、调频、调压、断面潮流控制和省际交换功率等运行需求，在实现新能源有效利用的同时保障电网安全稳定运行。稳定储备边界，合理规定电网安全稳定运行的储备要求。科学设计各电压等级网架，进行保护和安自装置适应性升级，保障电网运行满足频率稳定、电压稳定、小干扰稳定和大干扰稳定等运行储备要求。运行控制边界，自动化和信息通信技术迭代升级，满足海量分散调度对象的接入、处理、计算、存储、展示与交互，提升新能源和负荷预测精度，实现“可观、可塑、可控”目标要求。

四个内在驱动。理念先行，深刻把握新型电力系统建设和内外部改革带来的先发优势，充分认知调控系统在保障新型电力系统安全清洁运行方面的重要使命，统一思想、凝聚力量，奋力推进省域新型电力系统转型升级。业务转型，重点攻关电网调度运行在电力电量平衡、系统运行控制、碳电市场机制、数智通信技术等方面的业务转型，筑牢新型电力系统安全运行生命线。创新引领，依托重点科技攻关项目，构建新型电力系统运行控制与调度模式的研究课题框架，为新型电力系统调度体系提供坚强理论保障和有力技术支撑。管理赋能，推进省地县三级调度机构的纵向贯通、横向融合，强化输配全电压等级、源网荷储全要素调度管理，提升调度运行承载力。

五大关键领域。电力电量平衡，充分发挥灵活性调节资源平抑源荷双侧不确定性的作用，保障多时间尺度电力供需平衡。系统运行控制，研究新型电力系统运行机理，进行电网安全防御体系适应性升级。碳电市场机制，发挥电力现货市场对电力资源的配置作用，进一步促进碳电协同市场赋能。数智通信技术，推进新一代调度技术支持系统应用，加强变电站二次系统和多级通信网络建设。调度管理模式，强化省地县三级调度协同，构建理想调度后评估体系，完善源网荷储技术规范，推动调度管理模式转型升级。

1.4 本书主要内容

本书旨在充分考虑新型电力系统建设不断推进背景下系统运行特性的转变和省域电网调控业务面临的现实困境，结合各类新方法、新装备和新机制，分析现有技术和管理模式存在的问题，并提供相应的解决方案。通过理论方法介绍、发展趋势建议和实际应用案例分析相结合的方式，提高对省域新型电力系统的认识水平和运行管理能力。

全书共 12 章，各章的主要内容如下。

第 1 章　概述。介绍省域新型电力系统调度运行与控制体系建设的背景、面临的挑战、体系框架及本书主要内容。

第 2 章　新型电力系统运行机理和防御控制。分析短路电流、暂态和静态稳定等新型电力系统运行特性变化趋势，阐述主流的稳定分析相关方法，提出提升系统运行稳定性的建议并介绍相关实践应用。

第 3 章　应对源荷双侧不确定性的电力电量平衡。分析当前电力电量平衡面临的问题，阐述考虑不确定性的电力电量平衡关键技术，对新形势下电力电量平衡管理模式提出建议并介绍相关实践应用。

第 4 章　源网荷储协同调控能力提升与高效互动。分析源网荷储协同对新型电力系统运行的意义，阐述支撑源网荷储协同的关键技术，提出深化源网荷储协同调控的建议并介绍相关实践应用。

第 5 章　有源配电网管理和主配网协同运行机制。分析有源配网的发展状况及存在的问题，阐述实现有源配网高效调控的关键技术，提出适应配网有源化的建议并介绍相关实践应用。

第 6 章　面向“安全－经济－低碳－能效”的电网理想调度。介绍理想调度的基本理念和实践基础，阐述实施理想调度的相关关键技术，提出提升电网运行理想度的建议并介绍相关实践应用。

第 7 章　电力现货市场与碳交易市场协同机制。分析电力现货市场和碳交易市场的建设现状，阐述碳电市场协同的相关关键技术，提出新型电力系统下开展现货市场和碳市场建设的建议并介绍相关实践应用。

第8章 面向数字化转型的智慧调度支撑体系。分析电网数字化转型的实践基础和需求，阐述基于大数据和人工智能的相关关键技术，提出新型电力系统智慧调度体系的构建建议并介绍相关实践应用。

第9章 适应新型电力系统的保护控制体系。分析新能源大规模接入下交直流混联电网继电保护面临的挑战，阐述控制与保护协同的关键技术，提出新型电力系统保护控制建议并介绍相关实践应用。

第10章 适应分散资源发展的广域调度通信网。分析当前电力通信网运行面临的挑战，阐述面向分散资源接入的调度通信网络关键技术，提出促进电力通信网适应分散资源发展的建议并介绍相关实践应用。

第11章 面向新型电力系统的监控网络安全。分析电力监控网络安全的发展背景与状况，阐述新型电力系统监控网络安全关键技术，提出电力监控系统网络安全发展趋势及建议并介绍相关实践应用。

第12章 总结与展望。介绍本书内容与创新点、局限性与不足、未来研究工作展望。

编者在电力系统中工作时间和经验水平有限，再加上时间比较匆促，书中难免有不足之处，欢迎广大读者及有关专家批评指正。

第2章

新型电力系统运行机理和防御控制

2.1 新型电力系统特性变化及其面临的挑战

电力系统正在从以火电为主的传统电力系统向以新能源为主的新型电力系统转型。与火电等传统能源不同，新能源发电通过电力电子装置接入电网，其物理结构、发电特性与传统同步机有显著差异。以火电为主的传统电力系统的分析与控制方法无法完全适用于新能源占比逐渐提高的新型电力系统，完善保障新型电力系统安全稳定运行的理论与技术，是构建新型电力系统面临的重要挑战之一。

随着新能源在电力系统中的渗透水平不断提高，电力电子设备比重不断增加，电力系统逐渐演变为含高比例电力电子装备的新型电力系统。新型电力系统中，电力电子设备的动态特性复杂，与传统同步发电机组相比存在明显差异：响应速度快，数量规模庞大，动态特性复杂建模困难；惯性小，需要交流电网提供频率和电压支撑。这些差异性对系统运行控制提出了更高要求，给系统的安全和经济运行造成重大威胁。

从电力系统角度而言，高比例可再生能源和高比例电力电子设备的“双高”特性日益凸显，安全稳定运行面临较大风险挑战。相比于同步发电机主导的传统电力系统，“双高”电力系统低惯量、低阻尼、弱电压支撑等特征明显，且我国电网呈现交直流送受端强耦合、电压层级复杂的电网形态，送受端电网之间、高低压层级电网之间协调难度大，故障易引发连锁反应。中东部地区多条直流集中馈入，本地电源支撑能力弱，电压频率稳定问题严峻，同时形成多个密集通道，电网安全风险突出。随着高比例新能源、新型储能、柔性直流输电等电力技术快速发展和推广应用，系统主体多元化、电网形态复杂化、运行方式多样化的特点愈发明显，对电力系统安全、高效、优化运行提出了更大挑战。为此，探索含高比例电力电子设备的电力系统的稳定机理，构建新的稳定性分析方法体系，提出相应的控制措施，对于提升我国未来电力系统运行的安全稳定性具有重要的科学意义和工程价值。

经典稳定性分类只针对同步发电机主导的电力系统，对很多新型稳定问题不能完全覆盖。在这一背景下，IEEE 和 CIGRE 成立了联合工作组，并于 2020 年 4 月发布了“含高渗透率电力电子接口设备电力系统的动态行为特征与稳定性定义”的技术报告，保留了 2004 年功角稳定、电压稳定和频率稳定的稳定性定义，同时考虑到变流器接口发电设备接入后对系统动态的影响，扩展出宽频振荡稳定性这一类新的稳定性分支（如图 2-1 所示）。

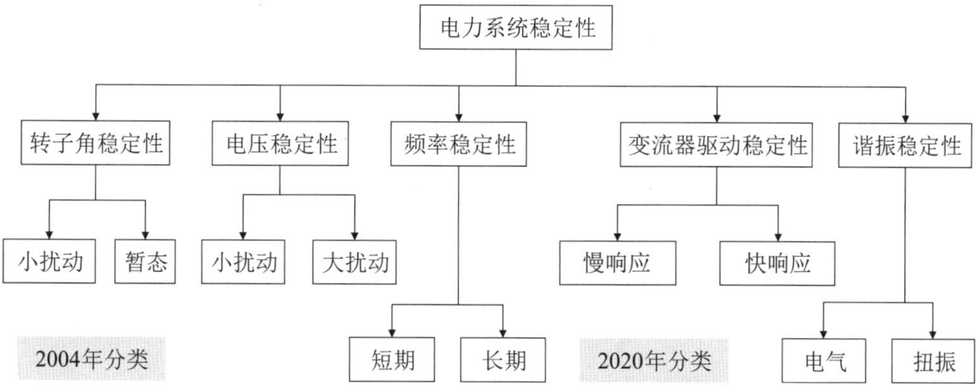

图 2-1　IEEE 电力系统稳定的新分类（2004 年 + 2020 年）

本章基于新型电力系统并网主体变化后的稳定机理不清晰、控制策略不适应等问题，分别从短路电流特性、同步稳定性、电压稳定性、频率稳定性、宽频振荡稳定问题等五个方面，对新能源等电力电子装备大规模接入后的稳定特性演化趋势进行探讨，给出目前较为实用的理论或工程分析方法，然后提出适合新型电力系统发展的稳定控制方法。本章最后根据稳定特性的发展趋势，给出下一阶段集中攻关方向的相关建议，并展示目前浙江电网正在开展或已经应用的相关实践，期望可以为省域新型电力系统的稳定机理分析与防御控制手段提供借鉴意义。

2.2　新型电力系统稳定特性机理分析及防御控制

2.2.1　短路电流演化趋势及分析控制方法

1. 新型电力系统短路电流特性演化趋势分析

短路故障指电力系统在运行中线路或电气设备相与相或相与地之间发生的一种非正常连接。电力系统发生短路故障时，会产生远高于额定值的故障电流，对电力系统运行和电气设备都产生严重危害。故障电流的大小取决于短路点距电源的电气距离，且随着两者电气距离的减小迅速增大。

在传统电力系统中，短路电流主要来源于同步发电机，其大小由同步发电机的内电势、等值阻抗和系统参数决定。同步发电机提供的短路电流一般可达到额定电流的 10 倍。

在新型电力系统中，系统短路电流的来源包括同步发电机和电力电子装置。新能源发电机组通过电力电子变流器并网，其短路电流由控制特性主导，主要由并网变流器控制算法及系统参数决定。随着大规模新能源机组的并网运行，短路电流的来源增多，提供机理更为复杂，对评估和分析短路电流的能力提出更高要求。

以浙江电网为例，浙江电网短路电流呈现主网短路电流超标和局部区域短路电流不足并存的特征。在高压主网层面，为满足持续增长的用电需求，浙江电网电源规模不断增长，短路电流水平普遍偏高，部分厂站短路电流裕度仅为1千安到2千安。尤其是杭嘉湖等浙北区域以及特高压变电站附近，容易出现短路电流接近开关开断能力的情况。新能源大量接入后，所提供的短路电流与传统同步发电机组叠加，使得短路电流总体水平呈现上升趋势，超标风险进一步增大。因此短路电流问题或将成为制约新能源进一步接入的关键因素之一。

在新能源密集接入区域或山区海岛等局部偏远的中低压网络区域，存在短路电流不足的现象。由于电力电子变流器的电流耐受能力有限，新能源提供的短路电流通常不会大于1.2倍额定电流，远小于同步发电机组提供的短路电流。在新能源大规模接入的偏远地区，负荷距离电源较远，加之传统同步机组装机容量较低，易出现电网薄弱、短路容量不足的情况。这种情况在负荷较轻、同步发电机开机较少的运行时段尤为明显。在新能源占比较高的区域也可能出现短路容量不足的情况，这将导致新能源及常规直流无法可靠运行或继电保护装置无法正常动作。

因此，如何将短路电流控制在合理的范围内，已经成为保障新能源大规模接入情况下省域电网安全经济运行的迫切问题。常规短路电流控制措施存在削弱网架结构、稳定水平、供电能力，供电可靠性下降，事故处理难度增大等一系列问题。现有的以电力电子器件为基础的故障电流限制器也存在占地面积大，大范围推广应用困难等问题。考虑到规模庞大的新能源机组和大型电力用户电动机负荷已经对短路电流产生了巨大影响，当前的短路电流建模和分析精细化程度和评估覆盖范围亟待进一步提升，迫切需要创新短路电流分析和控制技术，构建技术先进、经济适用、便于推广的短路电流整体解决方案。

2. 适用于新型电力系统的短路电流分析方法

常规电网短路电流的分析计算方法可分为理论算法和工程算法两类。理论算法基于对称分量法和负荷序网进行计算；工程算法需要基于计算程序对计算条件设定等方面作出具体规定。

国内运行方式专业主要基于PSD-BPA、PSASP和PSS/E等软件开展220千伏及以上电压等级的短路电流水平离线计算。现有的短路电流计算模块无法实时获取新能源等机组开机方式，对220千伏及以下电网进行等值处理，序网参数质量参差不齐，导致短路电流在线计算结果与离线详细方式计算结果之间存在一定差异。计算得出的短路电流结果可能偏保守也可能偏乐观，尚不能完全满足电网精细化运行控制的要求。因而，亟须建立包括全电压等级电网模型、新能源机组及直流系统模型参数等信息的全电压序列短路电流计算方法。基于省地电网全局感知信息，利用多源数据融合技术和中低压网络拼接技术，将新能源机组、直流系统等模型参数信息融合至输电网模型中，扩展设备建模范围和建模精度，构建 35 千伏至 1000 千伏全电压序列短路电流在线精细化计算及辅助决策高级应用，可实现实时计算电网短路电流水平和趋势，提高短路电流精益化管理水平。具体包括短路电流精益化建模技术与短路电流在线精细化分析两大方向。短路电流在线精准分析及决策功能架构如图 2-2 所示。

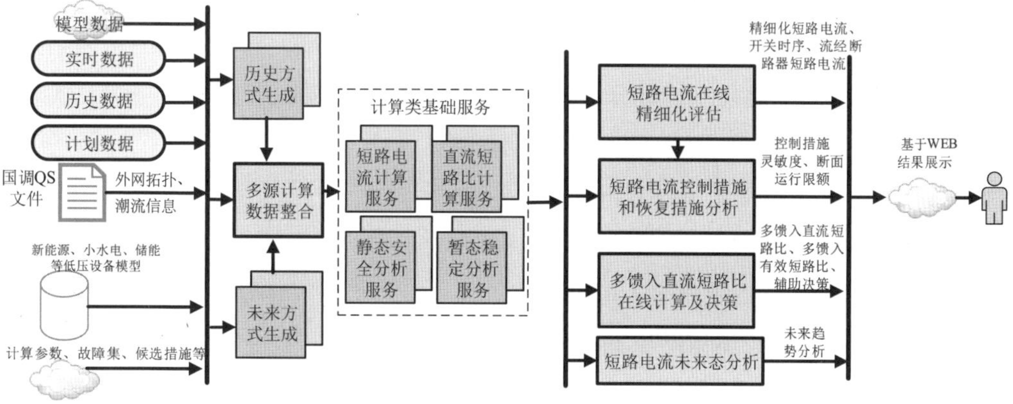

图 2-2　短路电流在线精准分析及决策功能架构图

（1）短路电流精益化建模技术

1）多源数据整合技术

整合泛在信息中的电网模型、在线运行数据、发电计划、负荷预测、联络线计划等数据，遮断容量、短路电流校核，以及大规模新能源、分布式新能源、直流、FACTS 装置、大型电力用户负荷、电力电子化负荷等设备模型参数等数据，对多源数据进行融合检查，去除不合理数据，对缺失数据进行填补，对数据进行融合处理；基于计划数据，整合形成未来短期电网运行方式，为开展短路电流水平趋势评估提供基础数据。

2）设备模型及建模范围对计算结果的影响分析

针对集中式 / 分布式新能源、特高压直流、柔性直流、大工业感应电动机、马达负荷、FACTS 装置等设备，开展上述设备模型对短路电流影响的量化评估技术研究；基于泛在电力物联网的全局感知技术，开展配电网短路电流计算工作以及配电网设备模型对输电网短路电流的影响研究。

3）基于泛在信息的数据模型扩展与精度提升技术

分析短路电流计算结果和实际运行结果之间的差异，确定分析数据在建模范围、建模精度和建模方法等方面存在的不足；基于泛在数据和调控云平台，获取中低压网络设备运行状态、模型参数和电网实时拓扑等信息，结合在线运行数据、离线典型方式数据，利用数据清洗、多源数据融合等技术，形成全电压等级的设备模型参数（包括序网参数），扩展设备建模范围，提升短路电流计算结果的准确性。

（2）短路电流在线精细化分析

1）全电压序列短路电流在线精细化评估

整合电网数据信息，实现覆盖电网全电压等级的短路电流在线计算功能，包括母线、线路、变压器的短路电流，三相、相间、单相短路电流。基于变电站站内拓扑连接关系，在线计算断路器不同动作时序下流过各支路断路器的短路电流分量，实现由母线短路电流控制向断路器短路电流控制的跨越。

2）多馈入直流短路比在线分析

根据《电力系统安全稳定导则》（GB 38755—2019）中对多馈入直流短路比（MSCR）和多馈入有效短路比（MESCR）的要求，基于电网实时运行方式数据，在线滚动计算电网多馈入直流短路比和有效短路比，并对照运行规定要求，对直流短路比偏低的运行方式进行告警。

3）短路电流在线趋势分析和评价对比

综合考虑电网实时网架，电网发电计划、负荷预测、检修计划、联络线计划等信息，整合形成电网未来短期的运行方式数据，开展未来短期短路电流水平的趋势分析，评估未来电网的短路电流水平，对短路电流超标问题进行告警。

4）短路电流控制措施灵敏度分析

基于电网实时数据和实时拓扑关系或预设的候选控制措施，在线计算停运发电机、停运线路 / 变压器、投运串联高抗、母线分列运行、线路出串运行等各类控制措施前后短路电流水平的变化情况，分析对短路电流超标问题的控制效果，得出各类控制措施的控制灵敏度信息，为辅助决策提供依据。

5）短路电流限制措施安全校核

针对短路电流限制措施对电网安全稳定性的影响，有选择地进行电压稳定、静态和暂态稳定、多直流短路比等安全稳定性评估校核，评估短路电流限制措施对电网的运行状态的影响，避免解决短路电流问题时引起电网其他安全稳定问题。

通过分析设备间的地理距离和电气距离，结合安全稳定量化分析技术及电网安全稳定裕度信息，筛选出与控制措施强相关设备对应的故障，作为安全稳定校核的主要故障。重点对筛选出的主要故障进行安全稳定校核，提升校核的针对性，相应降低安全校核的计算规模，提升计算速度。

3. 适用于新型电力系统的短路电流控制方法

（1）传统短路电流抑制方法

国内外常规采用的限制短路电流的技术与措施主要有三种：改变系统运行方式、采用限流电抗器、采用故障电流限制器。总体上看，常规措施均在一定程度上对系统正常运行产生不利影响，故障限流器则受制于场地、技术经济性条件而没有得到广泛应用。

改变系统运行方式主要包括母线分段运行、线路拉停以及线路出串等方式。其优点是实施方式简单，但会降低系统运行的灵活性，电网结构变化较大，牺牲电网结构的完整性，降低整体供电能力，存在造成电网资产闲置的问题。加装限流电抗器包括串联在线路上、连接分段母线以及装设在主变中性点上。增加限流电抗等同于增加了输电线路的电气距离，增大了线路阻抗，从而可限制短路电流，但电抗器在正常运行过程中会产生有功和无功损耗，还会引起电压降落等问题，同时高压电抗存在占地面积大、造价昂贵的问题。故障限流器的限流作用与串联电抗器原理一样，但故障限流器同时克服了传统串联电抗器限流的缺点，能够在短路故障发生时，短时间内阻抗迅速增大以限制短路电流。在超高压系统应用的串联谐振型的限流器，母线和线路限流电抗原理如图 2-3 所示。

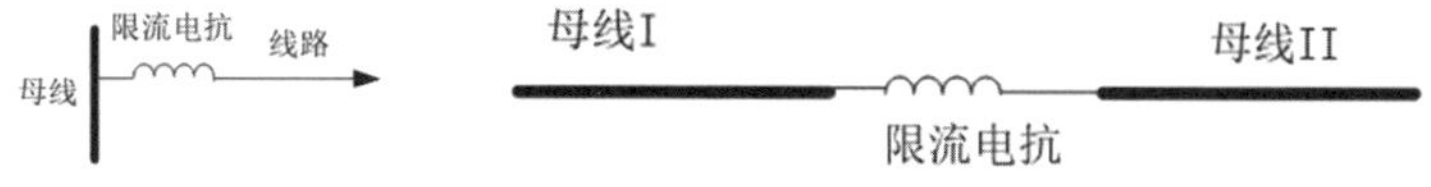

（a）母线限流电抗　　（b）线路限流电抗

图 2-3　母线和线路限流电抗原理示意图

（2）短路电流柔性抑制

系统中故障点短路电流一般为多个馈电支路提供短路电流之和。基于拓扑动态调整的短路电流柔性抑制技术的基本原理如图 2-4 所示。当短路电流水平超标，且电网发生短路故障时，拓扑调整开关优先动作，通过断开部分支路与故障点间的回路，快速改变电网结构从而降低短路电流，满足电网设备运行要求。

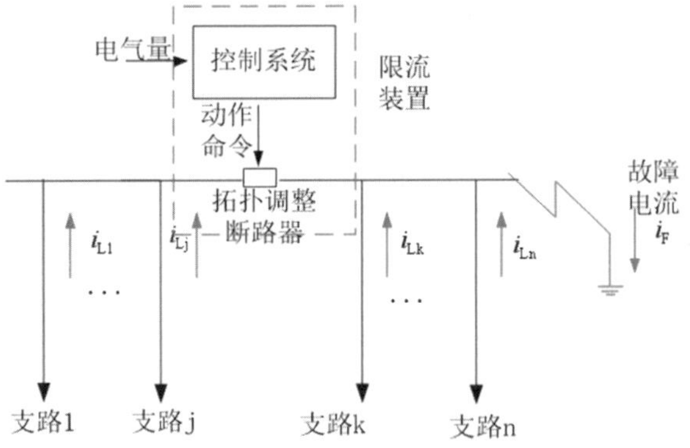

图 2-4　拓扑动态调整限制短路电流原理示意图

基于拓扑动态调整限制短路电流的基本动作时序如图 2-5 所示。系统正常运行时，拓扑调整开关闭合状态，系统保持正常完整接线；发生故障后，拓扑调整开关首先分闸，将部分支路从故障点隔离，系统进入限流方式，故障点的故障电流被限制在断路器开断能力以内；之后系统断路器正常开断切除故障；确认故障清除后，拓扑调整开关闭合，系统拓扑恢复到正常完整接线方式。

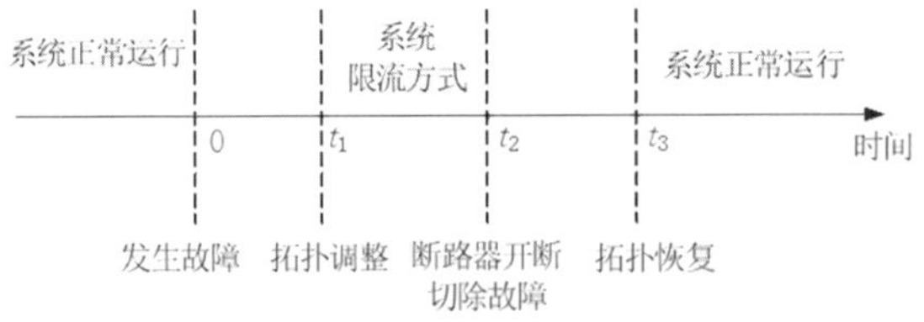

图 2-5　拓扑动态调整限制短路电流动作流程

针对不同系统结构、变电站接线形式，可能有多种拓扑调整方法，可结合变电站和系统情况确定。与常规线路出串、拉停线路等固定调整系统拓扑的措施相比，动态调整系统拓扑的方法仅在故障期间短时间改变系统拓扑，降低了对系统正常运行的影响。与常规故障电流限制器相比，该方法使用的设备主要为拓扑调整开关及相关控制装置，不需要使用限流电抗及相关设备，结构更加简单，占地面积更小。此外，拓扑调整开关可兼做系统开关使用，变电站接入适用性更好。以 3/2 接线和双母双分段接线为例，潜在拓扑调整开关安装位置如图 2-6 所示。

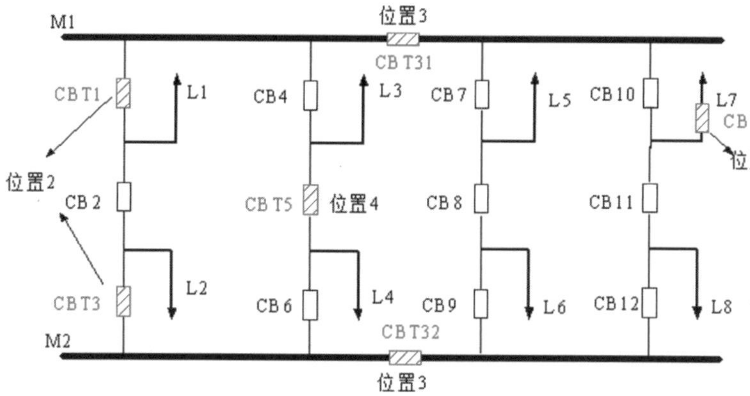

（a）3/2 接线变电站拓扑调整开关潜在安装位置

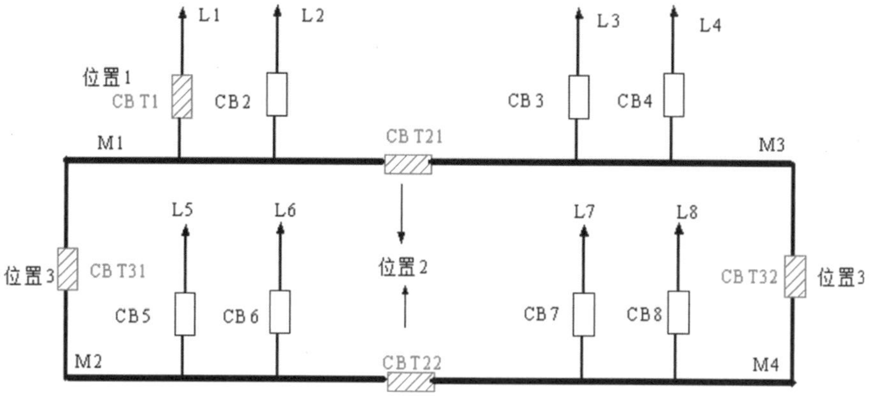

（b）双母双分段变电站接线拓扑调整开关潜在安装位置

图 2-6　潜在拓扑调整开关安装位置

2.2.2　同步稳定性演化趋势及分析控制方法

1. 新型电力系统同步稳定性演化趋势分析

在新型电力系统建设过程中，在新能源与同步机的共同作用下，系统同步稳定的机理逐步发生改变。由于对电网进行稳定支撑的构网型新能源尚未形成主体，新能源电源仍以跟网型非同步机电源为主，因此现阶段的同步稳定性问题，主要特征是同步机电源与跟网型非同步机电源共存时交流电网的广义同步稳定性问题。本章主要关注跟网型非同步电源大规模接入后，同步稳定性的分析机理及解决办法。

以跟网型非同步电源为新能源主体的系统，其同步稳定性主要存在以下两个方面的问题。

（1）对同步机之间固有的同步稳定性的影响问题

由于部分传统的同步发电机被非同步机电源取代，因而系统的总惯性将减少，这会反过来影响同步机之间的功角稳定性以及系统的机电模式。传统的同步稳定性，包括小扰动稳定和暂态稳定性，主要决定于故障情况（类型、地点、时序）和故障前后的系统结构与潮流分布。新能源发电和电力电子变流器会改变电网结构与潮流分布，从而影响系统整体的功角稳定性。已有大量研究表明，影响因素包括渗透率、机组类型、地理位置、接入电网强度、运行工况及控制策略与参数等。对新能源接入对传统同步稳定性的具体影响，尚无统一定论，需要根据不同的系统和运行条件进行分析。

（2）跟网型非同步机电源本身的同步稳定性问题

锁相环的控制参数是保证该稳定性的重要基础。鉴于电力电子装备的大规模应用会导致电网强度大幅度降低，在低电网强度（弱电网）下，锁相环与电流控制的耦合现象加重，锁相环的动态特性会极大地削弱电流控制的稳定裕度，影响系统响应甚至造成系统失稳。随着锁相环控制带宽的提高，锁相环与电网阻抗的耦合会愈发严重，降低系统稳定性的同时，导致系统出现谐波。特殊场合下，如低电压穿越，锁相环参数会与交流电流控制相互耦合，并造成系统失稳。相应地，需要通过优化锁相环参数以及锁相环结构提升变流器的同步稳定性能。

2. 适应新型电力系统的同步稳定性分析方法

在进行电力系统小扰动动态稳定分析时，可将系统用线性化的微分方程组和代数方程组描写，并用线性系统理论进行特征值分析。针对新能源并网的小干扰稳定问题，常见的分析方法有时域分析法、频率扫描法、复转矩系数法、幅相运动法、特征值分析法和阻抗分析法，其中使用最为广泛的是基于时域的特征值分析法和基于频域的阻抗分析法。

（1）特征值分析法

基于时域的特征值分析法是分析线性系统强有力的方法之一。该方法首先将系统的动态方程组在稳态运行点附近进行线性化以建立系统的状态空间模型。其次求解系统状态矩阵的特征值和阻尼比、特征向量及参与因子。最后利用特征值在复平面上的分布来判断系统的稳定性和稳定裕度，利用参与因子来判断系统的振荡源。特征值分析法分析精确，可以得到系统稳定相关的完整信息。

然而，特征值分析法缺乏物理意义，建模时需要系统中所有装备及电网的所有参数。对于高比例接入的新能源装备，建模得到的状态空间会是一个超高阶模型，难以计算分析。另一方面，特征值分析法的灵活性也较差，一旦系统中某一装备或某一参数发生变化，就需要重新建立新系统的状态空间模型，而这对实际系统中运行状态多变的新能源装备是非常常见的。这两点使得特征值分析法在面对大规模新能源装备并网系统时变得难以适用。

（2）阻抗分析法

基于频域模型的阻抗分析法是另一种分析新能源并网系统稳定性的方法，其思路是通过建立或者测量新能源装备和电网的阻抗模型，利用频域的奈奎斯特或广义奈奎斯特判据对阻抗比进行分析以判断系统的稳定性。

相较于特征值分析法，阻抗分析法将新能源装备和电网看作两个独立的子系统，无须装备和电网的详细模型和参数，利用可测量的端口外特性即可定量分析系统的稳定性。由于系统中各装备、电网彼此各自建模、相互独立，某一元件发生变化后，只需对此元件的模型进行修改，无须对整个系统进行重新建模，具有方便灵活的特点。此外，阻抗模型具有明确的物理意义，可以有效地揭示不同装备与电网之间的相互作用，在解释系统产生振荡的机理上具有明显的优势。

正是由于阻抗分析法的这些优势，其在近年来得到了广泛的关注和研究，也在工程中得到了广泛的应用。根据建立阻抗模型所用坐标系的不同，最主要的阻抗分析方法又可分为两类：基于 d-q 旋转坐标的阻抗分析法和基于正负序坐标的阻抗分析法。基于这两类阻抗分析法，还发展出很多其他的阻抗法，包括聚合阻抗、统一阻抗、修正阻抗、极坐标阻抗等。

3. 适应新型电力系统的同步稳定性控制方法

第一，变流器和电网的阻抗可以表征系统的稳定性。通过对变流器的输出阻抗进行整形，改变它的幅频特性，可以实现改变系统的闭环传递函数，提高系统稳定裕度的目标。常见的阻抗整形方法可分为优化装备参数和附加阻尼控制两大类。

第二，合理布置构网型新能源和跟网型新能源。在短路容量较小地区采用构网型新能源提高对系统的支撑能力，在短路容量较大地区采用跟网型新能源避免构网型新能源降低电网稳定水平。

第三，基于储能技术的发展大力发展构网型储能。一方面，通过储能的快速功率变化，提高系统同步稳定水平；另一方面，通过构网型储能提升新能源场站的短路容量水平，抑制跟网型新能源场站的宽频振荡问题。

2.2.3 电压稳定性机理演化趋势及分析控制方法

1. 新型电力系统电压稳定性演化趋势及主要问题

新能源机组及并网变流器会恶化系统的电压稳定性问题。常规直流和新能源机组均不具备类似常规电源的动态无功支撑能力。直流馈入和新能源占比较高的电网，系统动态无功储备急剧下降，电网电压崩溃风险加大。

从受端电网来看，呈现多直流集中馈入格局，交流系统故障、引发直流换相失败的动态过程中，单一直流最大吸收 800 万千乏无功甚至更多，易引发系统持续低压甚至电压崩溃、直流闭锁。从送端电网来看，本地常规电源被大量替代，系统短路容量持续降低。同时，新能源耐压水平差，易过压脱网，进一步恶化系统电压调节能力。以 2017 年投产的鲁固直流（扎鲁特 - 青州）为例，其满功率（1000 万千瓦）方式下，发生换相失败期间，送端暂态过电压可达 1.35pu，远超出现有风电 1.1pu 的耐受标准。多个特高压直流均存在类似问题，直流功率受送端风机耐压能力制约明显。

从静态电压稳定性来看，新能源接入后，系统的静态电压稳定裕度往往小于传统电力系统，原因主要有两点：一是新能源机组的无功调节能力较弱，二是新能源机组接入电网的电气距离较长。

《风电场接入电力系统技术规定 第 1 部分：陆上风电》（GB/T 19963.1—2021）对风电机组无功调节能力的要求为：风电场安装的风电机组应满足功率因数在超前 0.95 ～滞后 0.95 的范围内动态可调。《光伏发电站接入电力系统技术规定》（GB/T 19964—2024）对光伏逆变器无功调节能力的要求为：光伏发电站安装的并网逆变器应满足额定有功出力下功率因数在超前 0.95 ～滞后 0.95 的范围内动态可调。而传统火电机组的功率因数调节范围可达超前 0.85 ～滞后 0.85，风电和光伏的无功调节能力均弱于传统火电机组。并且新能源机组的机端电压等级低，需要经过逐级升压才能接入电网。新能源机组与电网之间的电气距离是传统火电机组与受端电网电气距离的 2 ～ 3 倍。电气距离的增加也导致新能源机组对电网的电压支撑能力不足，形成电网电压支撑“空心化”现象。

从暂态电压稳定性来看，新能源发电的接入可能导致暂态电压不稳定问题，原因主要有两点：一是新能源机组的暂态电压支撑能力不足，二是新能源机组在暂态过电压下容易发生脱网。

一方面，传统同步发电机组依赖自身的瞬时响应特性和励磁系统的控制，在系统受到大扰动后，无功输出量调节范围大，具有很好的暂态电压支撑能力，而新能源机组受制于电力电子器件的过流能力，暂态无功调节能力有限。根据风电和光伏的相关国家标准，风电和光伏无功电流的最大输出能力应不低于额定电流的 1.05 倍，而同步发电机能提供的短路电流可达额定电流的 10 倍。新能源机组的暂态无功调节能力远弱于同步发电机，对系统的动态电压支撑能力不足。

另一方面，交流系统短路故障、直流系统换相失败和直流系统故障闭锁等故障会导致电压跌落或升高，造成近区新能源机组进入低电压穿越或高电压穿越过程。受制于电力电子器件的过流能力和耐压能力，新能源机组承受低电压或高电压的能力远弱于同步发电机。交流短路故障、直流换相失败或直流闭锁会与新能源机组故障穿越过程叠加，导致暂态电压大幅度变化，暂态过电压可能超过额定电压的 1.3 倍。同时，近区新能源机组有可能大规模连锁脱网，恶化暂态电压稳定性，增加电网故障恢复的难度甚至加剧故障，可能导致电压崩溃。

2. 新型电力系统电压稳定性分析方法

静态电压稳定理论分析方法包括连续潮流法、灵敏度分析法、奇异值分析法、特征结构分析法、模态分析法等。方法各有不同，但几乎都围绕着电力系统的两个基本特征：一是，当系统运行点接近静稳极限点（即崩溃点）时，系统的雅可比矩阵趋向奇异；二是，当系统运行点在静稳边界时，系统潮流方程（或扩展潮流方程）有且仅有两个相邻解，运行点恰好位于边界点时，方程存在唯一解。

对实际运行而言，电压稳定性的理论分析手段较少。工程应用的静态电压稳定分析通常以简单系统的 P–V 极限曲线进行说明。通过仿真分析计算可以给出静态电压稳定运行极限与运行裕度。除此之外，针对电力电子化电网的电压稳定问题，较为实用的理论分析手段为通过短路比等指标对电网强度进行判定。弱电网的电网强度低、支撑能力差是大规模新能源接入后易发生稳定问题的主要原因之一，因此识别弱电网、定量评估电网强度有助于了解可能存在的稳定问题，并指导电网规划和运行。

（1）短路比

短路比（Short Circuit Ratio，SCR）是最基本也是应用最广泛的电网强度评估指标，其定义为装备短路容量与装备额定视在功率的比值。SCR 最早被作为常规高压直流输电（LCC–HVDC）设计的辅助手段开发，后被广泛用于量化各种新能源装备接入后电网的强度。SCR 只适用于分析单一装备接入后电网的强度，在传统交直流系统中还可度量系统的静态电压稳定性，并具有结论（直流单馈入系统的临界短路比为 2，用以区分弱系统和极弱系统；边界短路比为 3，用以区分强系统和弱系统）。

SCR 指标无法考虑装备间的相互作用，利用 SCR 指标评估多装备接入系统的系统强度可能得到过于乐观的结果。因此，一些评估多装备馈入系统强度的指标，多馈入短路比、交直流系统的广义短路比等计算方法逐步应用于实际电网运行。

（2）多馈入短路比

针对多馈入直流系统，CIGRE 组织定义了多馈入相互作用因子指标（Multi-Infeed Interaction Factor，MIIF）及多馈入短路比（Multi-Infeed Shortcircuit Ratio，MISCR），其基本思想是将其他馈入的直流通过多馈入相互作用因子指标折算到某一条直流上，进而利用单馈入短路比分析受端交流电网的电压支撑能力和电压静态稳定特性。MIIF 和 MISCR 的表达式分别如下所示：

$$\mathrm{MIIF}_{ji} = \Delta \mathrm{U}_j / \Delta \mathrm{U}_i \tag{2-1}$$

$$\mathrm{MISCR}_i = \frac{S_{aci}}{P_i + \sum_{j=1, j\neq i}^{n} MIIF_{ji} P_j} \tag{2-2}$$

式中，下标 i 和 j 分别表示第 i 条和第 j 条直流，P 表示直流的馈入功率。然而，MISCR 缺乏严格的理论基础和数学推导。在实际系统中，若选取最小 MISCR 作为衡量交流系统强度的判断指标，那么电网强度评估总是偏保守的。

（3）广义短路比

基于特征值分解的方法，交直流系统的广义短路比指标（generalized Short Circuit Ratio，gSCR）充分考虑了实际电网结构以及直流间的相互作用。交直流系统的广义短路比定义为系统拓展雅可比矩阵的最小特征值，具体表达式如下所示：

$$\mathrm{gSCR} = \min \lambda\left(J_{eq}\right) = \min \lambda\left(DB\right) \tag{2-3}$$

式中，J_{eq} 为拓展雅可比矩阵，$D=\mathrm{diag}(P_{Ni})$，P_{Ni} 为第 i 条直流的额定功率，B 为导纳矩阵，且 $B_{ii} > 0$。交直流系统的广义短路比具有严格的数学推导和明确物理意义，能够定量评估系统的强度。

3. 新型电力系统电压稳定性防御控制方法

（1）加装分布式调相机

同步调相机具有连续发出和吸收无功功率的优越特性，能够提供无功调节能力和电压支撑，尤其是对安装位置附近的无功调节有很大贡献，可以考虑分散配置小型化的分布式调相机，但调相机的投资和维护费用较高。

（2）新能源场站改造

一方面，优化新能源场站的 AVC 性能，充分发挥新能源场站内多种无功设备的潜力，确保新能源场站全部接入 AVC 系统，提升静态电压稳定裕度水平。另一方面，通过对站内的 SVC 和新能源机组的控制系统进行优化改造，提高新能源场站的暂态电压控制水平。

（3）新能源机组故障穿越能力改造。

提升新能源机组的故障穿越能力主要从两个方面着手：一是增设外部硬件电路，二是改进控制策略。尽可能避免新能源机组在系统故障时脱网，防止电压稳定性进一步恶化。

2.2.4　频率稳定性演化趋势及分析控制方法

1. 新型电力系统频率稳定性演化趋势分析

新能源一般通过电力电子装备并网，在传统的控制结构下一般不响应电网频率变化进而导致电网的调频能力下降。目前风机和光伏主要运行于最大功率点跟踪模式而不响应电网的频率波动，这导致扰动下电网可能有较低的频率低点及较大的频率变化率，从而引起系统保护动作。频率低点过低时还可能触发低频减载，严重时甚至会造成系统解列。例如，2019 年 8 月 9 日英国大停电事故的原因之一就是大规模新能源机组脱网导致系统频率过低而引起了保护动作。

新型电力系统出现频率稳定问题，主要是由于传统同步机组被变流器接口资源替代，系统旋转惯量呈现显著的下降趋势。根据中国电科院团队的相关测算结果，按“同步机转子动能 / 电源总容量”方式计算的我国电网 2030 年惯性常数最大值将低于 2 秒，与 2011 年的 7.62 秒有明显差距。在新能源高占比的中小规模孤立电网中，惯量不足已经成为系统显著特征。

新型电力系统建设过程中，系统的三次调频主要仍由传统机组承担，新能源的不断接入将恶化系统的频率稳定问题，主要体现在降低系统频率调节能力、加剧故障有功冲击等方面。

（1）降低系统频率调节能力

系统惯性和一次调频在频率变化过程中均需要有能量释放，然而一方面新能源通常采用最大功率跟踪控制，没有向上调节的功率裕度，在系统频率下跌时无法响应；另一方面新能源内部电容等能量储存元件容量十分有限，几乎没有能量存储。因此，新能源的惯量几乎为零，且一次调频仅具备向下调节的能力。按照国家标准，常规火电机组需要具备 6% 额定功率的一次调频能力，新能源替代火电机组装机后，电力系统的整体调频水平显著下降。

（2）加剧故障有功冲击

故障期间，新能源故障穿越特性会对系统频率稳定产生不利影响。一方面新能源机组耐频、耐压能力不足，特高压直流闭锁故障时，易引发新能源大量连锁脱网，加大故障有功冲击，恶化系统的频率稳定性。另一方面，新能源和直流占比较高地区，交流故障期间新能源大规模进行低压穿越。同时在直流密集区域引发多直流换相失败，短时间内系统存在大量功率缺额，叠加系统惯量不足影响，电网频率大幅下降，极易引发低频减载动作。

2. 适用于新型电力系统的频率稳定性分析方法

频率稳定分析主要关注有功扰动下频率大范围偏移问题，在新型电力系统中，由于新能源存在故障下易脱网等特性，这类问题更为突出。频率偏移问题需综合考虑系统中所有设备调频的动态，分析较为困难。关于此类问题的分析方法主要有三大类，即时域仿真法、数据驱动的人工智能法以及理论分析法。时域仿真法通过建立电力系统微分方程模型，仿真验证给定场景下最低点等频率特征是否满足要求，其优点在于可以较为准确地分析实际系统中存在的复杂动态，缺点在于其结论只适用于特定场景和特定工况。人工智能法是从大量历史数据中提取特征并训练机器学习模型，将运行数据及预想故障输入模型即可快速评估系统频率性能，其优点在于训练样本量充足时通常可取得较高的准确率，缺点在于可解释性较弱，难以为电力系统分析及控制提供理论指导。理论分析方法通常仅保留影响频率响应的关键因素（设备的惯量、一次调频等频率－有功响应）进行简化建模，包括传统的平均系统频率（Average System Frequency，ASF）模型、系统频率响应（System Frequency Response，SFR）模型以及在ASF 和 SFR 基础上的改进模型等。在模型足够简单时可获得频率响应的解析表达式，建立指标衡量频率强度，进而可计算灵敏度以分析关键影响因素。

频率稳定分析主要针对全局频率，为了从节点频率响应中获得全局频率，一种应用最多的方法是用惯量作为权重系数对设备频率加权平均，称为 COI 频率，见式（2-4）：

$$\omega_{COI} = J_W \omega \tag{2-4}$$

其中，J_w 为惯量加权向量（行向量），J_1–J_n 为各机组惯量（行向量），ω=[ω_1, ..., ω_n] 为各机组频率向量（列向量）。

考虑惯量的全局频率被传统系统使用，但新能源电力系统中 COI 频率的方法可能并不适用。许多新能源设备都没有物理上的惯量，自然无法用惯量进行加权平均。

为了探究含新能源发电的电力系统等效惯量，有学者提出了双馈机组并网对电力系统惯量水平和频率响应过程影响的分析方法，该方法基于同步发电机的转子运动方程，针对风电接入改变原有同步机出力或者替换部分同步机的不同形式，推导出双馈机组并网对系统等值惯性时间常数影响的关联关系。也有学者通过研究分析得到单个风电场等效虚拟惯性时间常数计算方法，并在此基础上，考虑不同风电渗透率情况，探究风电虚拟惯性响应对电力系统惯性耦合特征的定量影响规律，给出电力系统等效惯性时间常数的计算方法。

为了进一步提高计算精度，降低扰动发生时间的不精确测量、通信技术、频率分布特性对电力系统惯量评估精度的影响，有学者提出基于中心频率平方偏差的电力系统惯量评估方法。该方法无须精确采样扰动发生时间的频率变化率，避免了采集各台发电机的角频率，降低了 PMU 的安装成本及惯量评估对通信技术的要求。考虑到频率分布特性对惯量评估的影响，在图心的基础上提出了惯量图心的概念以寻找系统中适合惯量评估的频率采样地点。同时为了降低数据采集不精确的影响以及一次调频对惯量评估精度的不利影响，采用了基于滑动窗口技术的数据处理方式，该方法能较为准确地评估新能源系统的等效惯量。

3. 适用于新型电力系统的频率稳定系统控制手段

（1）新能源采取主动支撑控制

采用主动支撑控制后，就具有了同步发电机的一些外特性，同时也具有了同步发电机的惯量支撑能力。传统同步发电机的惯量为固定不变的刚性惯量，采用主动支撑控制的储能电站并网逆变器的惯量为可调的柔性惯量（虚拟惯量）。主动支撑控制模拟了同步发电机转子运动方程，产生一个自我控制的转子角，避免因使用锁相环（PLL）带来网络强弱和锁相精度的影响，实现主动支撑的效果。同时逆变器采用主动支撑控制因其参数的灵活性，与传统同步发电机相比，将实现惯量的可调性，对于实现新能源惯量支撑具有重大作用。通过对虚拟同步机的惯量调节，能改变系统的惯量中心点位置，从而实现对网络扰动的抑制。利用主动支撑型 VSC 惯量柔性调控特性，可有效提高系统的频率稳定性。

（2）特高压直流受端电网频率紧急协调控制系统

对于特高压交直流受端大电网而言，频率稳定性最大的风险在于特高压直流闭锁后造成的频率跌落。为了应对单回或多回跨区直流同时或相继失去给电网带来的功率缺额冲击，国内工程应用主要采用频率紧急协调控制系统。

正常运行状态，系统收集各直流运行功率和状态、实时可提升量，各抽蓄机组运行功率及状态，抽蓄泵工况机组状态，可切负荷量等运行数据。发生直流闭锁或速降时，发生故障的直流子站收集保护控制信息、损失功率，汇总故障情况送主站，主站根据功率损失量，按策略快速向其余直流、抽蓄子站发令，调升直流、切除泵工况机组，以及发令切除可切负荷。

频率紧急协调控制系统通过直流调升、抽蓄切泵、快速切除可中断负荷等多项控制措施，提高电力系统整体频率稳定水平。该系统能够有效提升区内特高压直流大功率送电期间整体电网频率稳定水平。

频率协控的设防原则为：单一特高压直流大功率失去时，运行频率的跌幅，配合当前执行的单一直流双极闭锁确保电网低周减载首轮不动作的直流功率安排标准，能够避免低周减载首轮动作，切除过多负荷；多回直流同时失去时，系统综合采用远方快速动作和就地按频率动作措施，确保用尽直流调升、抽蓄切泵、快速切负荷系统可切负荷等措施，尽最大可能减少负荷损失，防止电网频率崩溃，引发大面积停电事故。

各直流子站、各抽蓄子站和切负荷中心站均考虑两种实现形式，即远方发令快速动作和就地按频率动作。考虑到远方方式可以在频率实际下跌前，按照功率缺额快速精确动作，因此各措施均以远方方式为主，以就地按频率方式为辅。

2.2.5　宽频振荡问题及分析控制方法

1. 新型电力系统宽频振荡主要问题

新型电力系统与传统电力系统相比在发电侧、输电网络及配网侧呈现出电力电子化的特点，由同步机主导逐步变为由同步机与电力电子设备的控制共同主导，在电力电子设备多时间尺度动态特性、多样化设备复杂相互作用下，系统稳定性不再局限于传统的工频和机电时间尺度，出现了振荡频率分布在数赫兹至数千赫兹范围内的失稳性振荡，称为宽频振荡。电力系统振荡频率与振荡来源分类如图 2-7 所示。

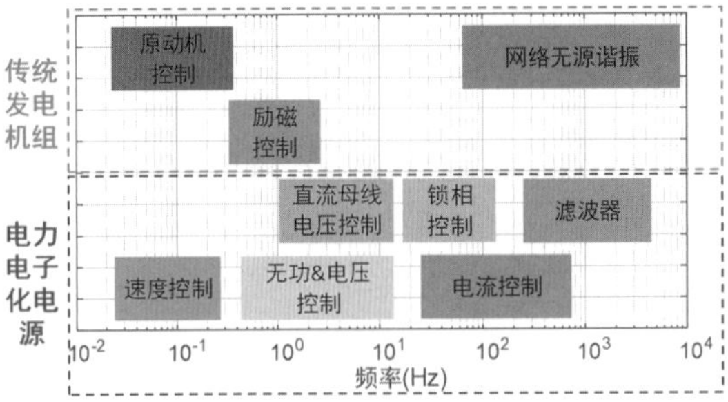

图 2-7　电力系统振荡频率与振荡来源

一般来讲，电力系统宽频振荡指电力电子设备之间及其与电网之间相互作用引起的电气量（电压、电流、功率等）随时间作周期性波动，且振荡频率在较宽范围内变化的动态过程。宽频振荡的频率与并网电力电子设备的参数、工作状态和系统运行方式等因素密切相关，按照频率所处区间可细分为次 / 超同步振荡和谐波振荡两个子类。

次 / 超同步振荡方面，河北沽源风电场出现的双馈风电机群 - 串补输电系统次同步振荡是典型案例。2011 年该风电场串补投运后，多次发生频率 3Hz ～ 10Hz 的振荡现象，并造成多起风电机组因谐波过量而切机弃风的事故。类似的，新疆哈密风电大规模接入地区交流电网薄弱，2015 年以来多次出现频率不固定（20Hz ～ 30Hz）的功率振荡。2015 年 7 月 1 日，次同步功率振荡甚至扩展到整个哈密电网，导致风电场 300km 外的火电机组出现强烈轴系扭振而被切机，严重影响了系统稳定运行。

谐波振荡方面，出现过鲁西柔直输电工程中高达 1270Hz 的高频谐波振荡、海上直驱风电通过交流并网引起的 800Hz 左右谐波谐振、内蒙古塞罕坝和东山风电场出现的 20 ～ 21 次谐波放大、青海某 50MVA 光伏电站出现的 21 ～ 27 次谐波放大、光伏并网系统测量滤波器在弱电网条件下引发的中高频振荡（150Hz ～ 200Hz）、具有 LCL 滤波器的多光伏变流器并联接入电网时引发的谐波谐振和不稳定等。浙江电网在海上风电通过海缆集中送入的过程中，也发生了多起谐波放大异常事件，如中广核岱山风电 5 次谐波放大超标、浙能嵊泗 2 号空投主变谐波谐振，严重影响了周边电网电能质量与安全稳定。

2. 新型电力系统宽频振荡分析

学术界对新型电力系统宽频振荡发生机理，尤其是新能源和电网相互作用产生的次 / 超同步振荡的机理尚未有统一定论，存在基于复转矩系数法、阻抗法、幅频动力学的多种机理解释。因此，关于宽频振荡，主要存在以下挑战和需求。

（1）宽频振荡机理不清晰

需要加强新型电力系统宽频振荡机理研究，加强新型电力系统电磁仿真分析能力，建设提升宽频振荡的分析认知能力。针对局部新能源密集接入地方开展宽频振荡的分析和校核，提高宽频振荡的防控能力。

（2）新能源并网电能质量问题复杂

一方面，新能源机组通过电力电子装置并网，其动态特性与传统发电机组存在显著差异，易引发宽频谐波放大甚至谐波谐振风险。另一方面，多分布式电源接入下，配电网存在惯量弱、谐波含量丰富等问题，如电动汽车充电站规模不断扩大带来的电压波动和谐波等电能质量问题。

（3）多直流馈入系统电能质量问题复杂

多直流的馈入使受端电网出现更加复杂的电能质量问题，谐波等电能质量扰动在交直流系统之间相互渗透，使高压交直流系统之间及交流电网内部可能因相互作用产生谐波放大及谐波谐振问题，影响电网的安全稳定运行。

3. 适用于新型电力系统的宽频振荡控制方法

（1）宽频振荡在线监测与预警

对传统电力系统的低频振荡监测和预警已有相关工程应用，但对含高比例电力电子设备的电力系统全频段振荡扰动源定位及控制系统的工程应用尚未成熟。传统电力系统向新能源占比逐渐提高的新型电力系统转型升级过程中，电力电子装置渗透率不断提高，并网单元控制频率从低频和工频向全频段转变，全频段振荡监测工程化技术需要研究。

宽频振荡在线监测与预警以调度自动化系统为数据源，调度自动化系统平台完成全频段振荡风险评估分析。同时，通过引入 PMU 及宽频量测数据，充分加强主站与子站间的信息通信，实现全频段振荡在线监测及扰动源定位功能，用于解决交直流混联电力电子系统全频段振荡问题。系统的目标是实现全频段振荡安全风险在线快速评估与振荡源快速定位，为电网调度运行与风险预警预控提供技术支撑。全频段振荡分析及扰动源定位系统总体功能框架如图 2-8 所示。

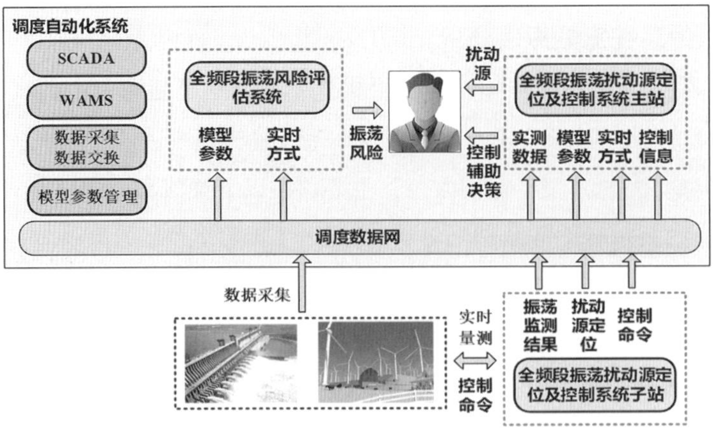

图 2-8　全频段振荡分析及扰动源定位系统总体功能框架

对于低频振荡（0.1Hz ～ 2.5Hz）的检测和识别，一般采用 Prony 方法对实测信号进行频谱分析，确定系统主导振荡模式的频率、幅值，并定量计算振荡的阻尼。利用振荡能量特性定位振荡扰动源，计算参与振荡的所有设备在振荡过程中的振荡能量，通过对各设备振荡能量的分析比对，定位低频振荡扰动源。

对于宽频振荡（2.5Hz ～ 2500Hz）扰动源的定位，可以通过量测装置对电压、电流等关键信息进行厂站级振荡监测。主站端根据系统运行方式及子站上送的实测数据进行扰动源定位。全频段振荡分析结果在调度自动化系统上展示，包括：全频段振荡风险评估、监测及扰动源定位和控制辅助决策信息；PMU 量测百分比、监测信息百分比和子站信息传送百分比；在电网地理图中直观展示振荡扰动源位置和振荡频率与幅值。

（2）有源滤波器的推广应用

针对电力系统振荡问题，传统均使用无源滤波器进行消除。无源滤波器原理较为简单，通常采用电感串联电容的方式，实现对某一次谐波的滤除。无源滤波技术具有结构简单、技术成熟、成本较低等优势，对固定次数的谐波滤除场景，具有较为广泛的应用。但无源滤波器存在几个问题：滤波特性固定，只能滤除单一谐波；对电网参数变化十分敏感，难以实时保障滤波效果；在滤波的同时，会向系统注入大量无功功率，需要解决无功平衡问题；特定情况下，容易导致更低次谐波放大，带来潜在运行风险；功率密度较低，占地面积较大。

有源滤波器是一种动态抑制谐波和补偿无功的电力电子装置，可以灵活调节补偿模式和补偿频段，受电网阻抗影响较小，不易与电网发生谐振匹配，可以有效克服无源滤波器的不足。有源滤波和无源滤波方案对比如表 2-1 所示。

表 2-1　有源滤波和无源滤波方案对比

对比项	无源滤波方案	有源滤波方案
滤波特性	固定	灵活
电网参数变化敏感性	高	低
无功平衡问题	有	无
成本投资	较低	较高

高压有源滤波器（HAPF）通过对并网线路电流进行采样，经谐波提取算法，得到 5 次和 7 次谐波电流分量，同时兼顾并网点谐波电压控制要求，生成电流目标指令，再经电流内环 PI 控制调节，生成调制波信号，并经 PWM 载波移相调制，生成各子模块的 IGBT 驱动信号，完成相应的输出控制。

2.3 提升系统安全稳定运行水平的相关建议

构建新型电力系统的安全稳定控制体系。针对系统安全稳定运行问题，通过构建新型电力系统仿真平台，深入开展运行特性、稳定裕度、影响因素等分析，掌握系统运行规律。重点攻克适应低惯量和高比例电力电子系统的保护新原理和稳定控制新技术，加强全局感知提前预防的主动防御，保障系统的安全稳定运行，强化电网“三道防线”适应性建设。

2.3.1 提升新型电力系统运行特性认知水平

一是提升电网仿真能力。建立新一代交直流仿真平台，研发电力系统仿真分析及安全高效运行技术、含有大规模新能源接入电力系统的动态过程仿真技术等，提升以仿真为核心的新型电力系统分析认知能力。建设适配新型电力系统的电磁仿真平台，实现大容量新能源、柔性直流、低频交流接入的局部电网全电磁仿真，提升全电磁仿真实用化水平。

二是提升全电压等级建模水平。完善包括主配微网全电压等级的建模工作流程，提升有源低压配电网的建模精细度与等值准确度。研究适用于风电、光伏、直流、FACTS、储能等大量电力电子装备接入电网的电磁暂态建模方法，提升宽频振荡的仿真分析能力。

三是掌握特高压交直流电网交互影响特性。科学谋划应对新型电力系统的“双高”特征引发的系统稳定问题，在电力系统安全稳定运行技术领域取得根本性突破。开展宽频振荡分析与抑制、直流电网系统运行关键技术、高比例新能源和高比例电力电子装备接入电网稳定运行控制等技术的研究，提升电力系统安全稳定运行水平。

2.3.2 应用新技术新装备提升电网本质安全

一是推动现有电源改造，增强系统支撑能力。增强已有传统机组的深度调峰能力、快速调节能力、电压支撑能力、宽频振荡抑制能力，充分发挥传统同步机组灵活调节和安全稳定保障能力。在跟网型新能源为主的发展大背景下，通过设备改造、参数和控制结构优化，提高跟网型新能源的涉网性能，使其具备一定的调频、调压能力，防止出现宽频振荡的现象。推动大型抽水蓄能和分布式抽水蓄能建设，研究部署多尺度新型储能建设，提高系统调节能力。

二是利用电力电子等新装备解决系统问题。通过布置柔性直流、低频输电、有源滤波器等电力电子装置，适应新能源大规模发展带来的电网稳定特性变化，解决宽频振荡等电网稳定问题。研究储能、风电、光伏等新型设备的电网主动支撑能力，全面提升电网故障防御水平。

三是发展二次新技术，强化电网三道防线。进一步深入探究直流、交流保护彼此影响的情况，尽量使交流故障第一道防线生效后产生的直流闭锁概率下降。完善电网频率防线，滚动开展三道防线适应性分析，加快第三道防线监视系统建设，提高可观可测水平，提升电网三道防线防御能力。

2.3.3　发展数字辅助手段提升预警控制能力

进一步强化电网一体化特征，交直流间耦合越来越密切，需要不断研究大电网实时协同技术，不断提高风险预防能力，使人、群、技防的作用全面体现，降低设备故障概率。

一是尽快实现“高精度、专业化”的预警系统。结合电力部门的实际需求，充分利用电网大数据，实现电网三道防线全景监视、安全风险评估、宽频振荡在线监视和防御。事故预警预报系统通过物联网、数字孪生等先进技术，对自然灾害发生概率和电力系统停电的影响范围、破坏程度进行定时、定量预测，实现全方位、多层次、多时间尺度的提前预警。

二是尽快形成“实时性、协同化”的应急机制。探索构建应对极端天气的新型电力系统应急响应机制。积极开发“5G + 无人机 + 卫星”应急通信技术，全面提高灾难感知和应对能力。建立“事前预案”与“事中联动”相结合的供电恢复机制，以及电力企业与气象、交通、水利、通信、地震等部门的“多向协同”应急机制。推动电力系统安全稳定风险在线预防控制、新型电力系统综合防御体系构建、电力系统非常规安全风险识别及防范等技术的研究，提高电力系统安全稳定防御和应急处理能力。

2.4　新型电力系统防御控制相关工程实践

2.4.1　短路电流柔性抑制示范工程

1. 关键技术研究及设备研制

针对短路电流柔性抑制方法的拓扑及控制策略，对系统稳定、电磁暂态、继电保护的影响，变电站接入等关键技术问题进行了研究。提出了短路电流柔性抑制的接线拓扑和控制策略，以及基于快速保护控制和快速开关的实现方案和技术参数要求（快速开关开断时间不超过 25 毫秒），通过双开断单元串联确保可靠开断，控制装置通过近区电气量采集实现故障快速识别和动作。

浙江电网典型厂站研究结果表明，短路电流柔性抑制措施对系统暂态稳定影响较小，过电压等电磁暂态问题也满足要求。

在上述关键技术研究基础上，开展了快速保护控制装置和快速开关的研制。

（1）快速保护控制装置

基于直流保护控制平台的架构方案，设计开发了快速保护控制装置，通过实时采样点过流和电流微分算法相结合实现故障快速识别。故障切除后，根据母线电压进行同期和无压检测并控制快速开关顺序合闸恢复到初始运行方式。通过测试，装置功能和性能满足电力系统相关标准规定，最大出口动作时间均在 6 毫秒以内。

（2）快速开关（断路器）

开展了快速开断灭弧室、操动机构关键技术研究，完成了 252 千伏高速开断 SF6 断路器整机设计、制造。通过开断、机械摸底样机验证了灭弧室短燃弧时间（7 毫秒）以及操动机构短分闸时间（8.5 毫秒），满足开断时间≤ 25 毫秒要求。

2. 短路电流柔性抑制示范工程

经过系统分析和比选，为控制浙江电网的 220 千伏母线短路电流，在 500 千伏天一变和涌潮变建设短路电流柔性抑制示范工程，将天一变和涌潮变部分 220 千伏分段和母联开关更换为快速开关。

天一变示范工程投运后，实现了天一供区与周边 500 千伏供区联合运行，显著增强了供区支援能力，提升天一供区供电能力 20 万千瓦；涌潮变示范工程投运后，实现了涌潮变四台主变恢复并列运行，解决了供区内萧山燃机开机受限问题，提升供电能力 30 万千瓦，产生显著的经济社会效益。

为验证短路电流柔性抑制的实际效果，2020 年 12 月 18 日在 500 千伏天一变完成了单相人工短路接地试验。试验结果表明，基于电网动态拓扑的短路电流柔性抑制技术具备显著的短路电流水平抑制效果，能够充分利用现有电网资源，提高电网设备利用率，延缓输变电工程升级改造及新建需求，对保障电力安全可靠供应，推动能源电力清洁低碳转型、服务经济社会发展具有重要意义。

2.4.2　宽频振荡在线监测的实践应用

为适应新型电力系统发展需求，建设适用于浙江电网的宽频振荡监测系统，具体举措包括：在风电场、舟山五端柔直、特高压直流落点等区域部署宽频振荡在线监测子站，在Ⅰ区部署宽频振荡在线监测主站，在Ⅲ区调控云部署宽频振荡在线监测监控模块。浙江电网宽频振荡监测系统功能与架构如图 2-9 所示。

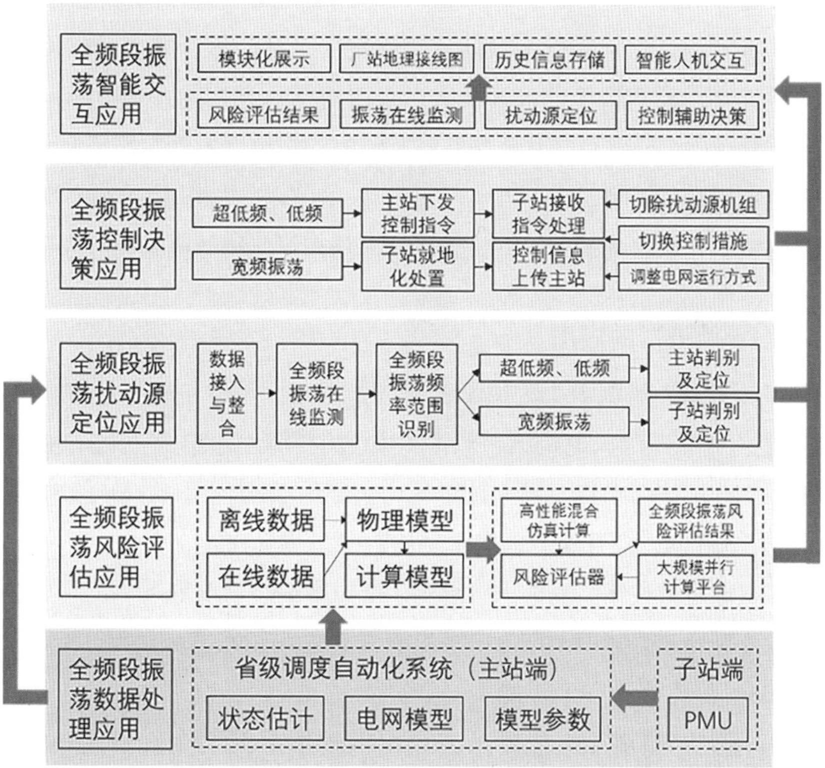

图 2-9　浙江电网宽频振荡监测系统功能与架构图

基于子站宽频装置的宽频数据量测采集和宽频振荡检测结果，在主站端实现宽频振荡风险评估、扰动源定位和辅助决策功能，并保存振荡事件分析结果和振荡设备原始数据，在调控云创建振荡案例索引，实现案例查询浏览、振荡事件可视化展示。

宽频振荡扰动源定位方案：综合利用 EMS 数据和 PMU 历史数据，基于小干扰稳定分析结果和振荡模态分析结果进行模式匹配，正确有效判别振荡类型，结合振荡能量和起振特性快速定位振荡源或疑似振荡源。

宽频振荡辅助决策方案：根据主导模式下机组的模式特征量和惯性时间常数，计算振荡能量值和参与因子，基于 EEAC 理论和机组功角进行机组分群，并确定机组出力调整方向。根据交流支路的发电机功率转移分布因子确定强相关交流支路，进而计算直流对强相关交流支路的功率传输转移分布因子，确定直流功率支援对振荡阻尼的敏感因子。

案例保存与展示方案：振荡事件结束后，将振荡分析结果和振荡原始数据保存至数据库和文件服务器并建立案例索引。支持通过振荡事件、振荡设备名称、振荡类型进行案例查询，展示振荡事件的分析结果并从文件服务器下载对应的振荡原始数据，展示振荡设备曲线。

潜在振荡模式识别：保存振荡案例及案例发生时刻的运行方式形成运行方式集，记录案例事件库中的所有案例的振荡模式以及对应运行方式的方式特征，得到振荡模式与运行方式特征的关联关系，从而判断各运行方式下电网的潜在振荡模式。

通过建设宽频振荡监测系统，可实现超低频、低频、次 / 超同步和高频振荡的在线监测与溯源定位，并形成基于数据驱动的宽频振荡在线监测与溯源创新成果。

2.4.3　高压有源滤波器的应用

华能嘉兴 2 号海上风电场工程位于杭州湾嘉兴市海域，装机容量 300 兆瓦，采用 50 台单机容量为 6 兆瓦的风电机组，包括 1 座 220 千伏海上升压站和 1 座陆上集控中心，通过 2 回 220 千伏海缆接至陆上计量站（长度约 26 千米）后接入 220 千伏主网。2021 年 11 月正式并网，但并网后电能质量长期存在谐波分量。

根据长期电能质量在线监测数据，得到禾海风电谐波状况如下。

其一，禾海风电谐波电压以 5 次、7 次为主，电压总谐波畸变率、5 次、7 次谐波电压含有率 95% 概率大值分别为 2.31%、2.13%、1.52%，其中电压总谐波畸变率、5 次谐波电压含有率超出《电能质量公用电网谐波》（GB/T 14549—1993）规定的限值要求。

其二，禾海风电谐波电流以 5 次、7 次为主，5 次、7 次谐波电流 95% 概率大值分别为 22.61 安、22.64 安，超出《电能质量公用电网谐波》（GB/T 14549—1993）规定的限值要求。

为此，浙江电网联合发电企业提出适用于海上风电场的 220 千伏高压有源滤波技术方案，应用“降压变 + 模块化级联”拓扑，实现设备“高耐压、高可靠”220 千伏并网。提出海上风电谐波综合控制策略，攻克海上风电并网谐波放大抑制难题。

同时，研发谐波治理半实物电磁暂态仿真系统，多方位测试了 72 种复杂运行工况下的设备性能和适应性。设备投运后，风电场并网电流谐波含量将降低 60% 以上，清洁绿色能源能够得到更高质量的消纳。

【参考资料】

[1] 舒印彪，陈国平，贺静波，等. 构建以新能源为主体的新型电力系统框架研究 [J]. 中国工程科学，2021，023（006）：61-69. DOI：10.15302/J-SSCAE-2021.06.003.

[2] 陈国平，李明节，许涛，等. 我国电网支撑可再生能源发展的实践与挑战 [J]. 电网技术，2017，41（10）：9. DOI：CNKI：SUN：DWJS.0.2017-10-001.

[3] 周孝信，鲁宗相，刘应梅，等. 中国未来电网的发展模式和关键技术 [J]. 中国电机工程学报，2014，000（029）：4999-5008. DOI：10.13334/j.0258-8013.pcsee.2014.29.001.

[4] 陈国平，李明节，许涛，等. 关于新能源发展的技术瓶颈研究 [J]. 中国电机工程学报，2017，37（1）：7. DOI：10.13334/j.0258-8013.pcsee.161892.

[5] 孙华东，汤涌，马世英. 电力系统稳定的定义与分类述评 [J]. 电网技术，2006，30（17）：31-35.

[6] 鞠平，王冲，辛焕海，等. 电力系统的柔性，弹性与韧性研究 [J]. 电力自动化设备，2019，39（11）：7. DOI：10.16081/j.epae.201911001.

[7] 汪宁渤，马明，强同波，等. 高比例新能源电力系统的发展机遇，挑战及对策 [J]. 中国电力，2018，51（1）：8. DOI：10.11930/j.issn.1004-9649.201711248.

[8] 辛焕海，章枫，于洋，等. 多馈入直流系统广义短路比：定义与理论分析 [J]. 中国电机工程学报，2016，36（3）：15. DOI：10.13334/j.0258-8013.pcsee.2016.03.006.

第 3 章

应对源荷双侧不确定性的电力电量平衡

3.1 当前电力电量平衡面临的挑战

国家统计局公布的数据显示，截至2022年年底，水电、核电、风电、太阳能发电等清洁能源消费量占能源消费总量的25.9%。可以预见，可再生能源将迎来更大的发展机遇，风、光发电在能源结构中的比例也将持续增长。以浙江电网为例，作为典型的特高压交直流混联大受端电网，其电源结构由“一大三小”逐渐朝着“三小一大”的方向迈进，系统动态特性由以同步电机为依托的机械电磁逐渐朝着混合特性发展。预计到2030年，浙江电网新能源装机将达6000万千瓦，占比将突破35%，最大日间新能源发电功率波动可达2700万千瓦。电网侧由以单向逐级输电为依托的传统电网逐渐朝着混联大电网发展。随着白鹤滩水电投运，浙江电网已成为外来电超过40%的典型受端电网。新能源发电严重依赖于自然资源，具有随机性、间歇性和波动性的特点。这些物理层面的变化深刻改变了电网的电力电量平衡特性，给已有生产组织模式带来挑战，特别是大规模新能源接入使得电网平衡的概率化特征更为明显，其出力不确定性要求电网具备更多的弹性运行空间，使得电力电量平衡方式安排难度增大。

总体来看，新型电力系统的电力电量平衡存在时空不确定性和多时间尺度性。在不同的时间尺度上，新能源的出力特性对电力电量平衡的影响又有不同。

在中长时间尺度上。一是新能源月度电量分布与负荷需求不匹配。以浙江电网为例，从负荷需求特性来看，用电负荷表现为夏、冬高峰，风力发电为春、秋高峰，太阳能发电为夏、秋高峰。风力发电、太阳能发电月度电量分布具有一定的互补性，按电量平衡分析，风光互补可在一定程度上减小新能源季节性的影响。但新能源月度电量分布与负荷需求不匹配，夏季负荷电量高，而新能源发电量低，存在季节性电量平衡难题。二是负荷高峰时段，新能源对电量平衡的支撑能力不足。以国家电网公司2018年迎峰度夏期间的实际运行数据进行具体分析，夏季（7、8月份）新能源发电量633亿千瓦时，仅占总用电量的6.1%，新能源对电量平衡的支撑能力不足。特别是在寒潮叠加大面积长时间阴雨天等情况下，缺电形势严峻，需要传统煤电机组和省外受电兜底，电力电量平衡压力将向上游电煤、燃气和水电等一次能源传导。

在短时间尺度上。电网的日内/实时电力电量平衡面临调峰和调频的双重压力。在调峰层面上，尤其在光伏装机比例较高的省份，电网的日内净负荷呈现“鸭子曲线”特征。早上，随着光伏开始发电，净负荷下降（鸭尾）；中午太阳最强的时候，净负荷达到最低点（鸭肚子）；傍晚时分，随着光照的减弱，净负荷迅速上升（鸭脖子）；夜间用电负荷需求逐渐下降，净负荷也开始下降（鸭头）。电网净负荷低谷从以往的单一夜间时段低谷变为午间光伏大发时段和夜间时段的双低谷。随着光伏装机占比的不断增加，鸭肚子会越来越深，鸭脖子会越来越陡，这对传统电源的调峰深度、调节速率都提出了更高要求。在调频层面，新能源因日夜变化和天气变化波动极大，更兼一些特殊气象因素（如日全食）会造成新能源出力在短时间内急剧变化。这对灵活电源的调节速率需求增加，也给电网的预想、预控能力带来考验。此外，强随机不可控新能源与传统可控电源的装机呈现此消彼长的态势，电网的可调能力和灵活资源建设存在滞后性，导致源－荷之间功率和能量平衡的难度上升、经济性劣化。新能源出力的随机性和与负荷之间的非匹配性叠加，通过传统调度来实现电网可靠高效运行的难度急剧增加。

基于省域新型电力系统电力电量面临的挑战，亟须构建省域新型电力系统综合平衡体系。本章将从新型电力系统平衡机理分析、发电能力预测、系统备用配置三个方面的核心需求出发，重点阐述新型电力系统平衡机理、一二次能源耦合的发电能力预测、多周期供需平衡滚动优化三大核心理论、技术，指明省域新型电力系统平衡业务的发展趋势，最后以电力数字保供驾驶舱为例介绍在浙江电网的相关落地应用。

3.2　面向源荷不确定性的电力电量平衡关键技术

3.2.1　新型电力系统平衡机理分析方法

新型电力系统平衡具备三大特征。一是综合性，即传统电力电量平衡转向一二次能源综合平衡；二是概率性，平衡分析方法由确定性模型转向概率性模型；三是灵活性，参与平衡主体由源随荷动转向源荷互动。

在综合性方面，随着风电、光伏等不可调电源装机占比增大，电力系统平衡形势趋紧，煤、气、水、风、光等一次能源供给对供电能力的约束特征逐渐显现。水能、风能、太阳能受限于自然条件，在干旱缺水、极热无风时严重影响电网供电；煤炭、天然气等化石燃料则受制于市场波动，在能源供不应求时易出现煤质差出力受阻、缺气停机等不良后果。因此，在运行环节采用一二次能源综合平衡的方法，对准确评估发电能力、提前研判平衡形势，以及优化提升平衡能力具有重要意义。

在概率性方面，由于可再生能源出力存在固有的随机性和波动性，电力电量平衡方式已从确定性平衡转向概率性平衡，预测和优化调度方法需要深刻转变。在预测方面，经典确定性预测输出预测对象未来某时刻的单点期望值。由于大气系统的混沌特性以及用户用能行为的随机性，供需预测的误差难以消除，预测结果存在较高的不确定性。概率预测技术通过估计预测不确定性的概率分布，实现对预测不确定性的量化分析。从优化调度的视角，传统的确定性调度方法通过预留足够的系统备用容量以应对可再生能源的不确定性，导致调度计划过于保守，引发火电机组负荷率低、可再生能源消纳空间受限等诸多问题。随着概率预测技术的完善，已涌现出一批如两阶段随机优化、多阶段鲁棒优化的技术，通过对可再生能源波动等随机因素引发的安全和经济风险进行量化建模，实现误差来临前的预先调配和来临后的优化补偿，化被动为主动，从而获得比确定性优化安全性、经济性更好的调度计划。

在灵活性方面，现阶段电力系统以煤电为主导，电力电量平衡以及发电充裕度以确定性思路为主，往往通过控制常规发电机组来平衡负荷的随机波动，依托“源随荷动”的平衡模式保障电力供需平衡，可再生能源出力仅作为电力系统的补充。随着负荷由刚性向柔性发展，由纯消费型向生产和消费共存的方向迈进，“源随荷动”的平衡模式开始朝着“源荷互动”转变。电力系统供需双侧均面临强不确定性，可再生能源与灵活负荷将承担一部分电力电量平衡的责任。

3.2.2 考虑一二次能源耦合的发电能力预测技术

下文考虑煤、气、水、风、光等一次能源供给特性，针对煤电、气电、水电、新能源等主要电源类型，介绍发电能力预测方法。

1. 常规电源一二次耦合发电能力预测方法

（1）考虑电煤供应的煤电机组发电能力预测方法

电煤供应状况对煤电机组发电能力具有较大影响。从短期角度看，影响煤电机组发电能力的主要因素是配煤掺烧的方式；从中长期角度看，煤电机组发电能力主要受电煤库存的影响。

在短期层面，煤价高企的情况下，燃煤发电企业不得不采购价格低廉，硫、灰含量高的褐煤和劣质烟煤，这会导致锅炉设计值严重偏差，从而增加受阻容量，造成机组顶峰发电能力降低。为了最大化顶峰时段的发电能力，发电厂需要逐小时动态优化电煤配比策略，顶峰发电时段多用优质煤，腰荷多用劣质煤。在这个过程中，需要考虑煤质对锅炉燃烧效率、厂用电率的影响，使不同品质的煤得到合理利用，从而优化煤电的供电能力。针对该问题，学术界已经得到相关成果。文献［1］提出了一种用于煤炭堆场实际配煤规划的混合整数线性规划模型，考虑了非常规配煤规则以及堆场回收相关限制，并且开发了一个软件以实现所提模型。文献［2］提出了一个多目标配煤优化模型，采用 NSGA-II 算法作为求解该模型的算法，结合国内燃煤电厂的实际配煤问题，得到了帕累托解集。文献［3］基于火焰辐射强度信号的人工智能分析提出火焰稳定性评估方法，易于在实际锅炉中实现，具备精度好、成本低的优势。文献［4］提出了考虑混合配煤燃烧以提高火电机组运行效率的水－热－风－光电力系统随机经济调度模型，通过满足锅炉的运行要求，获得不同类型煤的最优配给。文献［5］提出了使用效率评估方法的燃煤发电机组管理优化模型。该模型可以优化配煤和煤炭投入量，并提供电厂机组之间的负荷分配建议。文献［6］重点研究了数据驱动的配煤掺烧模型，通过输入火电机组热力系统的煤低卡、烟气含氧量、磨机入口混合风量和粉煤灰含碳量等参数，找到不同类型煤的最优配给。开发的系统被应用到控制系统中，成功地达到了节能减排的目的。

在中长期层面，优化电煤采购及库存策略需要解决两个问题：一是如何制定发电企业的电煤购煤和库存决策；二是实际运行中如何应对运力、发电量的不确定性。针对第一个问题，学界普遍基于理性决策的假设，从最小化经济成本或最大化收益出发，建立优化模型。文献［7］提出了考虑运力、安全库存等约束的电厂燃煤多周期运输与库存一体化模型。文献［8］建立了基于电力供应链的电煤库存系统动力学模型，能够模拟电煤运输在时间和空间上的延迟。文献［9］进一步在电煤库存优化中考虑了海运运力约束。文献［10］综合价格、政策等因素，对区域电网层面的电煤供需进行分析预测，但并未提出明确的优化模型。文献［11］提出了电厂年度燃料成本最小化决策模型，通过优化采购时间点及采购量降低了总运行成本。针对第二个问题，已经有研究采用随机规划理论对不确定性建模。文献［8］综合考虑煤价、发电上网电量、合同兑现率的不确定性，并基于条件风险价值（CVaR）提出了最小化电厂年度收益 CVaR 的库存优化模型。为使得 CVaR 可被求解，采用了随机向量样本值的经验分布近似随机向量的真实分布。文献［12］建立了“年前优化、年内滚动”的两阶段购煤决策模型，月度电价和煤价的不确定性以 CVaR 目标函数的形式嵌入模型中。机会约束是随机规划理论的一种常用建模方法，保证约束至少以一定概率得到满足，被广泛应用于电力系统规划运行中。目前尚未有基于机会约束规划的电煤采购与库存优化策略研究。

（2）考虑供气约束的燃气机组发电能力评估

燃气机组是电网重要的灵活性电源，区别于燃煤机组与电煤供应的弱耦合，燃气机组与供气系统呈现强耦合关系。在对燃气机组进行优化经济调度和发电能力评估时，必须联合考虑电力系统和天然气系统的模型和约束以及两个系统之间的相互影响、各自特性，才能从全局的角度给出一个经济可行的优化解。天然气网侧相关条件以及运行状况将是电力系统安全、经济运行不可忽视的因素。这方面国内外已有相关研究。文献［13］在传统计及安全约束的机组组合模型的基础上，加入了包括小时级、日级的天然气网约束，研究了电网和气网之间的相互影响和关联。文献［14］将天然气管网约束线性化，并考虑了电力系统需求侧响应带来的影响。文献［15］比较了含风电的气电联合调度确定性模型、双层以及多层随机优化模型。文献［16］采用区间优化的方法对含风电的气电综合能源系统的调度问题进行了优化求解，同时也考虑了可调节负荷的作用。文献［17］在含风电的气电联合系统的随机机组组合模型中，不仅加入了对天然气管网约束的考虑，还计及发电排放物的约束，对含风电系统的日前调度进行了仿真模拟。文献［18］则讨论了天然气气源供应的影响。船运、储罐等条件的改变将影响天然气的运输，从而导致天然气供应风险，气电联合系统的经济调度方案也将受到相应的影响，该文献对天然气的气源供应风险进行了建模分析并验证了其有效性。

（3）大、小水电发电能力预测技术

水电的发电能力预测可以分为三个方面：一是大中型水电的发电预测；二是径流式小水电的发电能力预测；三是流域水电群发电能力优化。大中型水电由于水库的存在，在水位合理时均能满功率发电，不存在供电能力瓶颈，因此发电能力预测实际上是水位预测，基于水文预报的方法国内已经发展较为成熟，这里不过多阐述。径流式小水电由于几乎没有库容，因此其发电能力完全取决于来水。不同于大中型水电已经发展成熟的预测模型，小水电发电能力预测研究起步较晚，且存在资料短缺、波动性强、数量众多、模型通用性差等一系列难题，往往难以借鉴大型水电站成熟的水文预报方法。目前主要采用数值模拟分析方法，以地区小水电作为整体研究对象，对其发电序列进行挖掘分析，以找到小水电发电能力预测的方法。

传统的小水电发电能力预测主要是结合其数理统计规律及其水文、地理、气象特点进行成因分析，如模糊模式识别及时间序列分析等方法。随着技术的发展，人工智能预报方法也得到广泛的应用，同时耦合水文、地理、气象信息建立新型模型，为发电能力预测提供更科学的方法与参考。文献［19］分析了小水电发电负荷的特性及主要相关因素，对多小水电地区负荷进行两阶段还原预测，将网供负荷分解为小水电负荷和全社会负荷，分别采用各自适合的方法预测，再合并为网供负荷预报值。文献［20］提出一种耦合偏互信息的小水电短期发电能力预测方法，该方法采用筛选出显著影响小水电发电能力的预报因子，并耦合 CFS 气象预报信息，以神经网络算法建模，对小水电发电能力做出预测。在流域梯级水电协调优化方面，大库容水电站得益于水库调蓄功能，在一定时段内具有相对独立的水电调度能力。径流式水电站库容小，对上游来水依赖度高，在中长期调度中可认为出力由上级水库出库流量和区间来水确定。文献［21］以单个水电站为独立子系统进行优化协调，计算精度和效率较高，若更细致考虑水电站之间的依赖度，效益空间挖掘会更可观。

2. 新能源出力概率预测方法

新能源出力的间歇性、随机性与波动性给电网安全和新能源消纳带来了重大挑战，新能源功率预测是降低其随机性影响的核心关键技术。新能源功率预测一般基于气象预报数据、新能源功率数据和气象观测数据等动态数据，结合新能源场站位置和设备参数等信息进行建模，预测未来一段时间内新能源的出力变化趋势。当前，新能源出力预测无法做到完全准确，特别是在大风、阴雨等天气状况下，存在较大的预测误差。

电力系统概率预测的目标是对这种不确定性进行预测，通过建立模型，在给定条件下提供概率分布信息，以量化不确定性。对于新能源电力系统，概率预测技术必须确保可靠性，并尽量减小预测结果与实际分布之间的差异。与传统的确定性预测相比，概率预测可以提供相应的信息，从而有效地为新能源电力系统提供服务，支持供需平衡，并为系统的稳定运行奠定基础。确定性预测方法和概率预测方法的对比如图 3-1 所示。

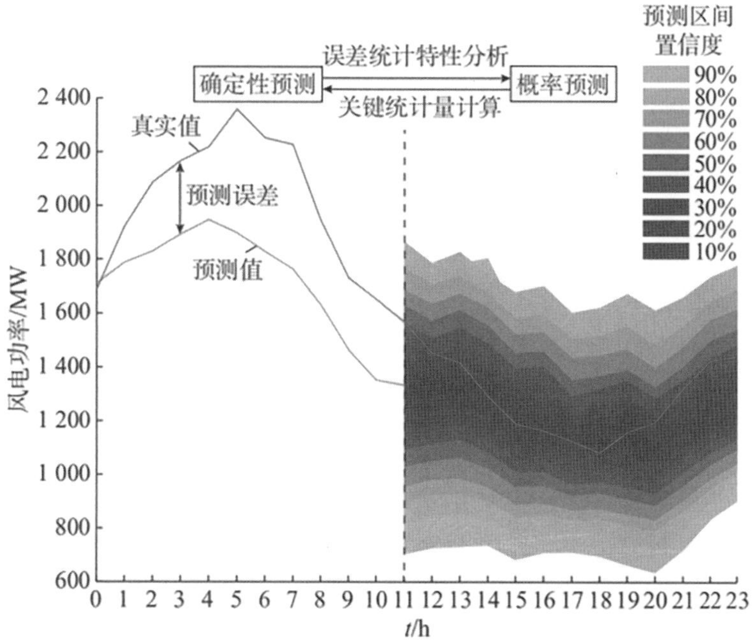

图 3-1　不同置信区间下新能源预测分析

通常采用功率预测的预测值和真实值之间的偏差来评估功率预测成效，预测误差指标有很多，包括均方根误差、最大预测偏差等。

（1）均方根误差 *RMSE*

$$RMSE=\frac{\sqrt{\sum_{i=1}^{n}\left(P_{Mi}-P_{Pi}\right)^{2}}}{Cap\cdot\sqrt{n}} \tag{3-1}$$

式中，实际功率用 P_{Mi} 表示，预测功率用 P_{Pi} 表示，平均开机容量用 *Cap* 代表，大多由新能源装机容量取代，样本个数用 *n* 代表。

（2）平均绝对误差 *MAE*

$$MAE=\frac{\sum_{i=1}^{n}\left|P_{Mi}-P_{Pi}\right|}{Cap\cdot n} \tag{3-2}$$

（3）相关性系数 *r*

这一系数值在 -1 到 1 的范围内，与 1 相近，就代表着预测和实际功率之间存在显著相关性。

$$r=\frac{\sum_{i=1}^{n}\left[\left(P_{Mi}-\overline{P}_{M}\right)\cdot\left(P_{Pi}-\overline{P}_{P}\right)\right]}{\sqrt{\sum_{i=1}^{n}\left(P_{Mi}-\overline{P}_{M}\right)^{2}\cdot\sum_{i=1}^{n}\left(P_{Pi}-\overline{P}_{P}\right)^{2}}} \tag{3-3}$$

式中，实际功率均值用 $\overline{P}_{M}$ 表示，预测功率均值用 $\overline{P}_{P}$ 表示。

（4）最大预测偏差 $\delta_{\max}$

$$\delta_{\max}=\max\left(\left|P_{Mi}-P_{pi}\right|\right) \tag{3-4}$$

对于新能源预测系统，考虑到其应用形式的差异、预测区域的大小变化、风电场数量的差异以及时间尺度等因素，预测误差也会有所区别。一般而言，由于区域平滑效应的存在，预测区域越大，预测误差就越小。此外，由于预测误差主要与天气预报的不确定性相关，因此随着时间尺度的增加，误差也会增加。将不同类型的天气预报模型组合，并使用不同类型的输入信息，对于提高预测精度具有积极的作用。随着新能源功率预测技术的不断完善，并且拥有越来越多的经验数据和历史数据，预测误差将逐渐减小。

3. 分布式新能源网格化功率预测技术

分布式新能源大规模发展之后，电网母线的综合负荷 / 净负荷（传统负荷 + 分布式光伏）的不确定性大增，改变了负荷曲线的形状和特征，负荷模型的通用性进一步降低。随着电力市场化改革的不断推进，无论是系统侧还是用户侧均对负荷预测准确度提出了更高的要求，需要显著提高分布式新能源预测能力。天气会严重影响分布式新能源出力。与集中式新能源电站不同的是，分布式新能源场站自身不具备气象监测及数值天气预报等信息，且自身运行数据具有一定的延时性，数据常出现缺数、漏数、跳变等质量问题，给分布式新能源功率预测带来新的挑战。因此多采用调度侧区域功率预测，实现预测区域内所有分布式新能源统一预测。该方法采用统计升尺度预测算法进行预测，以集中式新能源功率预测为基础，实现区域新能源电站群的功率预测（文献［22］）。本章以分布式光伏预测为例介绍其主要步骤（如图 3-2 所示）。

① 对各光伏电站历史输出功率与对应时间段片区并网点输出总功率的资料进行分析和数据质量控制，剔除明显不合实际的数据点。

② 计算片区内各光伏电站实际输出功率与片区实际总输出功率的相关性系数。

③ 选取输出功率与片区输出功率相关性较大且历史预报准确率较高的光伏电站作为代表光伏电站。

④ 将功率预测过程中不同光伏电站的权重系数求解。

对上述预测结果实施组合加权处理，计算得到区域光伏发电功率预测值。

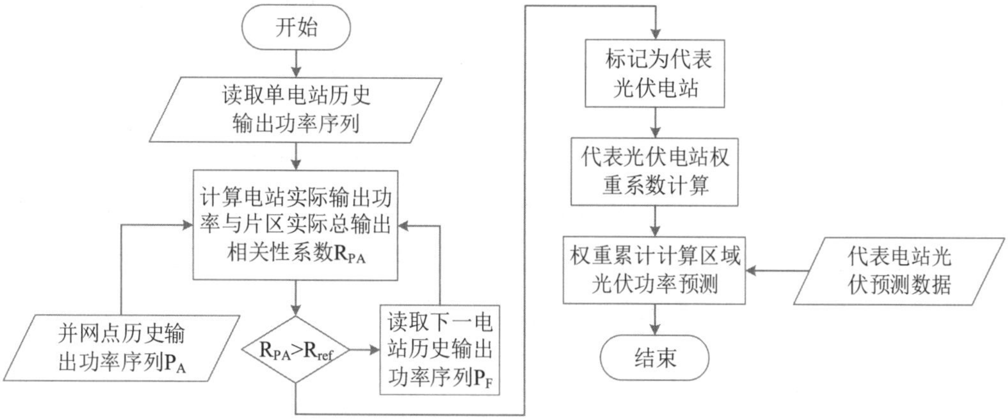

图 3-2　广域分布式光伏功率预测流程

4. 极端天气对新能源出力的影响分析

新能源发电具有较强的“靠天吃饭”本质特性，寒潮、台风、沙尘暴、日食等极端甚至灾害天气会严重影响新能源发电功率，使得新能源预测难度进一步加大，进而威胁电网平稳运行。从气象分类来看，寒潮、台风对风力发电影响较大，雪灾、沙尘暴、雾、霾等天气对光伏发电影响较大（文献［24］）。

（1）寒潮对风电运行的影响

寒潮对风电运行影响主要包括：送出线路、集电线路、风机覆冰造成脱网；极端低温（高寒地区一般 -30℃、其他地区 -20℃）时，低温保护动作风机脱网。

从覆冰对风机的影响来看，寒潮天气通常会导致风电机组关键部件覆冰和冰冻，导致风机出现脱网的情况。叶片覆冰导致叶片气动外形出现变化，风机阻尼系数加大，严重时造成风机无法正常启动。风机叶片不同，其冰载不一样，叶片受力不均衡，机组不平衡载荷越来越大，振动加大，风机使用寿命缩减，严重时可能存在叶片断裂风险。风机运行时，叶片表面冰块可能被甩出，存在安全隐患。机组上的测风仪表等在寒潮中可能出现冰冻，影响正常运行和控制。

（2）台风对风电运行的影响

风速过大时（台风等），风机会因为超过切出风速而停机。切出风速为大风时风机自动停止运行的风速，即风机并网发电的最大风速，一般为 19 ～ 25m/s（10 级及以上大风）。切出风速和风机叶片及机组载荷息息相关，如果处于切出风速时未切出，可能导致叶轮飞车等事故。此外，风速较大时，风电场基本均处于满发状态，若此时风速持续增大超过切出风速，那么风电场出力将由满发短时间内迅速下降。若切出规模较大，会对局部地区电压及全省频率调整造成较大影响。同时，还会严重影响风电功率预测精准性。

在台风天气下，风电功率预测的方法相较正常工况并无差异，本质仍然是采用切入风速、最大风速、切出风速三点式预测模型。关键在于，如何根据台风的路径获取电网各节点的风速，主流方法是基于 Rankine 漩涡论模型（文献［23］）。

（3）雪灾、沙尘暴、雾、霾对光伏运行的影响

雪灾、沙尘暴、雾、霾等天气均会对光伏组件产生遮挡，减弱太阳辐射，从而对光伏发电运行造成影响。冰雪堆积会严重影响光伏发电站，不能及时清理光伏组件上部积雪，荷载越来越大，会导致光伏组件坍塌。沙尘暴会导致光伏组件中存留灰尘，对组件获取太阳辐射强度产生影响，组件发电量下降。此外，灰尘遮蔽会导致热斑问题出现，对发电量产生影响的情况下，会产生很大的安全隐患。污秽越来越多，如果没有立即清扫，可能导致污闪等情况出现。

以上天气事件可预测且对光伏电站出力影响过程长，不易造成剧烈波动，对全网的安全稳定运行影响不大，但是对单个光伏电站的设备安全、发电效率影响较大。

（4）日食对光伏运行的影响

日食属于极端天文事件，通常有三种类型：日全食、日环食和日偏食。日食会使

处于地面的太阳总辐射在短时间内迅速降低，导致影响区域内的光伏机组出力突减。

日食与数值天气预报相比具有独立性。在预测前期理想晴空时，天文、气象等都会影响太阳辐射资源，利用光电转换预测模型，可以构建光伏发电损失曲线。在晴空情况下，对获取的发电损失情况进行测算，可为电网提前调节奠定基础，为电网安全测算提供支持。结合测算结果，对日食等极端情况，制定处置方案，编制发电计划。在预测临近期时，以数值天气为依托预报结果，实施滚动预测，从而使预测大气影响太阳辐射更加精准。可以在非晴空时，有效获取光伏发电出力信息，改进光伏发电预测，对电网处置方案进行改进与优化。（如图 3-3 所示）

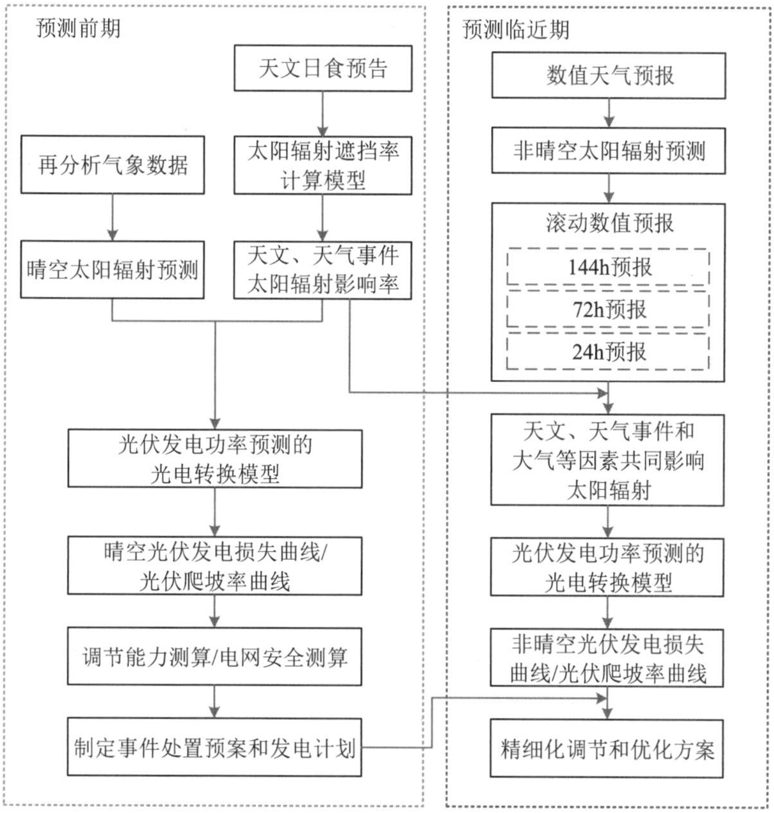

图 3-3　日食事件影响预测和应对措施原理图

日食属于极端气象事件，发生概率较小，且易预测，对光伏电站来说会产生一定的发电损失，但对电网来说，若提前做好充分准备，对电网安全稳定的影响可控。

以上重点分析了寒潮、台风极端（灾害）气象天气对风电运行的影响和沙尘暴、日食等极端（灾害）气象天气对光伏运行的影响。考虑极端（灾害）气象天气对风电、光伏功率预测影响，把以往功率预测模型不能精准模拟的事件加入预测方法体系中，通过函数形式和传统功率预测模型有机结合，可以使预测结果达到预期水平。

3.2.3 多周期供需平衡滚动优化方法

新能源占比提高导致电网运行不确定性增大，时间、天气、一次能源供给、市场异常等导致电力系统平衡难度加大。大电网平衡在时序上可分为月（周）、日前、日内等不同周期，各周期持续动态优化。随着时间的推移，不确定性得到不断揭示，而优化空间则被不断缩窄，前一周期的决策变量成为后一周期的边界条件。本章根据新型电力系统的电力电量平衡需求以及源网荷储各类调度资源的时序响应特性，考虑交易电量、一次能源的平衡决策要求以及不同时间尺度下的资源购买价格差异，构建涵盖月度－周的多时间尺度、多颗粒度、多资源协调调度框架。主要包括“月／周度－短期协同优化方法”及“日前－实时协同优化方法”两部分，时序滚动分析未来电网平衡态势以提升预见性，统筹决策各类资源的多周期调用计划。多时间尺度滚动调度决策框架如图 3-4 所示。

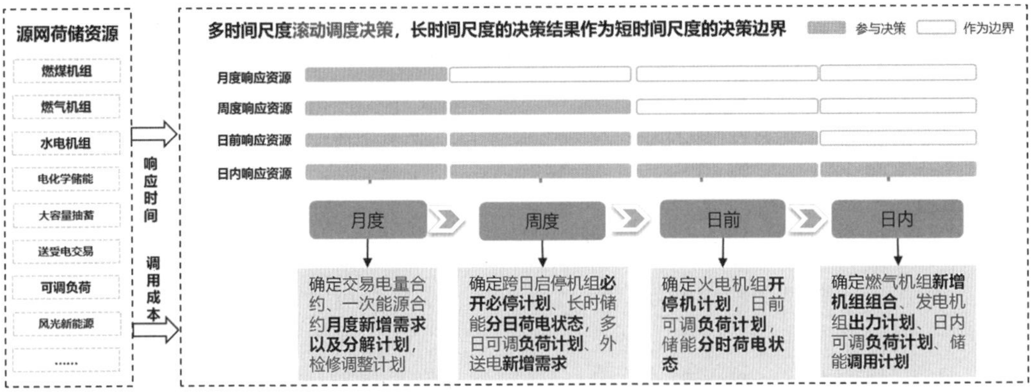

图 3-4 多时间尺度滚动调度决策框架

1. 中长期－短期协调优化方法

中长期交易的多周期协调电力平衡机制需要四个时间尺度，包括周前（简称 D7）、多日前（简称 D3）、日前（简称 D1）、日内（简称 D0），本章建立了一种考虑中长期交易的多周期协调机制，涉及以下几种可调度资源。

（1）发电机组资源

根据开停机响应能力的不同，分为常规机组和快速启动机组。常规机组的开停机需要较长的时间，其机组组合（开停机）需要在日前确定；快速启动机组启动时间较短，其机组组合可以在日内调度中确定。

（2）省外来电

省外来电一般需要在中长期时间尺度进行确定。国内各省级电网主要基于“电量平衡、典型日电力校核”原则，采用平均分配、按照负荷比例或机组容量比例等方法完成分解。本章提出在 D7 根据负荷总量、风电预测值确定电量平衡总量，D3 根据更加精细化的负荷、风电预测确定各小时的省外来电出力。其中各小时的省外来电通过优化得到，不依靠比例分解。

（3）柔性负荷

根据柔性负荷的提前通知时间、响应时间不同，不同的柔性负荷有截然不同的调度特性。对于考虑中长期交易的多周期协调机制而言，主要考虑 D3、D1 和 D0 阶段的柔性负荷资源。D3 阶段的柔性负荷实际功率大小在 D3 时间尺度被确定。D1 阶段的柔性负荷在 D1 时间尺度确定备用（最大可用）容量，在 D1 时间尺度确定（实际）功率大小。D0 阶段的柔性负荷在 D1 时间尺度确定备用（最大可用）容量，在 D0 时间尺度确定（实际）功率大小。

基于以上三种发电资源，提出一个包括四个层次的周前 - 三日前 - 日前 - 日内滚动调度模型（如图 3-5 所示）。前一个时间尺度确定下来的资源在后一个时间尺度的优化中作为边界条件来处理。

①周前调度计划：一周执行一次（分辨率为 1 天），调度尺度为 7 天。周前调度计划的任务包括确定（各天的）外来电总电量，同时确定各火电机组功率（包括快机、慢机）、外来电功率、切风功率、失负荷功率。

②多日前调度计划：一天执行一次（分辨率为 1 小时），调度尺度为 72 小时。多日前的调度任务包括确定外来电每个小时的功率、D3 柔性负荷的功率、D1 柔性负荷的备用（最大可用）容量。

③日前调度计划：一天执行一次（分辨率为 1 小时），调度尺度为 24 小时。日前调度的任务包括确定常规机组的机组组合（开停机），外来电功率、D1 柔性负荷的（实际）功率、D0 柔性负荷的备用（最大可用）容量。

④日内调度计划：每 15 分钟执行一次（分辨率为 15 分钟），调度尺度为 2 小时。日内调度的任务包括确定常规机组出力的调整量、快速启动机组的机组组合，确定 D0 柔性负荷的备用（最大可用）容量。

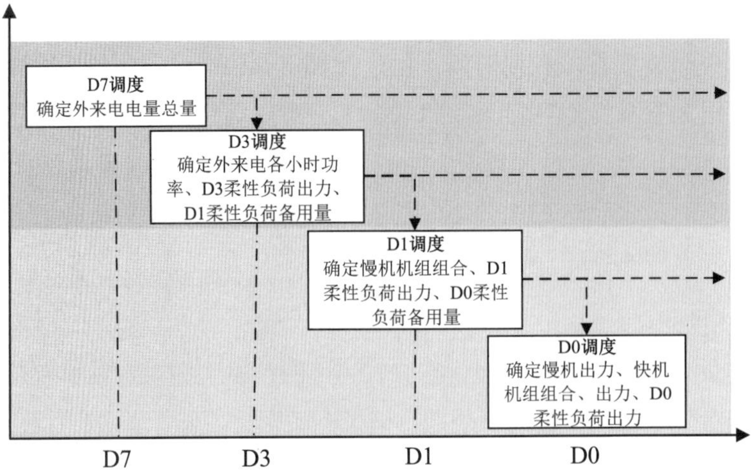

图 3-5　多周期协调调度示意图

考虑到慢机（常规机组）和快机（快速启停机组）的响应速度不同，对各时间尺度备用需求如下。

D3 时间尺度的备用：慢机和快机的冷备用。

D1 时间尺度的备用：慢机的冷备用，快机的热备用。

D0 时间尺度的备用：慢机和快机的热备用。

在确定了滚动调度模型的基本框架的基础上，需要对 D7，D3，D1，D0 的调度计划分别进行建模和求解。这里采用基于机会约束的方法对新能源不确定性进行建模，其核心思想是设置一定的约束条件，使约束条件成立的概率不小于某一置信水平。在 D7 时间尺度上，采用电量平衡的概念，没有考虑各时刻的不确定性，而在 D3，D1，D0 各时间尺度考虑上调备用的机会约束模型。（如图 3-6 所示）

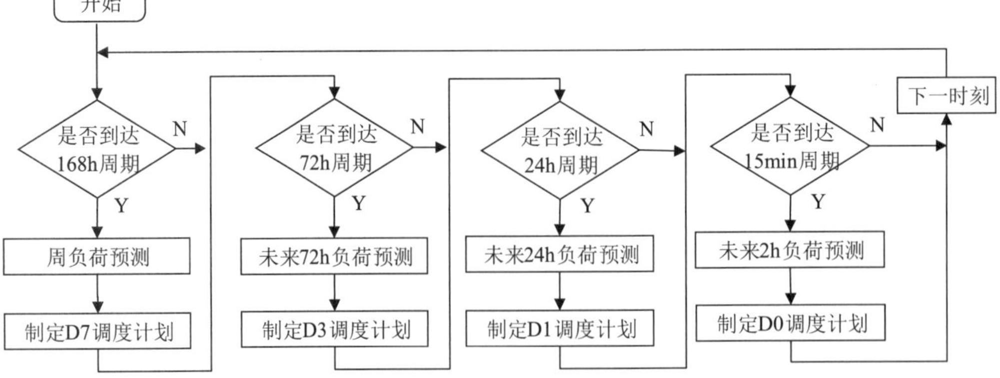

图 3-6　滚动调度模型流程图

1）周前调度模型

在 D7 调度模型中需要确定的参数为各天外来电的总电量，并传递到 D3 作为优化模型的已知量。在优化模型建模中以调度时间尺度内的平均外来电出力表征，从而实现功率平衡。

D7 调度模型中的决策变量包括：各火电机组功率（包括快机 $P_{Fj,t}$、慢机 $P_{R,i,t}$），调度时间尺度内的平均外来电出力 $\overline{P_O}$，新能源功率（以风电为例）$P_{Wc,w,t}$，失负荷功率 $D_{Loss,d,t}$。

D7 调度模型以调用总成本最小为目标函数，约束条件包括功率平衡约束、功率上下限约束。

该调度模型具体的数学模型如下所示。

目标函数：

$$\begin{aligned}
&\min\sum_{t=1}^{N_T}\left(\sum_{i=1}^{N_R}C\left(P_{R,i,t}\right)+\sum_{j=1}^{N_F}C\left(P_{F,j,t}\right)+C\left(\overline{P_O}\right)+\sum_{w=1}^{N_W}C\left(P_{Wc,w,t}\right)+\sum_{d=1}^{N_D}p_{Loss}\cdot D_{Loss,d,t}\right)\\
&C\left(P_{R,i,t}\right)=a_{R,i}+b_{R,i}P_{R,i,t}+c_{R,i}P_{R,i,t}^2\\
&C\left(P_{F,j,t}\right)=a_{F,j}+b_{F,i}P_{F,j,t}+c_{F,j}P_{F,j,t}^2\\
&C\left(P_{O,t}\right)=p_O\cdot\overline{P_O}\\
&C\left(P_{Wc,w,t}\right)=p_{Wc}\cdot P_{Wc,w,t}\\
&C\left(D_{Loss,d,t}\right)=p_{Loss}\cdot D_{Loss,d,t}
\end{aligned}\tag{3-5}$$

式中，N_R 为慢机数量，N_F 为快机数量，N_T 为时段数，$a_{R,i}$、$b_{R,i}$、$c_{R,i}$、$a_{F,j}$、$b_{F,j}$、$c_{F,j}$ 分别为慢机、快机的成本系数，p_o 为外来电价格，p_{wc} 为切风价格，p_{Loss} 为单位失负荷成本。$\overline{P_O}$ 为在调度时间尺度内的平均外来电出力；$P_{Fj,t}$ 为快机机组 j 在 t 时刻的出力；$P_{R,i,t}$ 为慢机机组 i 在 t 时刻的出力；$P_{Wc,w,t}$ 为风电机组 w 在 t 时刻的弃风量；$D_{Loss,d,t}$ 为负荷 d 在 t 时刻的弃负荷量。

约束条件：

a. 功率平衡约束

$$\sum_{i=1}^{N_R}P_{R,i,t}+\sum_{i=1}^{N_F}P_{F,i,t}+\sum_{w=1}^{N_W}\left(P_{W,w,t}-P_{Wc,w,t}\right)+\overline{P_O}=\sum_{d=1}^{N_D}\left(D_{d,t}-D_{Loss,d,t}\right)\tag{3-6}$$

式中，$P_{W,w,t}$ 为风电机组 w 在 t 时刻的出力；$D_{d,t}$ 为负荷 d 在 t 时刻的负荷出力。

b. 功率上下限约束

$$
\begin{aligned}
&P_{\mathrm{Rmin},i} \leqslant P_{R,i,t} \leqslant P_{\mathrm{Rmax},i}\\
&P_{\mathrm{Fmin},j} \leqslant P_{F,j,t} \leqslant P_{\mathrm{Fmax},j}\\
&P_{\mathrm{Omin}} \leqslant \overline{P_O} \leqslant P_{\mathrm{Omax}}\\
&0 \leqslant P_{Wc,w,t} \leqslant P_{W,w,t}\\
&0 \leqslant D_{Loss,d,t} \leqslant D_{d,t}
\end{aligned}
\tag{3-7}
$$

式中，$P_{\mathrm{Rmin},i}$、$P_{\mathrm{Rmax},i}$ 分别为慢机 i 的最小、最大出力；$P_{\mathrm{Fmin},j}$、$P_{\mathrm{Fmax},j}$ 分别为快机 j 的最小、最大出力；P_{Omin}、P_{Omax} 分别为外来电的最小、最大出力。

2）多日前调度模型

在 D3 调度模型中需要将外来电总电量进行分解，从而确定每个小时的外来电功率 $P_{O,t}$。同时需要确定 D3 柔性负荷的出力功率 $P_{DR,D3,d,t}$，以及 D1 柔性负荷的最大可调用量 $R_{DR,D1,d,t}$。

D3 调度模型中的决策变量包括：火电机组（快机、慢机）机组组合、功率，外来电功率 P_0，D1 柔性负荷的备用（最大可用）容量 $R_{DR,D1,d,t}$。

该调度模型具体的数学模型如下所示。

目标函数：

$$
\min \sum_{t=1}^{N_T} \left(\begin{aligned} &\sum_{i=1}^{N_R} C\left(P_{R,i,t}\right) + \sum_{j=1}^{N_F} C\left(P_{F,j,t}\right) + C\left(P_{O,t}\right) + \sum_{d=1}^{N_D} C\left(P_{DR,D3,d,t}\right) + \sum_{d=1}^{N_D} C\left(R_{DR,D1,d,t}\right) \\ &+ \sum_{w=1}^{N_W} C\left(P_{Wc,w,t}\right) + \sum_{d=1}^{N_D} p_{Loss} \cdot D_{Loss,d,t} \end{aligned} \right)
\tag{3-8}
$$

式中，$P_{DR,D3,d,t}$ 为 D3 柔性负荷 t 时刻的出力功率；$R_{DR,D1,d,t}$ 为 D1 柔性负荷 t 时刻在日前的最大可用功率；$P_{O,t}$ 为外来电在 t 时刻的出力功率。

$$
\begin{aligned}
&C\left(P_{R,i,t}\right) = a_{R,i} + b_{R,i} P_{R,i,t} + c_{R,i} P_{R,i,t}^2\\
&C\left(P_{F,j,t}\right) = a_{F,j} + b_{F,j} P_{F,j,t} + c_{F,j} P_{F,j,t}^2\\
&C\left(P_{\mathrm{O},t}\right) = p_{\mathrm{O}} \cdot P_{\mathrm{O},t}\\
&C\left(P_{DR,D3,d,t}\right) = p_{DR,D3+,d} \cdot P_{DR,D3+,d,t} + p_{DR,D3-,d} \cdot P_{DR,D3-,d,t}\\
&C\left(R_{DR,D1,d,t}\right) = p_{RDR,D1,d} \cdot R_{DR,D1,d,t}\\
&C\left(P_{W,w,t}\right) = p_{Wc} \cdot P_{W,w,t}\\
&C\left(D_{Loss,d,t}\right) = p_{Loss} \cdot D_{Loss,d,t}
\end{aligned}
\tag{3-9}
$$

式中，$P_{DR,D3+,d,t}$、$P_{DR,D3-,d,t}$ 分别为 D3 柔性负荷的增、减功率量。

约束条件：

a. 功率平衡约束

$$\sum_{i=1}^{N_R} P_{R,i,t} + \sum_{i=1}^{N_F} P_{F,i,t} + \sum_{w=1}^{N_W}\left(P_{W,w,t} - P_{Wc,w,t}\right) + P_{O,t} = \sum_{d=1}^{N_D}\left(D_{d,t} - D_{Loss,d,t}\right) + \sum_{d=1}^{N_D}\left(P_{DR,D3+,d,t} + P_{DR,D3-,d,t}\right) \tag{3-10}$$

b. 发电机状态约束

$$\begin{cases} x_{R,i,t} - y_{R,i,t} = u_{R,i,t} - u_{R,i,t-1} \\ x_{R,i,t} + y_{R,i,t} \leqslant 1 \end{cases}$$
$$\begin{cases} x_{F,j,t} - y_{F,j,t} = u_{F,j,t} - u_{F,j,t-1} \\ x_{F,j,t} + y_{F,j,t} \leqslant 1 \end{cases} \tag{3-11}$$

式中，$x_{R,i,t}$、$y_{R,i,t}$ 分为慢机机组 i 的开停机转变状态，$x_{R,i,t}$ 为 1 表示慢机机组 t 时刻由关机变为开机状态；$u_{R,i,t}$ 为慢机机组 i 的开停机状态，为 1 表示慢机机组 t 时刻为开机状态。

c. 爬坡约束

$$\begin{cases} -RD_{R,i} \leqslant P_{R,i,t} - P_{R,i,t-1} \leqslant RU_{R,i} \\ -RD_{F,j} \leqslant P_{F,j,t} - P_{F,j,t-1} \leqslant RU_{F,j} \end{cases} \tag{3-12}$$

式中，$RD_{R,i}$、$RU_{R,i}$ 分别为慢机机组 i 的出力下调、上调速率上限；$RD_{F,j}$、$RU_{F,j}$ 分别为快机机组 j 的出力下调、上调速率上限。

d. 功率上下限约束

$$\begin{aligned} & u_{R,i,t} \cdot P_{\mathrm{Rmin},i} \leqslant P_{R,i,t} \leqslant u_{R,i,t} \cdot P_{\mathrm{Rmax},i} \\ & u_{F,j,t} \cdot P_{\mathrm{Fmin},j} \leqslant P_{F,j,t} \leqslant u_{F,j,t} \cdot P_{\mathrm{Fmax},j} \\ & P_{\mathrm{Omin}} \leqslant P_{\mathrm{O},t} \leqslant P_{\mathrm{Omax}} \\ & 0 \leqslant P_{DR,D3+,d,t} \leqslant P_{DR,D3\max+,d} \\ & 0 \leqslant P_{DR,D3-,d,t} \leqslant P_{DR,D3\max-,d} \\ & 0 \leqslant P_{Wc,w,t} \leqslant P_{W,w,t} \\ & 0 \leqslant D_{Loss,d,t} \leqslant D_{d,t} \end{aligned} \tag{3-13}$$

式中，$P_{DR,D3\max+,d}$、$P_{DR,D3\max-,d}$ 分别为 D3 柔性负荷的增、减负荷的出力功率。

e. 备用容量约束

$$\sum_{i=1}^{N_R}\left(P_{\mathrm{Rmax},i} - P_{R,i,t}\right) + \sum_{j=1}^{N_F}\left(P_{\mathrm{Fmax},j} - P_{F,j,t}\right) + \sum_{d=1}^{N_D} R_{DR,DA,d,t} \geqslant \Phi^{-1}(\eta)\sqrt{\sum_{d\in N_{\mathrm{D}}} \delta_{d,t}^2 + \sum_{w\in N_{\mathrm{W}}} \delta_{w,t}^2} \tag{3-14}$$

$R_{DR,DA,d,t}$ 为 DA 柔性负荷在 t 时刻的备用（最大可用）容量，η 为事先设定的置信水平，Φ^{-1} 为正态分布概率密度函数的反函数。$\delta_{b,t}^2$ 和 $\delta_{w,t}^2$ 为风电出力和负荷的预测误差的方差。假设风电出力和负荷的预测误差服从期望为 0，方差分别为 $\delta_{b,t}^2$ 和 $\delta_{w,t}^2$ 的正态分布，即：

$$D_{d,t} \sim E\left(D_{d,t}\right)+N\left(0,\delta_{d,t}^2\right) \tag{3-15}$$

$$W_{w,t} \sim E\left(W_{w,t}\right)+N\left(0,\delta_{w,t}^2\right) \tag{3-16}$$

f. 多周期耦合约束

D7 调度模型确定的外来电总电量作为 D3 调度模型中的已知量来处理。由于在 D7 时间尺度内优化模型外来电是作为平均功率得到的，因此多周期耦合约束应当满足下式：

$$\sum_{t=1}^{N_T} P_{O,t}=\overline{P_O}\times N_T \tag{3-17}$$

3）日前调度模型

日前需要确定的有火电机组慢机的机组组合 $u_{R,i,t}$，D1 柔性负荷的（实际）功率 P_{DR_DA}，D0 柔性负荷的备用（最大可用）容量 R_{DR_ID}，包括在 D3 时间尺度已经确定的外来电功率。

日前调度模型的决策变量包括：火电机组（快机、慢机）机组组合功率，D1 柔性负荷的（实际）功率，D0 柔性负荷的备用（最大可用）容量。

目标函数：

$$\min\sum_{t=1}^{N_T}\left(\begin{array}{l}\sum_{i=1}^{N_R}C\left(P_{R,i,t}\right)+\sum_{j=1}^{N_F}C\left(P_{F,j,t}\right)+\sum_{d=1}^{N_D}C\left(P_{DR,DA,d,t}\right)+\sum_{d=1}^{N_D}C\left(R_{DR,D0,d,t}\right)\\+\sum_{w=1}^{N_W}C\left(P_{Wc,w,t}\right)+\sum_{d=1}^{N_D}p_{Loss}\cdot D_{Loss,d,t}\end{array}\right) \tag{3-18}$$

$$\begin{aligned}&C\left(P_{R,i,t}\right)=a_{R,i}+b_{R,i}P_{R,i,t}+c_{R,i}P_{R,i,t}^2\\&C\left(P_{F,j,t}\right)=a_{F,j}+b_{F,j}P_{F,j,t}+c_{F,j}P_{F,j,t}^2\\&C\left(P_{DR,D1,d,t}\right)=p_{DR,D1+,d}\cdot P_{DR,D1+,d,t}+p_{DR,D1-,d}\cdot P_{DR,D1-,d,t}\\&C\left(R_{DR,D0,d,t}\right)=p_{RDR,D0,d}\cdot R_{DR,D0,d,t}\\&C\left(P_{W,w,t}\right)=p_{Wc}\cdot P_{W,w,t}\\&C\left(D_{Loss,d,t}\right)=p_{Loss}\cdot D_{Loss,d,t}\end{aligned} \tag{3-19}$$

式中，$P_{DR,D1,d,t}$ 为 D1 柔性负荷 t 时刻的出力功率，$R_{DR,D0,d,t}$ 为 D0 柔性负荷 t 时刻在日前的最大可用功率，$p_{DR,D1+,d}$、$p_{DR,D1-,d}$ 为 D1 柔性负荷的单位调节功率的价格，$p_{RDR,D0,d}$ 为 D0 柔性负荷的单位备用价格。

约束条件：

a. 功率平衡约束

$$\begin{aligned}&\sum_{i=1}^{N_R}P_{R,i,t}+\sum_{i=1}^{N_F}P_{F,i,t}+\sum_{w=1}^{N_W}\left(P_{W,w,t}-P_{Wc,w,t}\right)+P_{O,t}=\sum_{d=1}^{N_D}\left(D_{d,t}-D_{Loss,d,t}\right)\\&+\sum_{d=1}^{N_D}\left(P_{DR,D3+,d,t}+P_{DR,D3-,d,t}\right)+\sum_{d=1}^{N_D}\left(P_{DR,D1+,d,t}+P_{DR,D1-,d,t}\right)\end{aligned} \tag{3-20}$$

式中，$P_{DR,D1+,d,t}$、$P_{DR,D1-,d,t}$ 分别为 D1 柔性负荷 t 时刻增、减的负荷。

b. 发电机状态约束

$$\begin{cases}x_{R,i,t}-y_{R,i,t}=u_{R,i,t}-u_{R,i,t-1}\\x_{R,i,t}+y_{R,i,t}\leqslant 1\end{cases}$$
$$\begin{cases}x_{F,j,t}-y_{F,j,t}=u_{F,j,t}-u_{F,j,t-1}\\x_{F,j,t}+y_{F,j,t}\leqslant 1\end{cases} \tag{3-21}$$

c. 爬坡约束

$$\begin{cases}-RD_{R,i}\leqslant P_{R,i,t}-P_{R,i,t-1}\leqslant RU_{R,i}\\-RD_{F,j}\leqslant P_{F,j,t}-P_{F,j,t-1}\leqslant RU_{F,j}\end{cases} \tag{3-22}$$

d. 功率上下限约束

$$\begin{aligned}&u_{R,i,t}\cdot P_{\mathrm{Rmin},i}\leqslant P_{R,i,t}\leqslant u_{R,i,t}\cdot P_{\mathrm{Rmax},i}\\&u_{F,j,t}\cdot P_{\mathrm{Fmin},j}\leqslant P_{F,j,t}\leqslant u_{F,j,t}\cdot P_{\mathrm{Fmax},j}\\&P_{\mathrm{Omin}}\leqslant P_{\mathrm{O},t}\leqslant P_{\mathrm{Omin}}\\&0\leqslant P_{Wc,w,t}\leqslant P_{W,w,t}\\&0\leqslant D_{Loss,d,t}\leqslant D_{d,t}\end{aligned} \tag{3-23}$$

e. 备用容量约束

$$\sum_{i=1}^{N_R}\left(u_{R,i,t}\cdot P_{\mathrm{Rmax},i}-P_{R,i,t}\right)+\sum_{j=1}^{N_F}\left(P_{\mathrm{Fmax},j}-P_{F,j,t}\right)+\sum_{d=1}^{N_D}R_{DR,D0,d,t}\geqslant\Phi^{-1}(\eta)\sqrt{\sum_{d\in N_{\mathrm{D}}}\delta_{d,t}^2+\sum_{w\in N_{\mathrm{W}}}\delta_{w,t}^2} \tag{3-24}$$

f. 多周期协调约束

$$\begin{aligned}&0\leqslant P_{DR,D1+,d,t}\leqslant R_{DR,D1\max+,d}\\&0\leqslant P_{DR,D1-,d,t}\leqslant R_{DR,D1\max-,d}\end{aligned} \tag{3-25}$$

4）日内调度模型

在日内调度模型中，需要基于已知的外来电出力、D3 柔性负荷出力、D1 柔性负荷出力、D0 柔性负荷最大可调用量、火电机组的慢机机组组合进行调度，从而确定火电机组慢机的功率，火电机组快机的机组组合、功率，D0 柔性负荷的（实际）功率 $P_{DR,D0,d,t}$。

该模型的数学模型如下所示。

目标函数：

$$\min\sum_{t=1}^{N_T}\left(\begin{array}{l}\sum_{i=1}^{N_R}C\left(P_{R,i,t}\right)+\sum_{j=1}^{N_F}C\left(P_{F,j,t}\right)+\sum_{d=1}^{N_D}C\left(P_{DR,D0,d,t}\right)+\sum_{w=1}^{N_W}C\left(P_{Wc,w,t}\right)\\+\sum_{d=1}^{N_D}p_{Loss}\cdot D_{Loss,d,t}\end{array}\right) \tag{3-26}$$

$$\begin{aligned}&C\left(P_{R,i,t}\right)=a_{R,i}+b_{R,i}P_{R,i,t}+c_{R,i}P_{R,i,t}^2\\&C\left(P_{F,j,t}\right)=a_{F,j}+b_{F,j}P_{F,j,t}+c_{F,j}P_{F,j,t}^2\\&C\left(P_{DR,D0,d,t}\right)=p_{DR,D0+,d}\cdot P_{DR,D0+,d,t}+p_{DR,D0-,d}\cdot P_{DR,D0-,d,t}\\&C\left(P_{W,w,t}\right)=p_{Wc}\cdot P_{W,w,t}\\&C\left(D_{Loss,d,t}\right)=p_{Loss}\cdot D_{Loss,d,t}\end{aligned} \tag{3-27}$$

式中，$P_{DR,D0+,d,t}$、$P_{DR,D0-,d,t}$ 为 D0 柔性负荷的调节功率，$p_{DR,D0+,d}$、$p_{DR,D0-,d}$ 为 D0 柔性负荷的单位调节功率的价格

约束条件：

a. 功率平衡约束

$$\begin{aligned}\sum_{i=1}^{N_R}P_{R,i,t}+\sum_{i=1}^{N_F}P_{F,i,t}+\sum_{w=1}^{N_W}\left(P_{W,w,t}-P_{Wc,w,t}\right)+P_{O,t}=\sum_{d=1}^{N_D}\left(D_{d,t}-D_{Loss,d,t}\right)\\+\sum_{d=1}^{N_D}\left(P_{DR,D3+,d,t}+P_{DR,D3-,d,t}\right)+\sum_{d=1}^{N_D}\left(P_{DR,D1+,d,t}+P_{DR,D1-,d,t}\right)+\sum_{d=1}^{N_D}\left(P_{DR,D0+,d,t}+P_{DR,D0-,d,t}\right)\end{aligned} \tag{3-28}$$

b. 发电机状态约束

$$\begin{cases}x_{F,j,t}-y_{F,j,t}=u_{F,j,t}-u_{F,j,t-1}\\x_{F,j,t}+y_{F,j,t}\leqslant 1\end{cases} \tag{3-29}$$

c. 爬坡约束

$$\begin{cases}-RD_{R,i}\leqslant P_{R,i,t}-P_{R,i,t-1}\leqslant RU_{R,i}\\-RD_{F,j}\leqslant P_{F,j,t}-P_{F,j,t-1}\leqslant RU_{F,j}\end{cases} \tag{3-30}$$

d. 功率上下限约束

$$\begin{aligned}&u_{R,i,t}\cdot P_{\mathrm{Rmin},i}\leqslant P_{R,i,t}\leqslant u_{R,i,t}\cdot P_{\mathrm{Rmax},i}\\&u_{F,j,t}\cdot P_{\mathrm{Fmin},j}\leqslant P_{F,j,t}\leqslant u_{F,j,t}\cdot P_{\mathrm{Fmax},j}\\&P_{\mathrm{Omin}}\leqslant P_{\mathrm{O},t}\leqslant P_{\mathrm{Omin}}\\&0\leqslant P_{Wc,w,t}\leqslant P_{W,w,t}\\&0\leqslant D_{Loss,d,t}\leqslant D_{d,t}\end{aligned} \tag{3-31}$$

e. 备用容量约束

$$\sum_{i=1}^{N_R}\left(u_{R,i,t}\cdot P_{\mathrm{Rmax},i}-P_{R,i,t}\right)+\sum_{j=1}^{N_F}\left(u_{F,j,t}\cdot P_{\mathrm{Fmax},j}-P_{F,j,t}\right)+\sum_{d=1}^{N_D}R_{DR,D0,d,t}\geqslant\Phi^{-1}(\eta)\sqrt{\sum_{d\in N_{\mathrm{D}}}\delta_{d,t}^2+\sum_{w\in N_{\mathrm{W}}}\delta_{w,t}^2} \tag{3-32}$$

f. 多周期协调约束

$$\begin{aligned}&0\leqslant P_{DR,D0+,d,t}\leqslant R_{DR,D0\max+,d}\\&0\leqslant P_{DR,D0-,d,t}\leqslant R_{DR,D0\max-,d}\end{aligned} \tag{3-33}$$

2. 日前 - 日内多周期协调机制

在高比例新能源电网调度过程中，由于日前、实时等各时间尺度下新能源及负荷的预测偏差，需要进行日前 - 日内的多周期协调，从而增强调度计划的鲁棒性，并且能够在边界条件发生变化后进行再优化。这通常需要基于当前调度时刻的预测不确定性为后一时间段进行一定的灵活性预留。在电网调度的实践中，往往采用预留固定份额的旋转备用方法。在学术界，近年来已发展出颇为丰富的两阶段优化方法、多阶段优化方法来动态锚定系统最优旋转备用。从实践角度，两者各有优劣，固定旋转备用概念直观、计算简单，但较为粗放，相同旋转备用总量，不同旋转备用的机组配比、电气分布对应的电网灵活性截然不同。两阶段、多阶段方法在数学上是严格的，理论上可以得到日前 - 日内调度计划的全局最优解，但计算耗时，且模型复杂、直观性差，国内鲜有应用。如何结合两者的优点，建立简单直观、灵活性强、易于实践的日前 - 日内多周期协调机制，是本章讨论的主要内容。

本章的研究着眼于日内的备用预留和实时调度的时间尺度。图 3-7（a）中-----线为各时刻日前预留的灵活性资源，----- 线围成的区域构成目标覆盖场景集；- - -线表示日前的期望负荷水平；——线表示实际负荷走势。

在实际调度中，需考虑各灵活性资源的优化调度受时段间爬坡耦合约束的影响，即灵活性资源是否具有足够的爬坡能力提供相应的灵活性备用。图 3-7（b）中的 A0、C0 点和 A1、C1 点分别为系统在日前调度时在 T0、T1 时刻所预留的向上、向下灵活性备用量。B0、B1 点为系统在日前在 T0、T1 时刻预测净负荷。灵活性资源可调度性考虑的是在实际调度中，如果 T0 时刻灵活性资源调用了向下灵活性备用，系统总出力在图 3-7（b）中 C0 点，是否具有足够的爬坡能力使得 T1 时刻系统可以调用预留的全部向上备用，从而系统总出力可以在 A1 点。实际上，若 T0 时刻系统总出力在 C0 点，则由 C0 点到 A1′ 点恰好构成系统的爬坡极端场景（·-·-·线），即所有机组按自身最大爬坡速率爬坡，在 T1 时刻系统仅能达到 A1′ 点。因此由于机组爬坡能力不足，即使系统在日内预调度预留了备用，系统也无法在实时调用备用应对系统不确定性，从而得到系统预留灵活性资源受制于爬坡速率实际可覆盖的场景集如图 3-7（b）中区域所示。

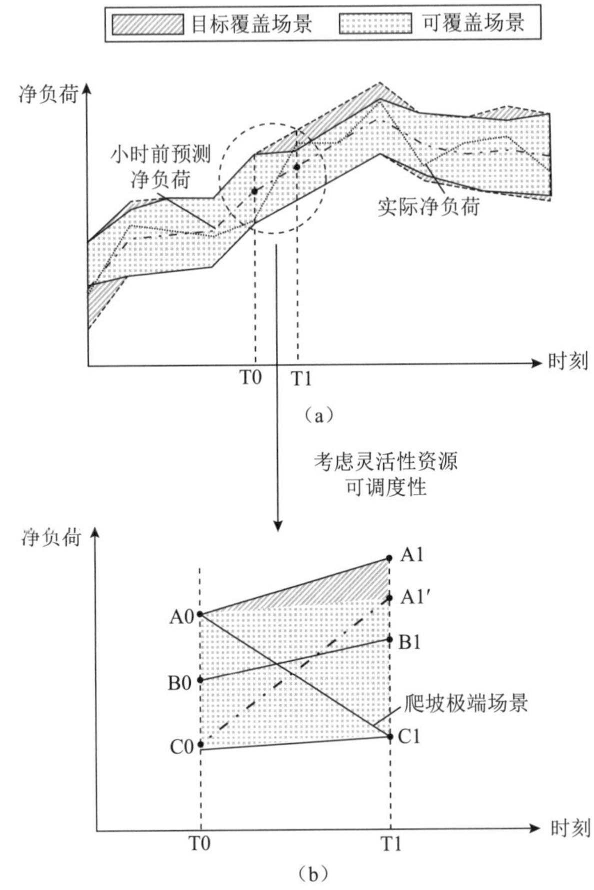

图 3-7　灵活性资源可调度性示意图

假定系统在日前根据不确定性进行容量预留决定日内开停机计划，在实时调度时仅能通过调用备用改变出力，不能开启新的机组。如图 3-8 所示，日前预测 T0、T1 时刻净负荷分别为 60MW、90MW，净负荷预测不确定性设置为净负荷的 10%，T0 与 T1 时刻间隔为 1 小时，净负荷实际在 T0 与 T1 时刻的实际值为 55MW、95MW；机组 A、B 的爬坡速率均为 0.5MW/min，每 MW 的出力成本分别为 10$/MWh、20$/MWh，备用预留成本设置为出力成本的一半，以总成本最小化为优化目标，其中 T0 时刻的日内 2 小时前预调度和实时调度结果均为已知量。

在日前预调度中，由于机组 A 运行成本较低，T1 时刻仅需开启机组 A 即可完成能量与备用的出清。面对预测与实际净负荷的偏差，在实时调度时，机组 A 在时刻 T0 调用 5MW（60-55=5MW）向下备用，在 T1 时刻调用 5MW（95-90=5MW）的向上备用。但受制于机组爬坡速率限制，机组 A 在日前出清时，T0、T1 时刻的出力分别为 60MW、90MW，两时刻间的主能量爬坡已经达到机组 A 的向上爬坡极限。若机组 A 在 T0 时刻调用向下备用，则其已经没有爬坡余量可调用 T1 时刻的向上备用（15×2=30MW，小于 95-55=40MW 的实际爬坡需求）。因此最终系统在时刻 T1 产生 10MW 切负荷。

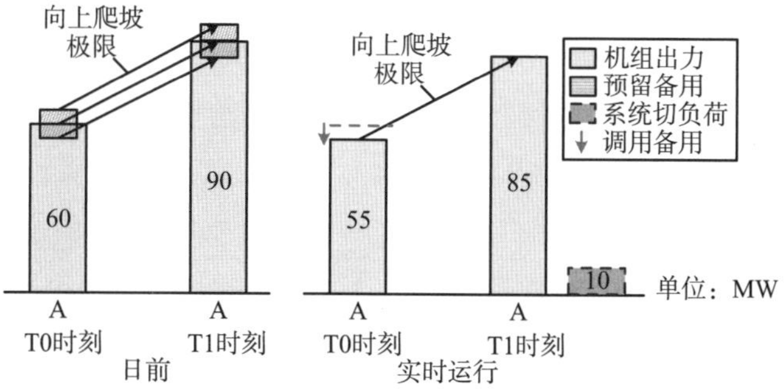

图 3-8　不计灵活性资源可调度性调度结果

若在日前预调度中考虑灵活性资源的可调度性，在备用配置时添加机组在任一出力下能够调用下一时刻任意备用的爬坡约束限制，即添加考虑灵活性资源预留向上、向下备用时需满足爬坡限制的极端场景。此时为满足灵活性资源可调度性的约束，系统启动机组 B 以提供额外的灵活性。最终实时调度结果如图 3-9 所示，机组 B 在 T1 时刻调用 5MW 向上备用，不会导致任何弃风、切负荷现象。计及灵活性资源的可调度性后，系统在考虑相同容量备用预留时，需要开启更多的机组以提供机组爬坡能力，付出更高的运行成本，但是在某些极端场景下灵活性资源更高的可调度性为系统的安全可靠性提供了有力的保障。因此当系统预见未来场景的净负荷偏移时，应提前从容量预留和爬坡能力实现两个方面进行考虑，从而避免可预见情况下由于缺乏必要的灵活性调控手段而导致切风 / 负荷等事件的发生。

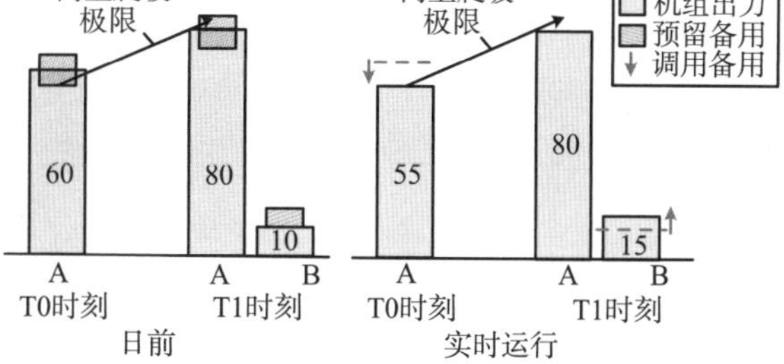

图 3-9　计及灵活性资源可调度性调度结果

定义爬坡场景覆盖指数（Scenario Coverage Index，SCI）为实时系统受制于爬坡速率约束可覆盖场景与日前预留向上 / 下灵活性容量目标覆盖场景的比值。

以图 3-10 为例，SCI 即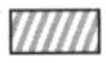区域面积相对于区域面积的占比。实时受制于爬坡速率约束可覆盖场景是以各时刻机组受爬坡速率约束可调度上 / 下限（Real Time Unit Scheduling Responsive Upper/Lower Limit，RT SRU/SRL ）灵活性需求（实线）为边界所得到的包络面。日前预留向上 / 下灵活性容量目标覆盖场景为以系统各时刻预留灵活性资源所期望覆盖的场景，对应到图 3-10 为以日前预留向上 / 下灵活性容量上限（Flexible Reserve Up/Down Capacity，FRU/FRD）系统预留灵活性资源（虚线）为边界所得到的包络面。当系统灵活性资源足够充裕且灵活性资源配置合理时，上述两个覆盖场景相同，场景覆盖指数为 1。

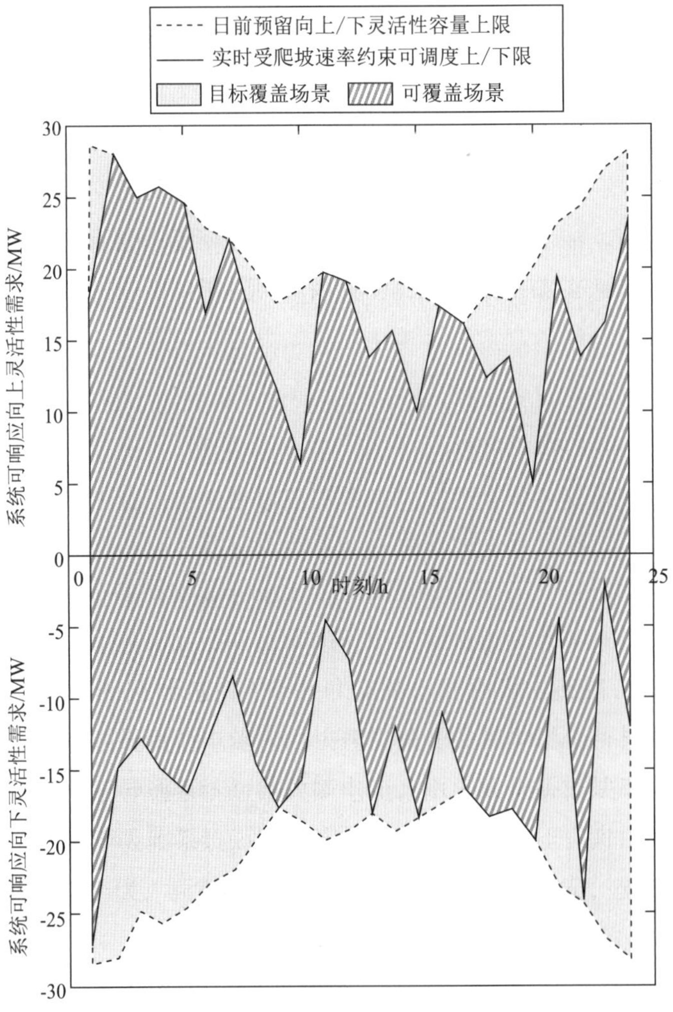

图 3-10　爬坡场景覆盖指数示意图

3.3 新型电力电量平衡模式的发展趋势及建议

3.3.1 构建精细化新能源与负荷预测体系

打通源荷预测的数据 – 模型 – 平台 – 方法 – 指标全链条，构建精细化新能源与负荷预测体系。气象监测方面，完善新能源气象站建设标准，探索将新能源气象观测纳入气象局监测范畴管理，提升气象监测质量。数值预报方面，试点将更新时间从 6 小时缩短至 4 小时。探索极端天气过程演变规律，气象要素从风速、辐照度为主扩展到覆冰、覆雪、沙尘。试点开展新能源短时临近气象预报，提升超短期功率预测精度。预测模型方面，研究新型升尺度法，从一定数量的基准场站功率预测，扩展到区域功率预测；开展多种气象源、多种模型智能组合预测；开展基于边缘风机态势动态感知的海上风电集群预测，提升预测精度。平台建设方面，开发“新能源功率预测 + 气象演变”联合可视化系统，支撑运行人员高效研判新能源功率变化。落实地调分布式预测主体责任，按照电网拓扑结构建设网格化分布式预测系统。机制创新方面，探索以地市为单位开展新能源功率预测，并建立气象、负荷、新能源变化的关联模型，提升预测准确性和电力保供能力，日前预测精度达 90% 以上。

3.3.2 建立分层分级的电力电量平衡管理模式

建立省地县协同的电力电量分层分区平衡模式，构建兼顾省地县需求的优化控制策略，实现源荷预测分级自治、可调资源分层聚合、平衡关口分级管控。

省地县协同提升新能源出力预测精度。地县调各自管辖责任区做好新能源场站数据维护和新能源出力预测，设置偏差考核机制，构建省地县协同的新能源出力预测体系，提升电网供需平衡预判能力。着力开展全社会口径负荷预测工作。省地协同开展滚动三天日前全社会负荷预测，分析负荷和新能源发电对功率平衡的影响，提出考虑“去新能源效应”和“节假日取相似日”预测修正方法。

做好源网荷储各类分散资源的灵活聚合与集群集控。充分聚合海量分散资源，形成多时间尺度、多电压等级、多聚合形式的源网荷储资源池，构建支撑海量资源调度的技术支持系统。汇聚地县调度可调能力，完成地市非统调电源 AGC 接入试点，推进省地 AGC 协同控制系统建设，扩大接入地县调非统调小水电、小火电出力及上、下调节能力数据，实现对非统调电源进行聚合管理，唤醒电源侧沉睡资源。试点应用分散资源集群集控技术，将分布式能源聚集成具备统调模式的集中式电厂，提供分布式资源参与大电网平衡的样板思路，实现海量分布式资源的有序调节。

提出自下而上电力系统平衡管理模式。通过设立地区平衡指标，将全网平衡扩展至地区自平衡，自下而上实现全网电力平衡协调控制，逐步实现不同层级源荷解耦。制定新型电力系统下省地县调度管理规范和技术标准，强化储能、可调负荷、电动汽车等新兴调度对象的技术管理和安全管理，明确地县调在源荷储三侧调度业务上的责任义务。

3.3.3 开展一二次能源耦合的多周期滚动优化

拓展一二次能源综合平衡维度，建立电力电量多周期滚动优化模式。一次能源监测方面，持续跟踪分析煤炭、天然气供需形势，建立多部门协同、跨行业合作的燃料供应监测预警协调管理机制，健全全网电力平衡精益管理系统和管理机制。推动完善多维燃料供应预警指标体系，形成以煤炭供需比为先导、可用天数为基础、盈亏平衡点为辅助的电煤供需预警理论和技术支持系统，实现新投机组、在运机组、待退役机组、应急机组燃料供应预警监测全覆盖。多周期滚动优化方面，利用“中长期 + 现货 + 应急调度”手段进行统筹优化决策，建立多周期协调机制。根据新能源预测误差动态变化特性，增加三日前及周前两个时间尺度的优化调度，实现省外来电、中长期合约等现货市场交易的有序衔接。充分考虑多元灵活性资源时间响应特性，对响应时间的差异在不同周期的调度中予以考虑，实现多时空尺度源网荷储柔性平衡。碳电协同方面，开展煤炭、电力一体化市场研究，推动建立以电力市场价格为引导的电煤价格体系。推动建立碳足迹追踪机制，结合电力市场化进展，实现煤炭、天然气发电碳指标从源到荷的全过程追踪，建成适应碳达峰条件下的一二次能源综合平衡管理机制和支撑系统，有效保障电力生产清洁高效运行。

3.4 电力保供数字驾驶舱落地实践

3.4.1 总体架构和主要功能

随着电力负荷持续攀升，新型电力系统的供需矛盾日趋严重。为保障电力供应平稳有序，亟须利用一二次耦合的发电能力预测和多周期滚动优化等关键技术，提升系统负荷及新能源出力的预测精度，实现电网备用滚动、精确预测，为平衡干预提供决策支撑。

针对以上问题，浙江电网试点落地了电力保供数字驾驶舱示范应用。电力保供数字驾驶舱动态整合源网荷储数据，全要素展示电力平衡信息，开展超短期负荷和新能源出力精准预测，准确计算电网实时和未来旋转备用，根据电力平衡裕度，调度大屏智能变色告警，及时提醒当班调度员采取相关措施干预发用电平衡。电力保供数字驾驶舱具体技术架构如图 3-11 所示。

图 3-11　电力保供数字驾驶舱技术架构图

驾驶舱主要包括负荷屏、电源屏以及平衡预警屏。其中负荷屏的数据主要展示实时负荷及负荷管理相关的信息，包括全省及各地市的负荷曲线、需求侧资源信息、可中断负荷容量、有序用电执行情况以及用电指标超用情况等。电源屏的数据主要展示全省各发电成分的实时出力以及基于超短期预测的全天备用曲线，主要包括系统备用容量、重载断面监视、风光出力曲线、火电厂燃煤库存、燃气电厂用电进度等。平衡预警屏结合火电、核电等发电能力申报以及风电、光伏、负荷的超短期预测数据，生成全天备用预测曲线，并实时更新后续时段统调备用情况。

该示范应用主要有电力平衡要素“看得清”、电网旋转备用“算得准”、供电缺口时段“能预警”三大核心亮点。

（1）电力平衡要素“看得清”

搭建厂网交互平台，实现电厂、储能电站和电网信息高效双向交互。贯通调度、营销系统数据，实现负荷侧资源的可调用容量和已执行容量的实时监视。重点展示省际断面和省内重载断面潮流，为电厂出力调整和省外购电提供可靠数据支撑。电力保供数字驾驶舱打造电力平衡全要素监视体系，扫除电力平衡要素的监视盲区，实现了电力平衡全要素调度侧可观可测，助力调度员干预平衡有的放矢。

（2）电网旋转备用“算得准”

提升电网旋转备用计算精度的关键在于提升新能源出力预测和超短期负荷预测的精度。电力保供数字驾驶舱接入气象、历史负荷、设备参数等数据，利用大数据分析和神经网络算法，实现了新能源出力和电网负荷未来 4 小时超短期精准预测。在新能源超短期出力和电网超短期负荷预测准确的基础上，结合燃煤、燃气、核电等传统机组发电能力申报数据，准确计算出电网当前及未来 4 小时的备用容量。

（3）供电缺口时段“能预警”

电力平衡预警是电力保供数字驾驶舱的核心。电力保供数字驾驶舱通过内置的滚动平衡裕度监视模块，自动监视未来 4 小时的平衡裕度，根据未来电力平衡裕度，调度大屏智能变色告警，提醒调度员未来某一时刻电力供应紧张，为采取平衡干预措施争取宝贵的时间。

3.4.2 数字驾驶舱应用成效

浙江电网基于电力保供数字驾驶舱，将备用曲线由传统的调度员每隔 15 分钟手动计算改为系统每分钟自动更新维护，并将备用预测精度由 98% 提升至 99.5%，有力保障了迎峰度夏期间电力安全稳定供应。

【参考资料】

[1] 窦迅，李扬，王蓓蓓，等. 电力供应链的电煤库存研究 [J]. 电网技术，2012，36（12）：242-249.

[2] 王旭东，高赐威. 中长期市场下发电企业发电与购煤安排两阶段决策模型 [J]. 电网技术，2021，45（10）：3992-4001.

[3] 徐静馨，朱法华，王圣，等. 超低排放燃煤电厂和燃气电厂综合对比 [J]. 中国电力，2020，53（02）：164-172+179.

[4] 曹学明，林柏梁，严贺祥. 铁路直达运输条件下煤炭运输与库存一体化模型 [J]. 北京交通大学学报，2006，30（6）：27-31.

[5] 董皎皎，马瑞瑞，翟桥柱，等. 多类型煤炭海运运输库存管理一体化模型 [J]. 西安交通大学学报，2014，48（6）：37-42.

[6] 陈梦，别芳玫，周小兵. 考虑政策、运力、价格因素的电煤供需形势预测 [J]. 湖北电力，2017，41（6）：49-54.

[7] 刘习文，彭卓寅，胡新强，等. 燃煤火电厂年度燃料成本最小化决策模型及应用 [J]. 中国电力，2022，55（6）：202-207.

[8] 李勇，王建君，曹丽华. 基于BP神经网络的火电厂实时负荷优化分配 [J]. 电力系统保护与控制，2011，39（17）：87-92.

[9] 张双武. 基于发热量和硫分的燃煤发电成本分析 [J]. 中国电力，2012，45（09）：94-97.

[10] 张兴. 关于燃料集中采购过程中成本控制的探讨 [J]. 江西电力，2020，44（04）：64-66.

[11] 赵阳. 燃煤电厂燃料成本管理探析 [J]. 中国电业，2018（09）：80-81.

[12] 杨甲甲，何洋，邹波，等. 电力市场环境下燃煤电厂电煤库存优化的 CVaR 模型 [J]. 电力系统自动化，2014，38（4）：51-59.

[13] 周晟锐，刘继春，张浩禹，等. 考虑管存动态特性的电－气－热综合能源系统低碳经济调度 [J]. 电气传动，2021，51（13）：6. DOI：10.19457/j.1001-2095.dqcd21213.

[14] 艾小猛，方家琨，徐沈智，等. 一种考虑天然气系统动态过程的气电联合系统优化运行模型 [J]. 电网技术，2018，42（2）：8. DOI：10.13335/j.1000-3673.pst.2017.1372.

[15] 何宇斌. 电－气综合能源系统的随机优化和分布式调度研究 [D]. 浙江大学，2019.

[16] 陈健，张维桐，林达，等. 基于改进交替方向乘子法的电－气－热系统分布式优化调度 [J]. 电力系统自动化，2019，43（7）：9. DOI：CNKI：SUN：DLXT.0.2019-07-007.

[17] 兰鹏，沈晓东，吴刚，等. 基于交替方向乘子法的输－配－天然气系统分布式优化调度 [J/OL]. 电力系统自动化，1-15 [2023-11-21].

[18] 文云峰，瞿小斌，肖友强，等. 耦合能量枢纽多区域电－气互联能源系统分布式协同优化调度 [J]. 电力系统自动化，2019，43（09）：22-30.

[19] 李树山，廖胜利，李刚，等. 大规模小水电群一体化发电计划编制方法 [J]. 中国电机工程学报，2012，32（13）：29-35+188.

[20] 刘本希，廖胜利，冯仲恺，等. 耦合偏互信息的贫资料地区小水电发电能力预测 [J]. 电力系统自动化，2015，39（19）：149-154.

[21] 刘本希，武新宇，程春田，等. 大小水电可消纳电量期望值最大短期协调优化调度模型 [J]. 水利学报，2015，46（12）：1497-1505. DOI：10.13243/j.cnki.slxb.20141065.

[22] 王威，王波，张俊，等. 宁波地区基于统计升尺度的新能源区域功率预测算法 [J]. 中国电力，2020，53（5）：12. DOI：10.11930/j.issn.1004-9649.201809133.

[23] 林缅，李栎. 模拟台风异常路径（Ⅰ）- Rankine涡模型 [J]. 应用数学和力学，1998. DOI：CNKI：SUN：YYSX.0.1998-03-000.

[24] 刘昶. 考虑极端天气因素的并网型光伏出力研究 [D]. 华北电力大学（北京），2019.

第 4 章

源网荷储协同调控能力提升与高效互动

4.1 源网荷储协同的意义及面临的挑战

传统的电网调度基本上采取“源随荷动”的方式，即只调整集中式发电资源的模式，大量的源侧资源（分布式新能源、小水电、小火电等），网侧资源（快速开关、柔性输电设备等），储能（包括电源侧、电网侧和用户侧），负荷侧资源（可调节负荷、电动汽车等），并没有参与到全网的调峰、调频和事故处置等调控运行场景中。在新型电力建设不断推进的背景下，新能源装机规模不断增加。以浙江电网为例，截至2023年，全社会的光伏装机近3400万千瓦，占总装机规模的26.3%。在如此大的光伏装机规模中，分布式光伏的装机占比超过75%。光伏出力的日间波动超过1800万千瓦。以节假日调峰场景为例，全社会负荷不足5000万千瓦。如果仅利用统调机组，如煤电、燃气和水电应对日间的光伏波动，可能造成中午时段系统负备用不足，大量机组需要深度调峰甚至拍停，而在晚峰出现系统正备用不足，需要联系周边省市日内购入高价电。因此，传统的调度控制模式无法适应新型电力系统的发展需求。传统调度控制模式有限的控制手段在不断“恶化”的系统运行条件下，难以同时平衡安全、经济、低碳的电网运行目标。综合利用源、网、荷、储各侧的弹性可调节资源参与全网的调度运行已成为必然趋势。

源网荷储协调优化模式与技术指电源、电网、负荷与储能四部分通过多种交互手段，更经济、高效、安全地提高电力系统的功率动态平衡能力，从而实现能源资源最大化利用的运行模式和技术。同时，随着电动汽车在全社会范围内保有量的进一步增长以及柔性输电控制等新技术新装备的研发和投产，极大丰富了源网荷储各侧可调节资源库。但是，要高效地利用这些资源仍然存在诸多管理、技术等方面的问题：第一，在感知和聚合方面，针对广泛接入的、各类型的调节资源进行建模并以调节场景为目标进行高效的聚合是协调优化和高效调用的前提条件；第二，将这些灵活可调节资源与传统的统调机组调节能力协同起来参与电网的调度运行是核心问题；第三，针对需求侧的柔性调节资源，通过市场的价格机制充分调动其响应意愿是实现源网荷储协同互动的关键。

本章针对上述源网荷储协同调控面临的问题，首先提出了包括全景感知、动态聚合和协同优化的相关关键技术；其次给出了两条相关建议，一是深化微网和虚拟电网的组织管理形式，二是推进构建主配微协同的源网荷储互动机制；最后介绍了微网集群省地县三级协同控制在浙江电网的落地实践。本章通过对技术路线、组织管路和应用实践的初步探讨，期望可以为省域新型电力系统的源网荷储协同调控提供思路和启发。

4.2　支撑源网荷储协同的关键技术

4.2.1　面向多元可调节资源的全景感知技术

1. 大工业 / 商业用户需求响应模型

大用户响应实时电价后的负荷量与电价之间是一种非线性函数关系，而对于用何种函数描述这种非线性关系目前并没有定论。可以绕过具体的响应模型，采用优化的方法，从用户利益最大化的角度优化得到响应后的负荷特性，而后根据得到的负荷特性反推出实时电价下的大用户负荷响应模型，总体建模流程如图 4-1 所示。

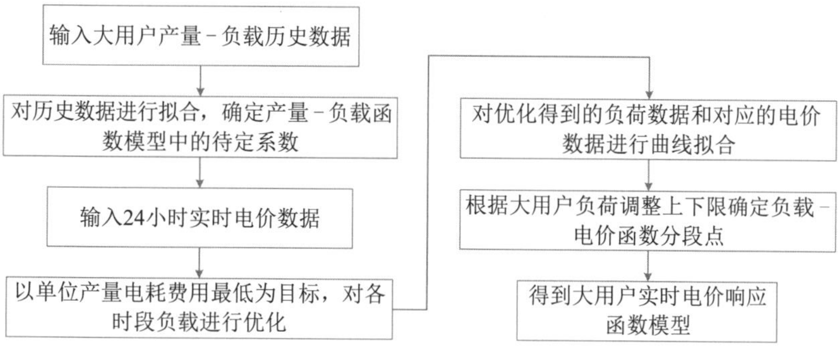

图 4-1　实时电价响应总体建模流程

在工业生产中，通常采用单位产品的电耗来描述产量与负载之间的关系，其实质是将产量 - 负载之间的非线性函数关系进行线性化。通过对多个不同企业的产量 - 负载历史数据进行统计分析，发现对于绝大多数的工业用户，其产量和负载之间的关系曲线近似于一种拉平的“S”形曲线，而非严格的线性关系（如图 4-2 所示）。

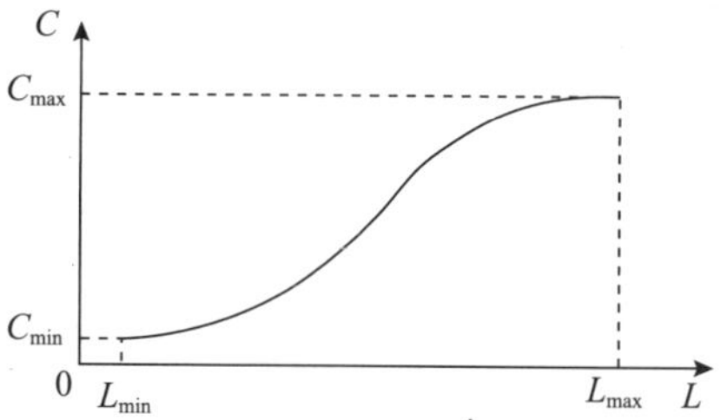

图 4-2　产量与负载关系曲线

图 4-2 所示曲线可用函数表达式：

$$C(L_t)=\frac{a}{1+be^{-cL_t}} \tag{4-1}$$

式中，L_t 为 t 时段的平均负载，$c(L_t)$ 为 t 时段内的产量，a、b、c 为模型的待拟合系数。

对工业用户来说，如果能在保证不减产的情况下，将单位产品的电耗费用降到最低，这种用电方式即为最理想的用电方式。可以以此为目标，通过优化确定各时段的负载 L_i。目标函数为：

$$\begin{cases}\min f=\min\left(\dfrac{\left(\sum_{i=0}^{\frac{23}{\mu}}p_iL_i\right)}{C(L_i)}\right)\\ L_i=L_{i0}+L_{PB,i}\end{cases} \tag{4-2}$$

式中，f 为日总用电费用，$L_{PB,i}$ 为 i 时段的反弹负荷，L_{i0} 为 i 时段的响应后负荷，μ 为实时电价发布时间间隔，p_i 为 L_i 负载下对应的电价。

通过优化计算可以得到各时段的最优负载 L_p，以各时段实时电价为横坐标，对应的负载 L_p 为纵坐标进行曲线拟合，得到实时电价下大用户负载–电价的连续性函数模型 $L(p_i)$。

由于负荷–电价函数是连续性函数，根据大用户的负荷上、下限 $L_{\max}$ 和 $L_{\min}$ 可以确定函数的分界点 $p_{L_{\max}}$ 和 $p_{L_{\min}}$ 分别为：

$$\begin{cases}p_{L_{\max}}=L^{-1}(p_i)\big|_{L_{\max}}\\ p_{L_{\min}}=L^{-1}(p_i)\big|_{L_{\min}}\end{cases} \tag{4-3}$$

则大用户响应实时电价的连续性负荷模型为：

$$L_i=\begin{cases}L_{\max} & p_i\leqslant p_{L_{\max}}\\ L(p_i) & p_{L_{\max}}<p_i<p_{L_{\min}} \quad i=0,1,\cdots,23/\mu\\ L_{\min} & p_i\geqslant p_{L_{\min}}\end{cases} \tag{4-4}$$

2. 基于可中断负荷的响应建模

将用户单位时间的停电成本 C 看作负荷中断量 χ 和用户参与可中断负荷概率 θ 的函数。国内外对用户停电成本的研究普遍表明可以采用二次函数描述用户的停电成本，可用泰勒级数展开的普通二次型表示：

$$C(\theta,\chi)=a\theta+b\chi+c+\frac{1}{2}d\chi^2+\mathrm{e}\chi\theta+\frac{1}{2}f\theta^2 \tag{4-5}$$

上式需要满足要求，如果按照用户的中断意愿从最不愿意中断到最愿意中断按照式 4-6 进行排序：

$$\frac{\partial}{\partial\theta}\left(\frac{\partial C}{\partial\chi}\right)<0 \qquad (4\text{-}6)$$

用户的边际成本大于 0，即：

$$\frac{\partial C}{\partial\chi}>0 \qquad (4\text{-}7)$$

边际成本的变化速率随用户负荷中断量的增加而减少，这是一个对大多数用户都合理的经济假设，即：

$$\frac{\partial^2 C}{\partial\chi^2}<0 \qquad (4\text{-}8)$$

用户选择正常生产用电而不中断负荷，那么此时用户缺电成本应为 0，即：

$$C(\theta,0)=0 \qquad (4\text{-}9)$$

进行求导可得：$d>0$，$e<0$，$c=0$

因此，二次停电成本函数能充分被表达为：

$$C(\theta,\chi)=K_1\chi^2+K_2\chi-K_2\chi\theta \qquad (4\text{-}10)$$

电力公司对不同类型的用户有不同的补偿利率。假设在最多指定的小时数内以 r 元每千瓦时利率减少 χ 千瓦的用户收到 $r\chi$ 元每小时的货币信贷，根据需求侧管理合同用户的收益函数是：

$$B(\theta,\chi)=r\chi-C(\theta,\chi) \qquad (4\text{-}11)$$

希望最大限度地发挥其效益的用户将选择减少 χ 千瓦的负荷，所需要满足的一阶收益函数的条件为（用户收益函数关于 χ 是严格的凸函数）：

$$\frac{\partial B}{\partial\chi}=r-\frac{\partial C}{\partial\chi}=0 \qquad (4\text{-}12)$$

代入式中可得：

$$r-2K_1\chi-K_2+K_2\theta=0 \qquad (4\text{-}13)$$

从式 4-13 可以获知，在对用户进行一定补偿利率的前提下，用户参与可中断负荷量 χ 和用户可中断负荷概率 θ 之间有近似的线性关系。可以通过研判历史数据，根据不同时期对用户可中断负荷概率 θ 的预测，制定补偿利率 r，从而获得满足弥补系统旋转备用的可中断负荷量 χ。

3. 负荷聚合商需求特性模型

负荷代理作为协调大量负荷侧资源和电网调度中心的中间机构，在需求响应实践中已经发挥了重要作用。负荷代理对外只表现负荷群的综合外特性，例如该负荷群整体的可调度容量、容量成本、持续时间等；对内则协调系统侧调度信息和负荷群内部响应资源，做出针对某一优化目标的最优决策，并向用户发送调度或控制指令。通过将需求侧资源按地理分布或负荷类型形成与之相应的多个代理，当调度中心将调度目标分解并下发给各代理后，各负荷代理通过主动学习、探索相关的历史数据、外部环境，建立各自独立的知识库，并针对自身的优化目标进行分散决策。负荷代理间存在一定的交互，同时也具备良好的自治性。

（1）电价型负荷模型

这里采用基于电力需求价格弹性的负荷模型作为电价型需求响应负荷模型，并且为简化计算，只计及电价型负荷的自弹性需求，其功率调整特性取决于三个参数：负荷自弹性系数 ε_{ii}、负荷初始量 D_{i0P}、初始电价 l_{i0}。

电价变化量 Δl_{iP} 可表示为：

$$\Delta l_{iP}=l_{iP}-l_{i0} \tag{4-14}$$

式中，l_{iP} 为调整后的电价。

与电价变化相对应的负荷变化量 ΔD_{iP} 可由下式计算：

$$\Delta D_{iP}=D_{i0P}\frac{\Delta l_{iP}}{l_{i0}}\varepsilon_{ii} \tag{4-15}$$

由上述两式可得，电价 - 负荷功率关系曲线：

$$l_{iP}=l_{i0}+\frac{\left(D_{iP}-D_{i0P}\right)}{D_{i0P}\varepsilon_{ii}}l_{i0}=l_{i0}\left(1-\frac{1}{\varepsilon_{ii}}\right)+\frac{l_{i0}}{D_{i0P}\varepsilon_{ii}}D_{iP}=f\left(D_{iP}\right) \tag{4-16}$$

式中，D_{iP} 为 i 时段电价型负荷交易电量。

单位电价型负荷的调用成本可以表示为：

$$\cos t_{iP}=\frac{D_{i0P}l_{i0}-D_{iP}l_{iP}}{D_{i0P}-D_{iP}} \tag{4-17}$$

通过调整电价型负荷代理得到的收益可以表示为：

$$SY_{iP}=\left|\Delta D_{iP}\right|L_i-D_{iP}\left(l_{i0}-l_{iP}\right) \tag{4-18}$$

式中，L_i 为代理调整单位负荷时需要向负荷代理支付的补偿价格。

当代理内有多个电价型负荷时，假设代理内有 m 个电价型负荷，第 i 时段、第 k 个负荷的初始容量、初始电价和自弹性系数分别记为：D_{i0kP}、l_{i0}、ε_{ikP}。经代理汇聚等效

后 m 个电价型负荷的等效初始容量 D_{i0ZP} 为：

$$D_{i0ZP}=\sum_{k=1}^{m}D_{i0kP} \tag{4-19}$$

假设各负荷的到户电价相同，记 Δ_{DiP} 为 i 时段电价型负荷总负荷变化量，可得代理内部各电价型负荷的用电变化量。

$$\begin{cases}\dfrac{\Delta D_{i1P}l_{i0}}{D_{i01P}\varepsilon_{i1P}}=\dfrac{\Delta D_{i2P}l_{i0}}{D_{i02P}\varepsilon_{i2P}}=\cdots=\dfrac{\Delta D_{imP}l_{i0}}{D_{i0mP}\varepsilon_{imP}}=\Delta l_i\\ \Delta D_{i1P}+\Delta D_{i2P}+\cdots\Delta D_{imP}=\Delta D_{iP}\end{cases} \tag{4-20}$$

式中，Δl_i 为负荷的到户电价变化量，由上述方程组可以解得：

$$\Delta l_i=\frac{\Delta D_{iZP}l_{i0}}{\sum_{k=1}^{m}D_{i0kP}\varepsilon_{ikP}} \tag{4-21}$$

式中，ΔD_{iZP} 为 m 个电价型负荷总功率变化量。

通过上述方程组可以求解出当电价变化时代理内部各电价型负荷的功率调整分配，进而求得代理的相应条件下的负荷调用成本：

$$\begin{aligned}\cos t\left(\Delta D_{iZP}\right)&=\left(l_{i0}+\Delta l_i\right)\left(D_{i0ZP}+\Delta D_{iZP}\right)-l_{i0}D_{i0ZP}\\&=\left(l_{i0}+\frac{\Delta D_{iZP}l_{i0}}{\sum_{k=1}^{m}D_{i0kP}\varepsilon_{ikP}}\right)\left(D_{i0ZP}+\Delta D_{iZP}\right)-l_{i0}D_{i0ZP}\end{aligned} \tag{4-22}$$

此时，单位电价型负荷的调用成本可以表示为：

$$\cos t'_{iP}=\cos t\left(\Delta D_{iZP}\right)/\Delta D_{iZP} \tag{4-23}$$

（2）激励型负荷代理

假设系统内的激励型负荷为以签订激励合同的方式参与电网调控，合同内容包括提前通知时间、持续时间、负荷调节容量、补偿率、折扣率等内容，在无功率调整需求的条件下，激励型负荷按照负荷初始功率工作；在代理发出功率调整指令的条件下，按指令调整功率并获取相应补偿或折扣电价。模型输入条件包括：补偿率 α、折扣率 β（若为增负荷的情况，只需用 β 替代 α）、负荷初始功率 D_{i0EX}、激励型负荷最终交易功率 D_{iEX} 和初始电价 l_{i0}。

激励型负荷的功率变化量为 ΔD_{iEX}，可由下式表示：

$$\Delta D_{iEX}=D_{iEX}-D_{i0EX} \tag{4-24}$$

当削减负荷时，单位激励型负荷的调用成本可表示为：

$$\cos t_{iEX}=\alpha l_{i0} \tag{4-25}$$

当增加负荷时，单位激励型负荷的调用成本可表示为：

$$\cos t_{iEX}=(1-\beta)l_{i0} \tag{4-26}$$

通过调整激励型负荷代理得到的收益 SY_{iEX} 可以表示为：

$$SY_{iEX}=|\Delta D_{iEX}|L_i-|\Delta D_{iEX}|\cos t_{iEX} \tag{4-27}$$

（3）刚需型负荷模型

大量的负荷不会因为激励或电价的变化而调整自身的用电特性，如医院、政府、军队等重要负荷。另外，在电力市场建立初期，很多负荷不能参与上述短时间尺度的需求响应，但是会对调度机构制定的长期固定的分时电价做出响应，如大量的居民负荷。上述负荷在这里所设计的多代理负荷调控机制中对于实时电价的相应特性为刚需特性，这里统称为刚需型负荷。对于刚需型负荷，负荷代理对其用电信息进行汇聚和分类，并上报调度机构，以便调度机构做出合理的调度计划。由于刚需型负荷不响应负荷代理的调整指令，因此，在本章模型中，刚需型负荷只计及其负荷用电总功率，作为功率平衡约束条件中的常数参数。

4. 电动汽车响应特性建模

电动汽车充电负荷模型与初始充电时刻、车载电池额定充电功率、电池起始荷电状态 SOC（State of Charge，SOC）及最终荷电状态等相关。在无需求响应控制信号时，电动汽车荷电状态 SOC 未达到电量要求时，处于持续充电阶段，直至达到满充电量要求。t 时段电动汽车实际充电功率计算如下：

$$p_{EV,t}=P_{EV}S_{EV,t} \tag{4-28}$$

$$SOC_{t+1}=\begin{cases}SOC_0 & t<B_{EV}\\ SOC_t+\eta\cdot P_{EV}\cdot S_{EV,t}\dfrac{\Delta t}{C_{\mathrm{batt}}} & t\geqslant B_{EV}\end{cases} \tag{4-29}$$

$$SOC_0=1-\frac{L}{E_{EV}\cdot C_{batt}} \tag{4-30}$$

$$S_{EV,t+1}=\begin{cases}0, & t<B_{EV}\ \text{或}\ SOC_{t+1}\geqslant SOC_{\max}\\ 1, & t\geqslant B_{EV}\ \text{且}\ SOC_{t+1}<SOC_{\max}\end{cases} \tag{4-31}$$

式中，$p_{EV,t}$ 为 t 时段电动汽车实际充电功率，P_{EV} 为电动汽车额定充电功率；$S_{EV,t}$ 为 t 时段电动汽车电池充电状态（值为 0 表示断电停止充电、值为 1 表示通电充电状态）。SOC_t 表示 t 时段电动汽车电池电量 SOC，$SOC_{\max}$ 表示电动汽车达到满充状态时电池 SOC 最大值。SOC_{t+1} 为 t+1 时段电动汽车电池剩余容量；η 为充电效率；C_{batt} 为电动汽车电池的总容量；Δt 表示时间段间隔，取 1min；L 为电动汽车的出行距离；E_{EV} 为行驶效率；B_{EV} 为初始充电时刻或电动汽车接入充电桩时刻。

5. 多元资源监控平台架构设计

地区电网多元灵活资源监控整体架构如图 4-3 所示。

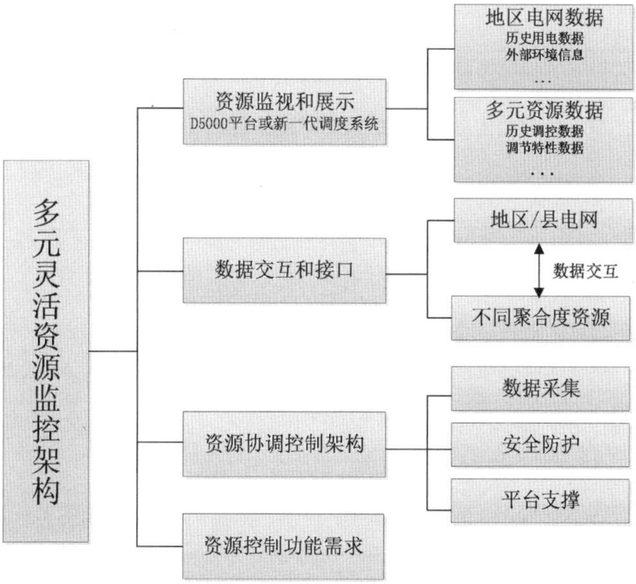

图 4-3　地区电网多元灵活资源监控整体架构

需要对多源灵活资源进行信息标准化建模，根据其响应调节特性定义数据对象和数据属性。以可调节负荷为例，其数据模型与存储的整体架构如图 4-4 所示。可调节负荷的数据模型包括建立数据对象和数据属性定义。数据对象包括通过车联网平台（电动汽车）、智慧能源服务平台（营销）、第三方独立主体（虚拟电厂）聚合商、大用户接入的四大类负荷资源。数据属性定义包括对基本信息、量测数据以及计划预测数据模型的定义。还要对各类数据存储要求进行说明，包括存储格式、存储位置、存储频率和存储周期。

为了满足可调节负荷并网运行与控制的不同业务需求，要进一步建立可调节负荷数据对象的分层模型。对车联网平台（电动汽车）、智慧能源服务平台（营销）、第三方独立主体（虚拟电厂）聚合商等聚合类可调节负荷，从物理层面分层级建立聚合商平台、单体负荷等对象，满足不同颗粒度建模对象的需求。

在针对多元灵活资源进行标准化建模后，基于地区 / 县电网历史用电数据、气象环境信息，多元灵活资源的历史调控数据、调节特性数据、时空分布信息等数据，利用新一代调度系统平台的相应功能模块进行资源的全景展示。主要展示聚合后各类可调节资源的实时可调节容量、调节速率、调节成本以及持续可调节时间等信息，以方便辅助调度决策。

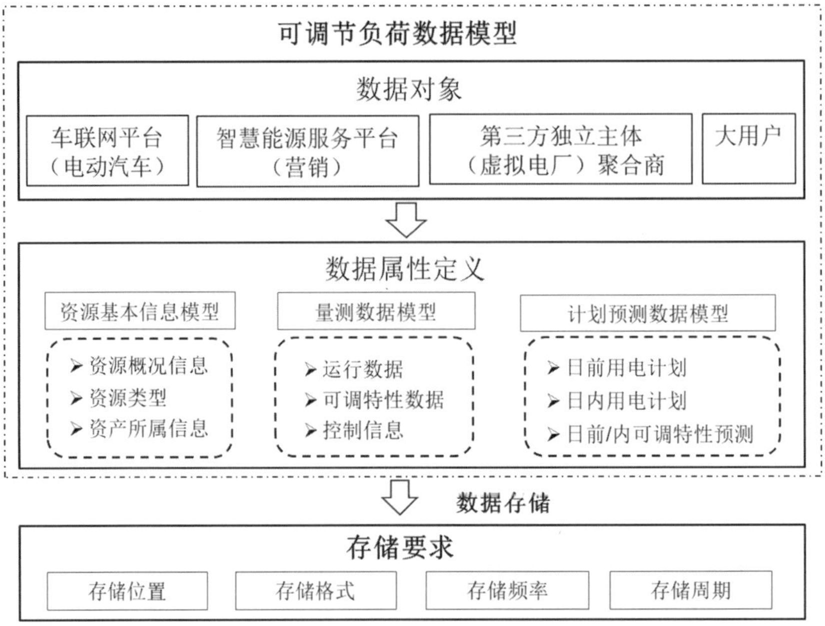

图 4-4　可调节负荷数据模型及存储整体架构

根据多元灵活资源的不同聚合度（资源聚合商、单体资源）下数据密度与数据流量的不同，确定地区电网与多元灵活资源上下行数据交互协议和接口规约方式，从数据采集、安全防护、平台支撑以及应用功能等维度，构建合理的地区电网多元灵活资源协调控制的整体架构。例如，对于集中式的统调资源，可以采用光纤接入点对点实时控制的方式；对于分布式灵活资源，可以通过 4G 或 5G 无线网络进行监视控制。

为满足资源控制功能需求，允许调度员根据所调用的场景，对可调节资源的调用方式进行个性化定制。例如，在全网供电能力不足的场景下，采用“一键响应”加出所有具备上调能力的资源出力，恢复电网旋转备用要求；在控制重要断面潮流的应用场景下，集中调用某一地区的可调节负荷资源。

由于大量分布式可调节资源通过无线方式接入系统平台，网络通道容易遭受网络攻击，导致调度控制指令发生篡改，威胁一二次系统安全，因此需要采取相应的安全防护措施，相应架构如图 4-5 所示。

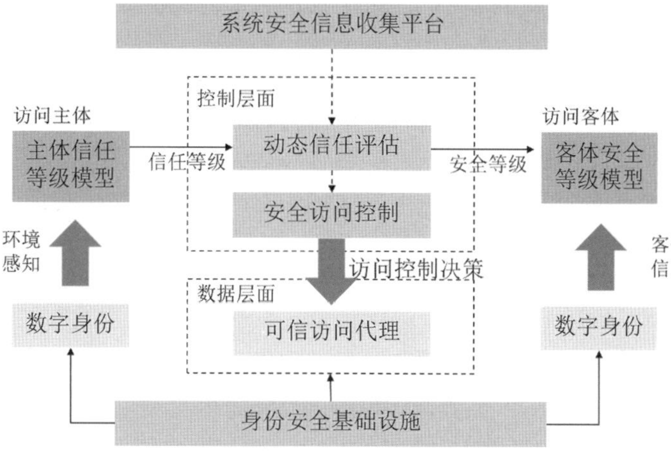

图 4-5　安全防护架构

安全防护模块主要功能包括以身份为基础的业务安全访问、动态信任评估及安全访问控制，将身份作为基础，将数字身份赋予地区电网中的多元灵活资源用户、设备和应用。用户、设备和应用在运行时组合构建访问主体，并设置由用户、设备等要素构建的访问主体在服务过程中所需的最小权限。

①身份安全基础设施是实现基于身份的零信任体系能力的关键支撑组件，主要进行身份管理和权限管理，通过身份管理实现各实体的身份化和身份生命周期管理，通过权限管理对各主体跟踪分析，为可信访问代理提供访问决策。

②安全访问控制用于保证访问主体对访问客体访问过程的安全可控，通过身份认证机制、访问控制策略、动态加密等安全措施实现。

③可信访问代理是保障安全访问的首道关口，是主体对客体进行访问必须经过的中间件，具备一定安全防护功能，执行的依据由身份安全基础设施及控制平面共同提供。

④动态信任评估作为安全防护架构中极其重要的组件，对访问主体进行连续监测、评估，根据访问主体的信任与安全等级调用合适的安全访问模型，与安全访问控制模块共同组成控制平面，形成访问控制决策，为可信访问代理提供执行的依据。

⑤客体安全等级模型定义客体资产安全等级的划分方式，可根据数据敏感程度及数据重要程度等因素对客体划分多个安全等级。

⑥主体信任等级模型为访问主体提供相关算法，对主体访问行为进行评估并对应相应的主体信任等级。

4.2.2 利用不同资源互补特性的动态聚合技术

考虑到电网的典型平衡场景往往是交叉出现的，因此在对某一时段的多类型负荷侧资源进行聚合时，要根据不同场景的特定需求建立对应的适应度指标，为各侧资源的划分聚合提供依据。下文以不同类型负荷资源的聚合为例阐述动态聚合技术。

1. 爬坡场景

可调节负荷的响应速度越快、响应时间越短，与爬坡场景的契合度越高。爬坡场景对可调节负荷的可调节持续时间一般没有太高的需求，定义可控负荷爬坡性能指标 $Y_{C,i}$：

$$Y_{C,i}=\frac{v_i}{v_{\max}\dfrac{p_i-p_r}{p_{\max}}} \tag{4-32}$$

v_i 为负荷 i 的响应速度，$v_{\max}$ 为所有负荷中调节速度最大值，p_r 为场景需求可调节容量，p_i 为负荷 i 的可调节容量，$p_{\max}$ 为所有负荷中可调节容量最大值。

2. 削峰场景

削峰场景对响应速度要求一般，对持续时间的要求相对调频较长，一般在 15 分钟时间尺度，但削峰调用频率一般较低，可控负荷通常都能够满足条件，定义可控负荷削峰性能指标 $Y_{P,i}$：

$$Y_{P,i}=\frac{p_{\mathrm{down},i}-p_{\mathrm{down},r}}{p_{\mathrm{down,max}}\dfrac{t_i-t_r}{t_{\max}}} \tag{4-33}$$

$p_{\mathrm{down},r}$ 为场景需求可下调节容量，$p_{\mathrm{down},i}$ 为负荷 i 的可下调节容量，$p_{\mathrm{down,max}}$ 为所有负荷中可下调节容量最大值，t_r 为场景需求调节持续时间，t_i 为负荷 i 的调节持续时间，$t_{\max}$ 为所有负荷中调节持续时间最大值。

3. 填谷场景

$$Y_{V,i}=\frac{p_{\mathrm{up},i}-p_{\mathrm{up},r}}{p_{\mathrm{up,max}}\dfrac{t_i-t_r}{t_{\max}}} \tag{4-34}$$

$p_{\mathrm{up},r}$ 为场景需求可上调节容量，$p_{\mathrm{up},i}$ 为负荷 i 的可上调节容量，$p_{\mathrm{up,max}}$ 为所有负荷中可上调节容量最大值。

为了使指标更有针对性，上述指标定义过程均需剔除电网典型平衡场景不关心的特征，并且归一化后取标幺值，指标数值在 0 ～ 1 之间，数值越大，代表契合该场景程度越高。

以上述三类指标作为分类依据，将可调节负荷分入三个集合中，A 代表爬坡负荷集合，B 代表削峰负荷集合，C 代表填谷负荷集合。各类负荷资源集合的聚合流程如下。

①计算负荷 i 的场景适应性指标 $Y_{C,i}$，$Y_{P,i}$ 和 $Y_{V,i}$。

②依据 $Y_{C,i}$，$Y_{P,i}$ 和 $Y_{V,i}$ 分别对所有可调节负荷进行降序排序。以 $\alpha_{C,i}$ 表示负荷 i 在爬坡场景中的排序位次，以 $\alpha_{P,i}$ 表示负荷 i 在削峰场景中的排序位次，以 $\alpha_{V,i}$ 表示负荷 i 在填谷场景中的排序位次。

③若 $\alpha_{C,i}=\max(\alpha_{C,i},\alpha_{P,i},\alpha_{V,i})$，且满足爬坡场景约束，则将负荷 i 归入集合 A 中；若 $\alpha_{P,i}=\max(\alpha_{C,i},\alpha_{P,i},\alpha_{V,i})$，且满足削峰场景约束，则归入集合 B 中；若 $\alpha_{V,i}=\max(\alpha_{C,i},\alpha_{P,i},\alpha_{V,i})$，且满足填谷场景约束，则归入集合 C 中。排名相同时，若排名位于前 33%，则归入集合 A；若排名位于中间 33%，则归入集合 B；若排名位于后 33%，则归入集合 C。

不满足两个集合的条件的负荷，则进入④。

④对不满足进入集合条件的负荷，进行两两组合。将负荷组合后代入互补特性分析方法，若互补特性指数大于 0.5，则进入②③，否则不再考虑该类型组合。

以某年浙江电网为研究对象，可调资源包括电动汽车、温控负荷、工业负荷、分布式储能等，各可调资源情况如下。

温控负荷：全省夏季降温负荷（空调为主）最高约 3820 万千瓦，占全社会最高负荷近 40%。其中商业 850 万千瓦、公共机构等非工业 520 万千瓦、居民 1900 万千瓦。冬季取暖负荷（含暖风机等制热设备）最高约 2060 万千瓦，占全社会最高用电负荷超 22%。其中商业 390 万千瓦、公共机构等非工业 320 万千瓦、居民 1340 万千瓦。

电动公交车：全省共有城市公共汽车 4.2 万辆，其中清洁能源公交车数量为 2.9 万辆，比例达到 69%；新能源公交车为 2.06 万辆，比例为 49%。

工业负荷：日前削峰超 1000 万千瓦、小时削峰超 100 万千瓦、可中断负荷削峰超 200 万千瓦、填谷负荷超 100 万千瓦的需求响应资源池，最多将有 4.2 万户企业参与当年的负荷需求响应。

在上述三类负荷侧资源中，设定参与电网调度的空调数量为 9000 台，运行温度范围为 21℃～27℃；电动公交车数量为 30000 辆；工业负荷使用该地区负荷日所在相应月份的数据。对全省的上述负荷侧资源的可调容量、调节速率、持续时间等调节特性进行分析，得到各负荷侧资源一天 96 点的向上调节潜力、向下调节潜力曲线。基于场景适应度指标对负荷侧资源进行筛选聚合，得到某一时间断面下的适合削峰场景、填谷场景的负荷聚合群调节能力持续曲线。削峰场景、填谷场景最大调节潜力均出现在上午 11 时左右。其中，削峰场景最大可调潜力约为 3800 兆瓦，可持续时间为 20 分钟左右；填谷场景最大可调潜力约为 4000 兆瓦，可持续时间为 20 分钟左右。

4.2.3 灵活资源的高效互动与协同优化技术

1. 以分布式光伏为代表的新能源群调群控技术

（1）分布式光伏集群的划分

分布式光伏发电集群的划分依据众多，总体可以分为两大类：基于空间地理特性划分和基于历史数据特性划分。空间地理特性主要指地理位置，通过各节点的地理位置坐标来界定有功 / 无功的控制分区。基于历史数据特性的划分依据较为少见，主要反映不同节点上分布式光伏发电集群之间和同种可再生能源之间，以及用电负荷之间的时域和空间互补特性。

基于电气距离的分析方法是对基于空间地理特征方法的改进。通过考虑系统参数，如线路、变压器阻抗，可以反映电网的实时运行方式。为了更好地体现控制标量对状态变量的影响，有必要将节点有功功率和无功功率对系统的影响体现在电气距离中。结合牛顿—拉夫逊潮流算法中生成的雅可比矩阵，引入电压敏感度来规定在节点 i 处注入有功功率和无功功率对节点 j 处电压变化的影响。因此状态 Γ 下的两个灵敏度矩阵 VSC^P 和 VSC^Q 定义如下：

$$VSC_{ij}^{P}=\left.\frac{\partial V_j}{\partial P_i}\right|_{\Gamma},i,j\in N \tag{4-35}$$

$$VSC_{ij}^{Q}=\left.\frac{\partial V_j}{\partial Q_i}\right|_{\Gamma},i,j\in N \tag{4-36}$$

式中，VSC_{ij}^{P} 是节点 i 到 j 的有功电压敏感度系数，代表在 i 处注入单位量的有功功率，对节点 j 处的电压产生的影响。同理，VSC_{ij}^{Q} 是节点 i 到 j 的无功电压敏感度系数，代表在 i 处注入单位量的无功功率，对节点 j 处的电压产生的影响。V_j 是节点 j 的电压，P_i 和 Q_i 是节点 i 处的有功功率和无功功率。

电压影响因子 VIF 是给定节点 i 对节点 j 的敏感度系数与所有节点对节点 j 电压敏感度系数标量和的比值。式 4-37 和式 4-38 定义了状态 Γ 下，从节点 i 到节点 j 的注入有功功率和无功功率之后的电压影响因子：

$$VIF_{ij}^{P}=\left.\frac{\partial V_j/\partial P_i}{\sum_{n=1}^{N}\partial V_j/\partial P_n}\right|_{\Gamma},i,j\in N \tag{4-37}$$

$$VIF_{ij}^{Q}=\left.\frac{\partial V_j/\partial Q_i}{\sum_{n=1}^{N}\partial V_j/\partial Q_n}\right|_{\Gamma},i,j\in N \tag{4-38}$$

式 4-37 的物理意义是在节点 i 处增加或减少单位有功功率之后节点 j 的电压变化，与所有节点分别注入单位有功功率节点 j 电压变化之和的比值。该值越大，说明在节点 i 处控制有功功率的变化，能更显著地影响节点 j 的电压。这也就说明了节点 i 和节点 j 在电气上有着更紧密的联系。式 4-38 与式 4-37 的物理意义类似，代表的是节点 i 处无功功率改变对节点 j 电压的影响程度。

由于电压灵敏度矩阵 VSC^P 和 VSC^Q 是从雅可比矩阵中抽取的，而雅可比矩阵的计算同系统的状态变量与控制变量均有较强的关系，同时它的取值也是实时变化的。为了同时考虑节点有功功率和无功功率对电压的动态影响，结合传统的电气距离，将这两个参数合并，形成新的电气距离，如式 4-39 和式 4-40 所示。结合两种不同的电气距离定义方法，形成新的改进电气距离 $e(i,j)$。

$$e(i,j)=\alpha_{ij}VIF_{ij}^{P}+\beta_{ij}VIF_{ij}^{Q} \tag{4-39}$$

其中

$$\alpha_{ij}=Re\left(Z_{ij,equ}\right),\beta_{ij}=Im\left(Z_{ij,equ}\right) \tag{4-40}$$

（2）集群内部的光伏发电系统控制

常用的方法是最大功率点跟踪（Maximum Power Point Tracking，MPPT）技术。MPPT 是一种实时调节光伏组件输出功率的技术，使光伏组件工作在功率最大点，其基本原理是使光伏电池内阻与外部负载阻抗实时匹配。最优梯度法是一种数值计算方法，用于解决多维无约束最优化问题。对于光伏系统，基本步骤是选取光伏系统目标函数的正梯度方向作为每步迭代搜索方向，逐步逼近函数的最大值。这种方法与电导增量法本质上都是求取极值。

已知光伏阵列的输出功率：

$$P=U_{dc}I_{sp} \tag{4-41}$$

两边对直流电压进行微分：

$$\frac{1}{U_{dc}}\frac{\partial P}{\partial U_{dc}}=\frac{1}{U_{dc}}+\frac{\partial I_{sp}}{\partial U_{dc}} \tag{4-42}$$

光伏阵列特性的电导 G 为：

$$G=\frac{I_{sp}}{U_{dc}} \tag{4-43}$$

电导增量为 I_{sp} 对 U_{dc} 的偏导：

$$\Delta G = \frac{\partial I_{sp}}{\partial U_{dc}} \tag{4-44}$$

则式（4-42）可表示为：

$$\frac{1}{U_{dc}} \frac{\partial P}{\partial U_{dc}} = G + \Delta G \tag{4-45}$$

式中，I_{sp} 为光伏阵列输出电流，U_{dc} 为光伏阵列输出电压。一般来说，U_{dc} 为正值，由此可知 $G + \Delta G < 0$ 时，光伏阵列的工作电压高于最大功率点处的电压，反之亦然。

（3）分布式光伏系统的群控策略

基于光伏虚拟集群的多级调控策略包括全局优化、集群趋优和本地消纳环节（如图 4-6 所示）。

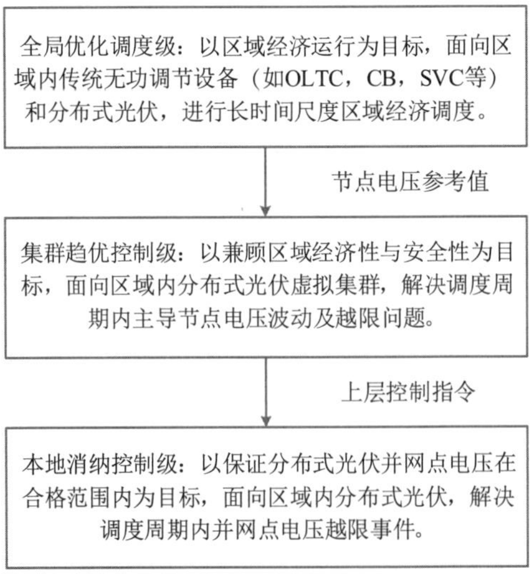

图 4-6　分布式光伏集群多级调控框架

1）全局优化调度

充分考虑光伏出力的波动性，计及配电网区域内的无功调节设备，通过日前计划模型为日内短期调度提供母线电压基准值，通过日内实时调度为下一步群间控制提供最优电压参考值和有功、无功电压灵敏度。

2）集群趋优控制

事件发生时，协调经济调控集群和紧急调控集群，使主导节点的电压运行于优质区。同时产生控制指令到集群内部的光伏节点，进行下一步的功率消纳。

3）本地消纳控制

基于 MPPT 控制，最大程度提高配电网对分布式光伏的消纳能力，提高能源利用率。

2. 基于省地县三级协同的优化调控方法

针对灵活资源参与省调断面潮流控制的场景，为适应多种类型灵活资源的调度需求，以分布式光伏为例，按结构与功能进行层次划分，建立总体应用架构（如图 4-7 所示）。

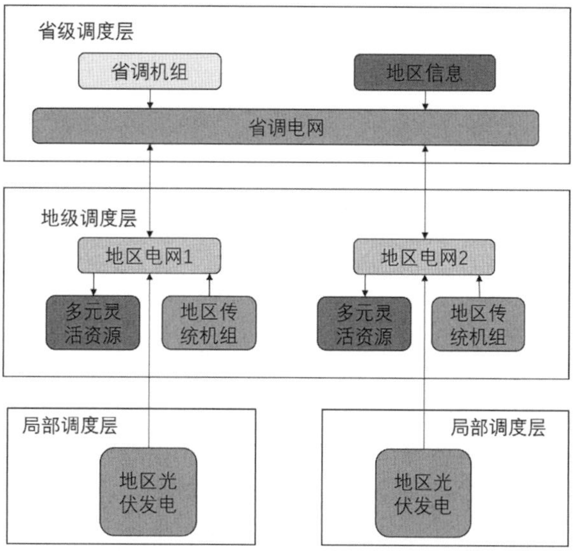

图 4-7　省地协同调度框架

整体上分为三层：省级调度层、地级调度层和局部调度层。其中，局部调度层指某一地调电网的内部，对分布式可再生能源发电结合储能系统进行联合出力优化的调度单元，面向的是配电网中大量由新能源供应商投资建设的分布式电源，形成了独立的利益主体。与传统分区控制不同的是，局部调度层更强调自优化能力，而不是单纯地执行集中机构的调度指令。

在“分层分布式”调度框架下，省调和各地调均具有自治能力，基于分布式优化技术独立对其管辖区域内的发电设备进行调度，并根据省地边界电价相互合作安排功率传输计划。发电计划的制定需兼顾输、省调电网中的发电资源，并满足整体运行约束，保证系统的安全、经济运行。由于一个省调中心面向多个地调机组，可以自然地作为一个“协调者”协调输配电网间的传输功率满足一致性约束。各调度中心之间必须建立良好的双向通信网络，以传递必要的协调信息。

省级电网出现调峰、爬坡、断面越限等问题时，省调通过传统机组以及自身掌握的灵活资源进行调节，如果省调拥有的资源无法完成调节，则求助于各地调，各地调以灵活资源协助省调完成调节。

目标函数设计考虑省调与地调总的调节成本最低。

$$\min C = C_p + C_a \tag{4-46}$$

省调调节成本 C_p 分为省调机组的调节成本 $C_{p,G}$、省调储能成本 $C_{p,S}$、省调负荷侧灵活资源成本 $C_{p,res}$，计算公式为：

$$C_p = C_{p,G} + C_{p,S} + C_{p,res} \tag{4-47}$$

式中，

$$C_{p,G} = \sum_{t=1}^{T} \sum_{i=1}^{I} \left[(c_i + b_i \left(P_{i,t} + \Delta P_{i,t} \right) + a_i (P_{i,t} + \Delta P_{i,t})^2 - \left(c_i + b_i P_{i,t} + a_i P_{i,t}^2 \right) \right] \tag{4-48}$$

$$C_{p,S} = \sum_{t=1}^{T} \sum_{b-1}^{B} \left(q_{b,S,ch,t} P_{b,S,ch,t} - q_{b,S,dis,t} P_{b,S,dis,t} \right) \tag{4-49}$$

$$C_{p,res} = \sum_{t=1}^{T} \sum_{c=1}^{C} \left(q_{c,res,ch,t} P_{c,res,ch,t} - q_{c,res,dis,t} P_{c,res,dis,t} \right) \tag{4-50}$$

式中，a_i，b_i，c_i 为机组 i 的发电成本系数，$P_{i,t}$ 为机组 i 在 t 时刻调节前的发电功率，$\Delta P_{i,t}$ 为机组 i 在 t 时刻的功率变化量，T 是总时长，I 是机组总量，B 为储能数量，C 为灵活资源数量，$q_{b,S,ch,t}$ 为 t 时刻储能 b 的放电成本，$P_{b,S,ch,t}$ 为 t 时刻储能 b 的放电功率，$q_{b,S,dis,t}$ 为 t 时刻储能 b 的充电成本，$P_{b,S,dis,t}$ 为 t 时刻储能 b 的充电功率；$q_{c,res,ch,t}$ 为 t 时刻灵活资源 c 的上调节成本，$P_{c,res,ch,t}$ 为 t 时刻灵活资源 c 的上调节功率，$q_{c,res,dis,t}$ 为 t 时刻灵活资源 c 的下调节成本，$P_{c,res,dis,t}$ 为 t 时刻灵活资源 c 的下调节功率。

地调调节成本 C_a 为地调储能成本与地调灵活侧资源成本，计算公式为：

$$C_a = \sum_{j=1}^{J} \left(C_{j,S} + C_{j,res} \right) \tag{4-51}$$

式中，J 是地调的总数量，$C_{j,S}$ 是地调 j 的储能调节成本，$C_{j,res}$ 地调 j 的灵活侧资源调节成本。

$$C_{j,S} = \sum_{t=1}^{T} \sum_{b=1}^{B} \left(q_{b,S,ch,t} P_{b,S,ch,t} - q_{b,S,dis,t} P_{b,S,dis,t} \right) \tag{4-52}$$

$$C_{j,res} = \sum_{t=1}^{T} \sum_{c=1}^{C} \left(q_{c,res,ch,t} P_{c,res,ch,t} - q_{c,res,dis,t} P_{c,res,dis,t} \right) \tag{4-53}$$

4.3 深化源网荷储协同调控的相关建议

4.3.1 拓展微电网和虚拟电厂的组织管理形式

微电网是一种将分布式电源、负荷、储能装置、变流器以及监控保护装置有机整合在一起的小型发配电系统。凭借微电网的运行控制和能量管理等关键技术，可以降低间歇性分布式电源给配电网带来的不利影响，最大限度地利用分布式电源出力，提高供电可靠性和电能质量。将分布式电源以微电网的形式接入配电网，被普遍认为是利用分布式电源有效的方式之一。微电网作为配电网和分布式电源的纽带，使配电网不必直接面对种类不同、归属不同、数量庞大、分散接入的分布式电源。

虚拟电厂通过先进的控制、计量、通信等技术聚合储能系统、可控负荷、电动汽车等不同类型的分布式能源，并通过更高层面的软件构架实现多个分布式电源的协调优化运行，更有利于资源的合理优化配置及利用。利用虚拟电厂便无须对电网进行改造而能够聚合分布式电源对主网稳定输电，并提供快速响应的辅助服务。虚拟电厂成为分布式电源加入电力市场的有效方法，降低了分布式电源在市场中孤独运行的失衡风险，可以获得规模经济的效益。

虚拟电厂和微电网是实现分布式电源并网最具创造力和吸引力的两种形式，二者在以下几个方面存在差异。一是在设计理念上，微电网采用自下而上的设计理念，强调“自治”，即以分布式电源与用户就地消纳为主要控制目标，实现网络正常时的并网运行以及网络发生扰动或故障时的孤岛运行；虚拟电厂的概念强调“参与”，即吸引并聚合各种分布式电源参与电网调度和电力市场交易，优化分布式电源组合以满足电力系统或市场要求为主要控制目标。二是在构成条件上，微电网主要整合地理位置上接近的分布式电源，无法包含相对偏远和孤立的分布式发电设施；虚拟电厂的构成则依赖于软件和技术，聚合范围以及与市场的交互取决于通信的覆盖范围及可靠性，辖域内各分布式电源的参数采集与状态监控取决于智能计量系统的应用，分布式电源的优化组合由中央控制或信息代理单元进行协调、处理及决策。三是在运行模式上，微电网相对于外部大电网表现为单一的受控单元，通过公共耦合开关，微电网既可运行于并网模式，又可运行于孤岛模式；虚拟电厂始终与公网相连，即只运行于并网模式。

深化微电网和虚拟电厂的组织管理形式，可提升对源网荷储各侧可调节资源尤其是分布式电源的调节能力。第一，强化顶层设计，牢牢抓住新型电力系统建设的战略窗口期，加快微电网和虚拟电厂顶层规划，明确微电网和虚拟电厂在省域新型电力系统调度运行中的功能定位，完善政策保障，健全标准体系，全力推动微电网和虚拟电厂高质量发展，助力能源转型，保障电力供应安全。第二，完善政策保障机制，进一步明确微电网和虚拟电厂的市场主体地位，并建立相应激励机制，丰富激励资金来源，向用户侧和发电侧科学合理疏导和分摊成本。加快完善微电网和虚拟电厂参与现货市场，辅助服务市场、容量市场的衔接机制。第三，健全标准体系，统筹完善微电网和虚拟电厂标准体系建设，加强与现有能源电力系统相关标准规范的衔接。通过标准建设，明确微电网和虚拟电厂的功能架构、安全防护标准、通信标准等，规范和推动微电网和虚拟电厂发展。第四，推进技术发展，打造微电网和虚拟电厂示范项目，发挥示范引领作用，做好关键短板技术攻关，促进产业协同，促进成果转化落地，构建完整产业结构和创新发展模式，形成可复制、可推广的实践经验。

4.3.2 构建主配协同的调度控制高效管理体系

微电网和虚拟电厂的先进组织形式将海量的分布式可调资源纳入全网的平衡调节中，极大丰富了省域电网的调节潜力。但是，从物理层面上看，这些资源仍然是从中低压的配电网接入的。同时，现阶段大部分微电网和虚拟电厂的聚合容量仍较为有限，特别是前者通常集中在一个局部电网。按照分层分区的基本原则，这部分资源的调度管辖仍然大概率放在地区调度的层面，尤其是在正常运行的状态下，其出力和运行状态的改变采用地区电网直接调度的形式要更为高效和实际。因此，仍然需要通过构建主配协同的调度控制体系来利用这部分资源。

首先是在调度运行体系上，省级电网的平衡业务主要由省级调度控制中心负责，各地区的调度控制中心由于其管辖范围内的可调节资源比较有限，多为径流式小水电或是以热定电的供热机组，基本不参与电网的平衡业务，即使在用电紧张的时候也是通过大用户压减负荷的方式进行控制。随着分布式可调节资源的不断增加，地区电网对全网电力平衡的影响将越来越大，将电力平衡关口从省级电网前移到地区电网是必然趋势。正常情况下，根据地区电网上报的负荷预测曲线，省级调度控制中心下发用电曲线；当日内出现负荷或新能源波动，地区电网通过调用其管辖范围内的可调资源“守住”用电曲线；如果发生偏差过大，超出其调节能力范围，可向省级调度控制中心申请修改用电曲线；省级调度控制中心通过权衡全网各地区的发用电情况下发新的用电曲线。

其次是将电力平衡前移至地区电网的基础是要做准网供负荷曲线。做准网供负荷曲线的基础是开展对地区负荷、地区新能源出力以及可调节资源实时可调能力的精准预测。关键在于以下几个方面：一是要在梳理清楚分布式电源装机容量的基础上开展对地区全社会口径负荷以及母线负荷的预测和滚动修正；二是基于网格化的数值天气预报，利用大数据和人工智能方法进行新能源出力的精准预测；三是要利用全景感知和动态聚合技术实时掌握各类型可调节资源的运行状态，从而开展对其可调节能力的实时评估。

最后是在管理机制上，要构建统筹高效、深度融合的省地县三级调度组织体系。一是强化源网荷储全链条调度模式统一指挥，快速制定多目标优化处置策略，充分发挥地县调管辖范围内不断丰富的电网调节资源效能，改变逐级下发任务的运行模式，由省地县三级调度同步协同执行调度策略，提高新型电力系统调管效率。二是推动业务执行方式由刚性转变为刚柔互补；不同于传统调管对象的刚性执行，对新型电力系统中可中断负荷、微电网等调度对象采用补偿或电价手段进行柔性控制，采用柔性方式执行调度指令。三是强化应急调度技术研究，提出极端天气下大面积新能源机组故障脱网的处置措施，建立新型电力系统在极端天气下的应急响应体系。

4.4　微网省地县三级协同控制的落地实践

4.4.1　微网集群省地县三级协同控制

依托新一代电力调度技术支持系统，构建省 - 地（主配）- 微电网多级协同互补的调控支撑体系，利用调度数据网、综合数据网和互联网三种网络，对上结合省调的日前日内调峰和故障协同处置需求，对下结合地区与微电网的信息感知、协同控制和友好互动等业务，广泛接入变电站、配变站、新能源站、外部气象环境、用电采集、电动汽车以及柔性负荷等数据。实现基于人工智能与大数据的微电网运行态势全景感知、主配微一体化分析和协同控制智能决策等关键技术。开发新一代省地县三级协同控制平台（如图 4-8 所示），通过多层级多自治主体的一致性协调控制，提升电网与微电网的主动互济和局部自平衡能力，支撑省级电网的调峰、调频和拥塞管理，实现新能源“有效聚合、分层控制、多级协同”。

新一代省地县三级协同控制平台硬件架构如图 4-9 所示。

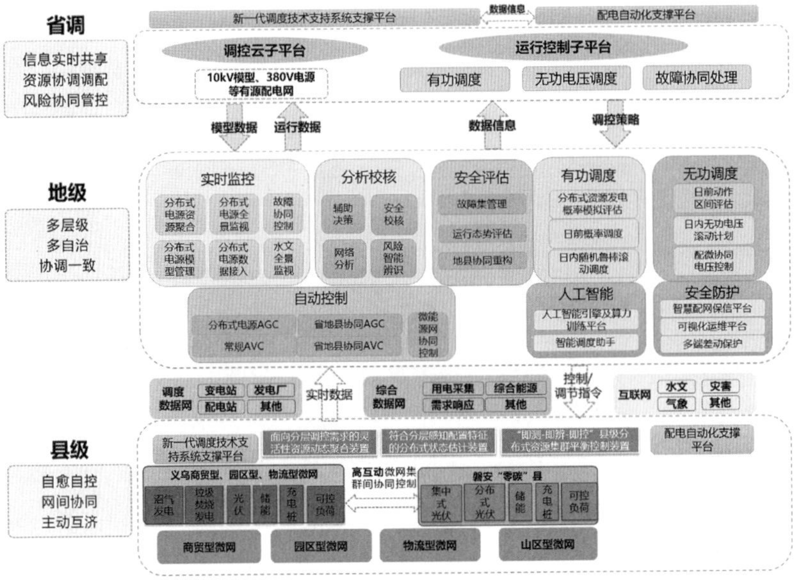

图 4-8 省地县三级协同控制平台总体架构

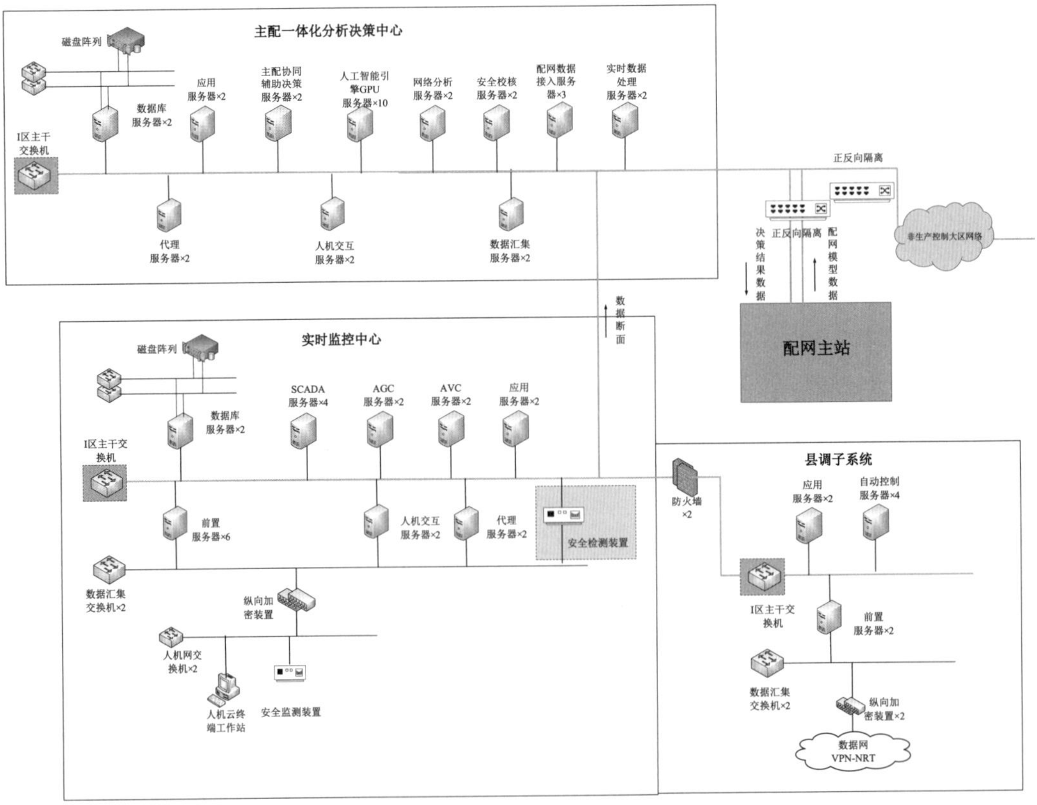

图 4-9 省地县三级协同控制平台硬件架构

4.4.2　多类型微网集群示范应用

1. 义务商贸型微网

义乌国际商贸城商贸型微网针对义乌典型受端特征和“商贸”特色，利用先进设备、技术和手段，实现能源低碳绿色供应和消费，碎片化柔性负荷资源全方位感知和精准调控，与上级电网融合协调互动。电化学储能、光伏发电分别经逆变器、变流器接入 380 伏母线；充电桩、照明负荷和相变蓄冷装置直接接入 380 伏母线，经变压器于 10 千伏支线并网。

高可靠性低压柔性直流互联网架结构，可以深度挖掘微网灵活资源并将其接入微网架构。微网内部通过低压柔性直流进行实时互联，提高不同配变间故障快速转供能力及区域内功率自治平衡与邻域间功率协同的能力。在控制策略方面，通过通信组态、图模组态、控制组态等技术，实现嵌入式微网 EMS 各种控制策略的灵活配置以及不同控制目标和控制逻辑的即插即用、即配即用、即测即控，实现毫秒级控制、微秒级分析。在故障状态下，通过微网自治优化策略与子系统故障处理措施，实现微网的自治自愈。同时利用智能分析形成控制策略，实现微网内部资源动态调控，运行状态趋于最优。

2. 物流型微网示范应用

在浙江省义乌邮政物流园区内，选取两个台区部署预装式综合能源舱，综合考虑分布式光伏、储能、电动汽车、燃气、冷热等能源要素，构建园区互济型物流微网系统。在灵活组网方面，依托多能流耦合管控设备，将物流园区内光伏优先用于冷热供能设施及充电桩，利用储能单元实现“绿电寄存”。依托 V2G 技术，发挥园区内电动汽车虚拟储能对微网的支撑能力，提升示范区低碳运行水平。通过冷热电多种能源的耦合管控，充分发挥能源互补优势，保障用户能源供应和实现设备使用率最优的“双平衡”。在微网群能量互济方面，基于低压柔直互联技术手段，通过多个能源耦合设备互联，形成多个子微网级联供能网架，采用子微网自治－微网群协同控制架构，实现子微网内动态平衡及子微网间能量互济，有效保障区域微网的稳定可靠运行。在多能聚合微网管控方面，通过部署智能监控终端及就地监控主站，针对微网内各能源要素的运行特性进行态势感知、数据分析，实现不同时间尺度能量供需预测，辅助支撑微网内循环运行控制策略的迭代优化，同时能够响应上级电网调控指令，实现微网与配电网有机融合。

3. 山区型微网示范应用

选址于金华市磐安县尖山镇省级工业园区及周边区域，范围约 4.42 平方千米。

区域内有 10 千伏线路 4 条，包括黄公 202、五丈 204、胡宅 207、尖宅 210，小水电 8 座，装机总容量 10.52 兆瓦，最大负荷 14.99 兆瓦，分布式光伏 4.55 兆瓦。

在“风光储充”共享储能方面，通过微网能量路由器，融合新能源车 + 充电桩 + 驿站 + 共享储能 + 风光等资源，将不同电压等级的交直流端口进行一体化管理，在故障时为系统提供柔性的转供能力，实现不间断供电。在小水电改造微型抽蓄方面，探索微型抽蓄的分时电价机制与价值回收机制，创新小水电改造微型抽蓄的商业模式，在微网控制器中内置以总出力波动性最小和整体平稳性最优为目标的控制策略，建立水光互补发电系统模型。同时，打造国内首条集双向自动调压、配网差动保护和故解精准控制于一体的全智能自动化配电线路。

4.4.3 分布式光伏自适应并网和主动同步

极高渗透率分布式光伏发电自适应并网与主动同步示范工程从分布式光伏主动支撑、分布式光伏测控一体化、低压配电干线柔性调控、广域分布式光伏协同优化运行四个方向进行攻关。在金华市磐安县、义乌市与东阳市选取示范区域，基于义乌 – 东阳 – 磐安电气连接坚强网架结构，以磐安县作为主要示范区与周边区域通过互联实现广域协同支撑与优化运行，推动区域间能量互供、优势互补，实现电力互调互济、成果共建共享。

基于“可观、可测、可控、可调”的分布式光伏支撑新型电力系统构建的基本需求，示范工程从单元层、台区层、集群层、区域层四个层级进行建设。工程总计接入约 1 万个分布式光伏，总装机容量不小于 50 万千瓦，包含渗透率超过 100% 的磐安县域。

示范工程数据流、能量流、控制流如图 4–10 所示。

其中，分布式光伏全景感知、分布式光伏资源聚合、分布式光伏功率预测、分布式光伏优化控制等功能集成为广域分布式光伏协同优化运行底层应用模块，部署于 D5200 配电自动化系统，实现县域内分布式光伏自治与感知。数据可视化、广域协同优化调控、安全运行模拟与评估等功能集成为广域分布式光伏协同优化运行高级应用模块，部署于新一代调度技术支持系统，统筹磐安、东阳、义乌区域分布式光伏整体协同优化运行。

特别是，广域分布式光伏协同优化运行高级应用模块与省地县三级协同高级应用进行信息高互动，将下辖区域数据感知、功率预测、协同优化等聚合后信息提供给省地县三级协同高级应用，充分挖掘数据价值、提升计算性能，为三级协同控制策略的制定与实施提供有力支撑。

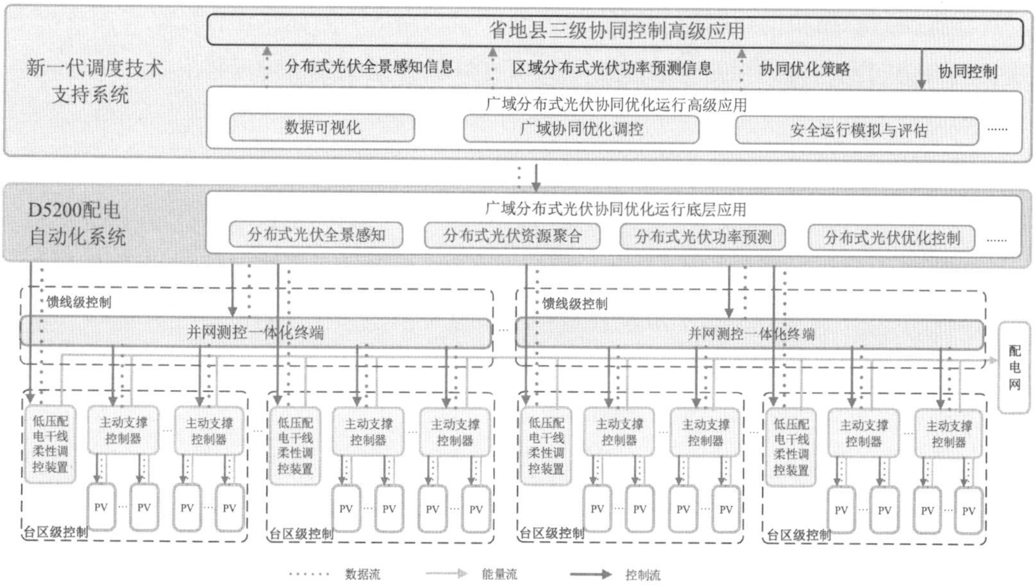

图 4-10　极高渗透率分布式光伏发电自适应并网与主动同步示范工程总体架构

数据流采用“分布式光伏 - 主动支撑控制器 / 低压配电干线柔性调控装置 - 并网测控一体化终端 - 广域分布式光伏协同优化运行底层应用模块 - 广域分布式光伏协同优化运行高级应用模块 - 省地县三级协同控制高级应用”的级联交互方式，传递电压、功率、设备状态等原始采集数据，以及各业务功能处理后聚合形成的数值信息，如区域功率预测、控制策略、监视预警等，构建纵向高效协同能力，支撑省地县三级协同控制。

分布式光伏主动支撑控制器与低压配电干线柔性调控装置作为接口关联设备，其与电网间的动态能量交互作用影响着电力系统的电能质量和稳定性，实现分布式光伏主动支撑配网的无功电压和有功频率互动调控。

控制流为自上向下的单向控制流，具体如下。

①主动支撑控制器向分布式光伏下达就地出力特性调节指令。

②并网测控一体化终端向主动支撑控制器下达调节、控制与保护指令，并网测控一体化终端向低压配电干线柔性调控装置下达优化调节指令。

③ D5200 配电自动化系统广域分布式光伏协同优化运行底层应用模块向测控一体化终端下达区域协同控制指令，向低压配电干线柔性调控装置下达区域平衡控制指令。

④新一代调度技术支持系统中的广域分布式光伏协同优化运行高级应用模块向 D5200 配电自动化系统中的底层应用模块下达高级协同优化运行策略指令，实现区域分布式光伏自治优化运行。

⑤省地县三级协同控制应用模块向广域分布式光伏协同优化运行高级应用模块下达省地县协同控制策略指令，后者接入的所有分布式光伏集成为受控对象，充分参与省地县三级协同控制。

4.4.4 微网集群省地县三级协同控制应用成效

为体现为多元灵活资源通过微网集群方式纳入省地县三级协同控制的成效，设计如下指标。

①县微协同微网集群分布式坏数据辨识准确率：辨识出来的坏数据个数 / 观测到总坏数 × 100%。

②电网灵活性资源动态聚合准确率：| 实际运行数据聚合数据 | / | 实际运行数据 | × 100%。

③县微协同分布式资源集群调控策略计算时间缩减：县微协同调控计算结束时间 T_1- 县微协同调控计算起始时间 T_0。

④微网控制整体响应时间：在不同工作模式下，微网从接收指令到完成响应，并分析、生成控制指令所需的时间。

⑤微网内部事件响应时间：在事件驱动式的 AOE 控制组态下，当典型事件发生，从事件触发到 EMS 平台下发控制指令所需的时间。

⑥微网控制通信量：微网内部设备间进行通信时，各级设备下达的指令和上传的数据在通信通道中占用的空间和频率。

⑦单次有功 - 无功协同控制计算时间：完成一次有功 / 无功协同计算所需要的时间，协同计算结束时间 T_1- 协同计算起始时间 T_0。

⑧接入资源绿电消纳比例：绿电（水、光、风）年上网电量 /（绿电年上网电量 + 绿电弃电量）。

⑨协同控制时间：微网从接收上级指令到完成响应，并分析、生成控制指令所需的时间，从接收上级指令到生成对下控制指令的时间。

⑩水光互补能力：受天气状态影响，光伏发电出力有较大波动，通过调节电站出力，使水光总出力趋于平稳。按（一定周期内的）水电站累计调节电量（kWh）来定义，计算调节电量的累加值。

建设前后的指标情况对比如表 4-1 所示。

表 4-1　微网集群省地县三级协同示范建设前后各指标对比

指标名称	建设前	应用后	单位
县微协同微网集群分布式坏数据辨识准确率	50%	90%	/
电网灵活性资源动态聚合准确率	60%	90%	/
县微协同分布式资源集群调控策略计算时间缩减	60	1	秒
微网控制整体响应时间	10000	200	毫秒
微网内部事件响应时间	1000	10	毫秒
微网控制通信量	100%	38%	/
单次有功 - 无功协同控制计算时间	300	15	秒
接入资源绿电消纳比例	60%	70%	/
协同控制时间	10000	1000	毫秒
水光互补能力	40%	60%	/

由表 4-1 可知，系统建设应用后，局部地区的电网灵活性资源动态聚合准确率显著提升，从 60% 上升至 90%，大量的多元灵活资源被纳入三级协同调控框架内。微网控制整体响应时间和控制通信量显著降低，分别从 10000 毫秒和 100% 下降至 200 毫秒和 38%，这意味着采用微网集群的方式能够更为高效地对所接入的可调节资源实施控制。从整体建设效益上看，绿电消纳比例和水光互补能力有所提升，分别从 60% 和 40% 提升至 70% 和 60%，区域清洁能源消纳能力进一步提升。

【参考资料】

[1] 鞠平，谢会玲，陈谦. 电力负荷建模研究的发展趋势［J］. 电力系统自动化，2007，31（2）：1-4. DOI：10.3321/j.issn：1000-1026.2007.02.001.

[2] 陆秋瑜，胡伟，郑乐，等. 多时间尺度的电池储能系统建模及分析应用［J］. 中国电机工程学报，2013，33（16）：8. DOI：CNKI：SUN：ZGDC.0.2013-16-014.

[3] 祁兵，郑顺林，孙毅，等. 考虑需求侧动态及耦合特性的激励型综合需求响应优化建模［J］. 中国电机工程学报，2022（005）：042.

[4] 蒙志全，楼贤嗣，时涵，等. 面向电力系统调度需求的负荷资源调控技术研究综述［J］. 浙江电力，2022，41（8）：31-40.

[5] 白雪岩，樊艳芳，王天生，等. 计及可再生能源可靠性的虚拟电厂动态聚合方法［J］. 电力自动化设备，2022（007）：042. DOI：10.16081/j.epae.202205020.

[6] 李翔宇，赵冬梅. 计及可调资源动态特性的虚拟电厂多级优化配置［J］. 电力系统自动化，2020，44（13）：8. DOI：10.7500/AEPS20190909011.

[7] 喻洁，李方兴，李扬，等. 互联区域多目标发电调度的协同优化策略［J］. 电力系统自动化，2009，33（2）：30-33. DOI：10.3321/j.issn：1000-1026.2009.02.007.

[8] 单瑞卿，杨海晶，龚人杰，等. 省地协调的母线等效负荷预测及调度计划制定方法研究［J］. 电力科学与技术学报，2018，33（4）：6. DOI：CNKI：SUN：CSDL.0.201804-004.

[9] 兰强，周宇晴，邱燕军，等. 可调负荷参与多级电网实时调控：关键技术与工程应用［J］. 电力系统保护与控制，2023，7：7.

[10] 周华锋，胡亚平，聂涌泉，等. 区域互联电网电能量与备用辅助服务联合优化模型研究［J］. 电网技术，2020（3）：11. DOI：10.13335/j.1000-3673.pst.2019.2259.

[11] 杨萌，张粒子，吕建虎，等. 面向灵活性的电能量与辅助服务日前市场联合出清模型［J］. 中国电力，2020，53（8）：11. DOI：10.11930/j.issn.1004-9649.202006277.

[12] 黄伟，孙昶辉，吴子平，等. 含分布式发电系统的微网技术研究综述［J］. 电网技术，2009（9）：6. DOI：CNKI：SUN：DWJS.0.2009-09-006.

[13] 别朝红，林雁翎，张建华. 微网技术及其标准体系的研究［J］. 高电压技术，2015，41（10）：8. DOI：10.13336/j.1003-6520.hve.2015.10.001.

[14] 田立亭，程林，郭剑波，等. 虚拟电厂对分布式能源的管理和互动机制研究综述［J］. 电网技术，2020，44（6）：12. DOI：10.13335/j.1000-3673.pst.2019.2193.

[15] 葛鑫鑫，付志扬，徐飞，等. 面向新型电力系统的虚拟电厂商业模式与关键技术［J］. 电力系统自动化，2022，46（18）：129-146.

第 5 章

有源配网管理和主配网协同运行机制

5.1 有源配电网发展现状及存在问题

随着大规模、高比例的分布式新能源接入配电网，相较于传统配电网，新型电力系统有源配电网运行特性以及调度控制运行模式发生显著变化。一是系统有源化，电网潮流“双向性”显著，新型配电网潮流具有“双向”“翻转往复”等特征，配电网运行管理更加复杂。随着局部高比例分布式光伏接入，电网下送潮流变轻，甚至出现倒送，导致地区网供负荷特性发生变化。二是结构网络化，配网网架更加复杂多样。新型配电网接线方式由传统的单辐射接线逐渐发展为单环、双环、链式、“花瓣”型等多种互联接线形式。网络互联水平不断提高，供电可靠性进一步提升。三是调度对象多元化，系统运行模式发生转变。源网荷储各类调节资源规模化接入，源侧向新能源为主、多元化转变，荷侧向柔性、生产与消费兼具型转变，系统运行向源网荷储协同运行转变。配电网在多元主体互动、负荷资源统一调配等方面面临新的挑战，调度管理模式从“源随荷动”向“源网荷储协同互动”转变已成为必然要求。四是主配一体化，协同控制和互通互济要求更加迫切。分布式新能源高渗透率地区，配网潮流返送主网，在电力平衡、运行方式安排上需纳入地区电网，甚至由省级电网统一管理。电动汽车、非工空调等接入配网的可调节负荷资源，需纳入大电网资源进行统筹配置，发挥其在保供应、促消纳方面的作用。调度系统管理重点向“主配协同”转变已成为必然要求。

有源化趋势下配电网的运行主要存在两个方面的不足。一是配网运行感知及控制能力不足。主网、配电网和分布式电源的信息采集及数据融合，是未来实现“有源配电网”各项应用功能的基础。但现有的配网感知控制技术能力不足，配电网网络结构复杂，配电终端设备无法全部覆盖，配电自动化的建设还未全部完成。配电网终端设备的覆盖率较低但故障率较高，终端运维人员不足，无法保证对故障设备进行快速修复，配电终端设备整体可用性偏低。二是调控运行管控手段技术支撑不足。分布式电源的双向功率流动特性、间歇波动特性、即插即用特性、逆变控制特性等，给配电网的运行调度带来诸多影响，有源配电网电力平衡要求更高、各类资源的调节潜力待充分发掘、故障形态更复杂、网络安全风险更大。大量电力电子设备并网导致系统无功支撑能力与转动惯量下降，导致电网暂态电压水平及频率稳定性降低。分布式新能源与多直流馈入、冬季供暖、集中式光伏、风电等多重因素相互叠加，电网调峰难度逐年增加。大量分布式新能源在电网故障后无序脱网，可能引发连锁反应，造成电网故障扩大。同时，由于分布式新能源爆发式增长和电压等级逐步低压化，网络边界逐渐向低压侧延伸，导致网络暴露面增大、攻击路径增多，传统的安全防护体系难以适应配电自动化点多面广的防护需求。

本章针对上述有源配电网调度运行面临的问题，首先介绍了三种有源配电网高效调控核心技术，一是新型有源配电网的透明化感知技术，二是面向有源配电网的调控运行管控技术，三是分级平衡主配协同运行机制构建方法。其次给出了三条相关建议，一是构建"台区－线路－分区"分层分区全景观测体系，二是推动配电网源网荷储柔性控制建设，三是完善主配协同运行机制建设及智能应用。最后介绍了基于调控云的非统调电厂数智化管理平台建设在浙江衢州的落地实践。期望本章对技术、思路和应用的初步探讨，可以为省域新型电力系统有源配电网管理和主配网协同运行机制研究提供思路和启发。

5.2　有源配电网高效调控关键技术

5.2.1　新型有源配电网的透明化感知技术

1. 有源配电网全景监测技术

有源配电网全景监测技术利用先进的传感器及现代通信技术，广泛接入与管理各类电力物联终端及其感应数据，以电力系统为纽带，建设以能源广泛互联和信息全息感知为基础的新型有源配电网信息管理模型，实现对区域配电网的微观感知、泛在监测与宏观评价。有源配电网全景监视架构如图 5-1 所示。

图 5-1　有源配电网全景监视架构图

对发用电环节，主要考虑以下四个方面。

发电侧：针对10千伏及以下清洁能源发电用户及电网侧储能等用户，实现发电计划与运行工况的实时感知，主要从调度自动化系统获取或者在厂站侧进行智能终端改造。

配电侧：主要针对110千伏及以下配变线路与台区，感知配电网线路各环节核心设备运行信息，主要从配电自动化及OMS系统等获取，包括主干线、分支线、专用变、公用变等关键设备运行信息。

调度端：实现与电网调度信息的直接贯通，获取电网调度指令，包括发电计划、限额曲线、调控指令等信息。

用户侧：获取用户侧可调控资源信息情况，包括光、储、充、能源站、智能楼宇等关键大型用户。

对发用电对象，主要考虑以下三个方面。

电源侧：主要感知380伏/10千伏分布式光伏、冷热电三联供、光热发电、生物质发电、风力发电、电网侧储能等电源侧系统发用电信息及运行工况和计划预测功率。

电网侧：以110千伏及以下配网线路为目标，感知主变及下侧馈线信息、台区侧配电网信息及线路负荷和预测信息，分析线路潮流及承载力。

用户侧：针对用户侧资源，主要从用户侧储能、综合能源站、充换电基础设施、智能楼宇、电动汽车等典型负荷资源用户对象入手，全面感知用户侧柔性可调控负荷资源，深度挖掘负荷侧可调控资源。

利用数据采集软件面向配网基础数据的采集，实现多业务场景、多数据类型、多采集方式的全方位数据采集，为各类业务场景提供数据支撑。数据采集软件功能主要包括：稳态数据采集、新能源数据采集、分布式电源（含小水电）数据采集、继电保护设备状态数据采集、低频低压减载数据采集、可调节负荷资源数据采集、通道链路管理、采集多源处理等。

35千伏及以上新能源站发电信息以光纤方式直接接入电力调度数据网上送调度技术支持系统。10千伏新能源站有光纤接入条件的直接接入电力调度数据网上送调度技术支持系统，不具备光纤接入条件的，通过调度技术支持系统的安全接入区实现数据采集接入。用户侧光伏通过营销用采系统转发接入。

利用有源配电网全景监测技术，可整合配电网海量基础数据，完成基于图模的系统建设部署，实现图模精益化管理。通过对有源配电网规模、发电量分布、承载力、实时出力、重过载、图模数据等内容进行统计分析展示，汇聚“源－网－荷－储”多资源数据，精准动态感知配电网设备、分布式电源、用户等多元对象的全要素状态信息，可有效提升对配电网多元对象的可观、可测、可控能力。

2. 构建配网感知通信体系

电力业务承载主要有三种方式：光纤网络接入、租用公网无线和自建无线专网。光纤网络稳定可靠带宽高，然而其建设难度高、价格贵、维护难度大，因此难以完全覆盖，无法对移动应用有效支持。租用公网无线，建设成本不高、建设速度快、不需要维护，这是使业务全覆盖得以实现的主要方式。然而，租用公网无线存在实时控制不精准、信息安全性不佳、时延不受控、租用费用高和网络维护不具主动权等问题。为了实现透明供电网络建设目标，满足不断发展的通信业务需求，有必要建设无线专网，以更好地承载各类电力业务。

电力无线专网能够对配电自动化有效承载、采集用电信息、监测配变，还可以抢修配网，业务类型多种多样。以 4G 技术为依托，电力无线专网带宽高、并发高、时延低，具有一定的安全性，可以使电力业务承载需求得以满足。

LTE1.8G 的特点包括容量大、时延不高、并发高、配置科学等，能够对不同带宽需求业务全面支持，如视频监控、机器人巡检。LTE230M 具有广覆盖、低时延、频谱适应性强等特点，受通信终端的频谱聚合能力影响，对高带宽业务的支持能力较弱。

以浙江电网为例，综合考虑电网状况、产业链、建设经济性及业务应用需求等因素，可采用 LTE1.8G 体制扩建电力无线专网，并明确核心网应兼容或软件升级后兼容 1.8G 与 230M 两种频率制式，保护现有建设投资。

5.2.2　面向有源配电网的调控控制技术

1. 基于主动配电网技术的分区电压控制

分层分区电压控制主要是对区域电网进行无功电压控制子配电区划分，确定配电网内无功电压控制的主要节点并作为全局层的控制对象。根据主站系统采集的某变电站网侧线路实时信息，计算区域配网线路全局无功优化控制目标值，从而向各子配电区域下发功率调节目标值，实现关键节点的电压在合理运行区间。主要有以下功能。

配电区划分：对 10 千伏及以上接入的分布式光伏电站，一般接入调度系统进行统一调控，对配电线路下辖分布式电源、储能、负荷等关键用户按照配电线路和地理区域进行子配电区划分。

功率调控：利用各分布式电源及储能、负荷用户等厂站 EMS 系统协调各设备的运行，实现功率调整，从而将主要节点的电压控制在运行区间内。

全局监控：通过全局优化策略实现对区域配电网内的主要节点电压，各区域发电及负荷情况全局的监控。

分布式光伏的大规模接入对配电网的无功电压影响较大，在分区电压控制中应重点关注，需建立面向分布式光伏的分层分区电压控制体系。对 10 千伏及以上接入的分布式光伏电站，一般接入调度系统进行统一调控，基于配电网拓扑建立配电网分层分区控制结构（如图 5-2 所示）。对配电网进行无功电压控制子配电区的划分，并确定配电网内无功电压控制的主要节点作为全局层的控制对象。全局层的控制周期较长，大约为小时级（或半小时），优化目标为综合成本最低，优化对象主要包括配电区域内的传统无功控制设备（电容器、电抗器、具备控制权限的变压器分接头），光伏电站的有功功率、无功功率。

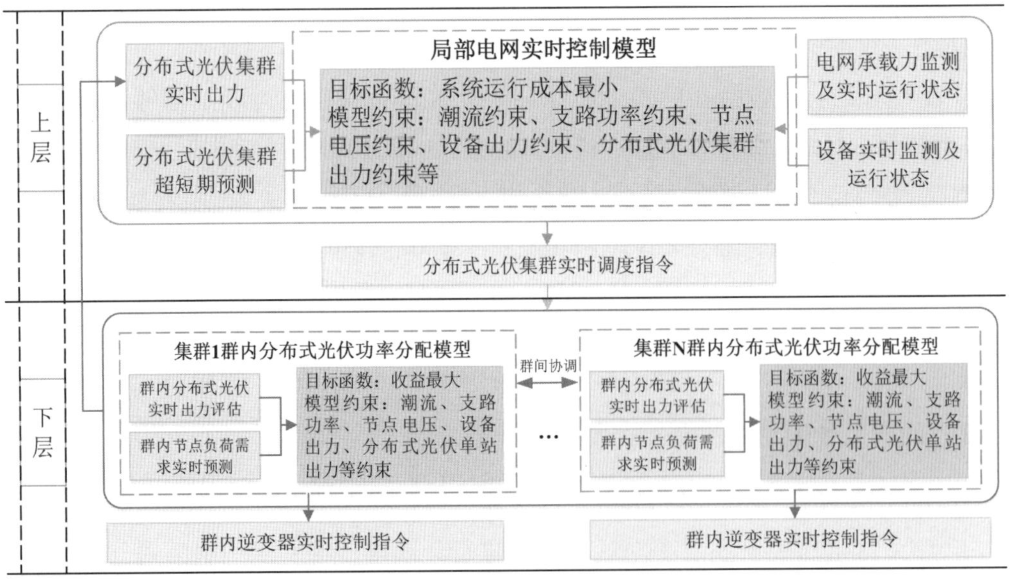

图 5-2　配电网分层分区控制结构图

实时控制层采用分钟级（5 ～ 15 分钟）的控制周期跟踪全局优化结果，主要根据节点电压与有功 - 无功功率的灵敏度矩阵实现对各子配电区的实时控制。控制对象主要包括光伏电站的无功功率（含光伏电站 SVG）、有功功率、柔性负荷。同时下层各配电区域对各厂站上传的储能、可控光伏及负荷信息进行统计，向上层上传运行信息，并响应全局层下发的功率调节指令，向各厂站 EMS 分配并下发功率调节值。子层将主要节点电压控制区域分为允许区间，运行区间及控制区间。下层通过对配电区内的主要节点电压进行监测，当主要节点的电压超出允许区间则根据灵敏度矩阵向各厂站下发控制指令，并向上层上传需其他子配电区域配合的功率调节需求量，进行电压控制。由厂站 EMS 系统协调各设备的运行，实现功率调整，从而将这些主要节点的电压控制在运行区间内。

2. 基于源储荷的区域有功－无功自动控制

基于源储荷的区域有功－无功自动控制技术是以提升系统的综合能源利用效率为主要目标，通过不同能源形式的互补替代实现的，从运行控制模式、清洁能源接入能力的评估方法、柔性负荷需求响应、虚拟发电机与虚拟功率平衡、电动汽车、风险运行平抑与故障自愈等方面综合考虑，结合多分布式光伏与其他分布式电源的协调优化，利用光伏控制策略以及储能充放电灵活调节方法，实现对配电网功率变化的快速响应，强化系统故障处理能力，确保功率均衡，使配电网消纳能力显著提升。

源储荷自动控制关系图如图 5-3 所示，主要有以下功能。

①储能功率吞吐控制。利用逆变器控制策略，用户侧储能可以对配电网功率有效应对，释放电能，对配电网功率变化有效抑制。

②分布式电源功率控制。通过分布式电源使本地功率保持均衡，使配电网消纳能力显著提升。

③负荷减载控制。通过可控柔性负荷，使调节作用有效发挥，从而实现间歇性新能源的就地消纳。

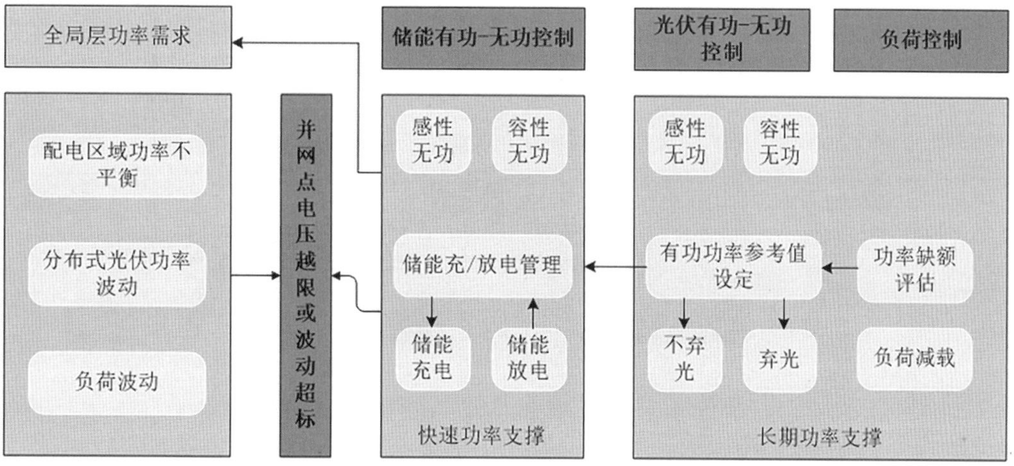

图 5-3　源储荷自动控制关系图

在实施方案方面，利用储能毫秒级响应速度的优势，通过储能变流器控制策略，用户侧储能可以对配电网功率变化立即响应，释放 / 吸收电能以平抑配电网功率波动。

考虑储能系统的容量配置限制导致无法长期释放电能的问题，结合分布式电源逆变器控制，进行长时间尺度优化调控，对有功、无功功率参考值有效调节，使分布式电源出力灵活可调。此外，考虑负荷可控性，通过不同负荷协调消纳，实现分配协同，从而以柔性负荷、分布式电源、用户侧储能相互协调、柔性互补的形式实现功率吞吐配合控制，达到有源配电网自治优化运行的目标。

3. 分布式电源集群划分及群控群调技术

分布式电源群控群调系统部署在调度生产大区 I 区，其总体架构如图 5-4 所示。通过 4G 无线专网和尚未接入调度数据网的 380 伏光伏和部分 10 千伏户用光伏电站进行通信，下发调度控制命令。已接入调度数据网的 10 千伏分布式光伏电站和储能电站利用备用光纤通道传输指令，包括 AVC 调节指令和 AGC 指令两种类型。对部分没有安装站内 AGC 和 AVC 系统的 10 千伏分布式光伏电站，可通过站内 RTU 直接对光伏逆变器下达功率调节指令。

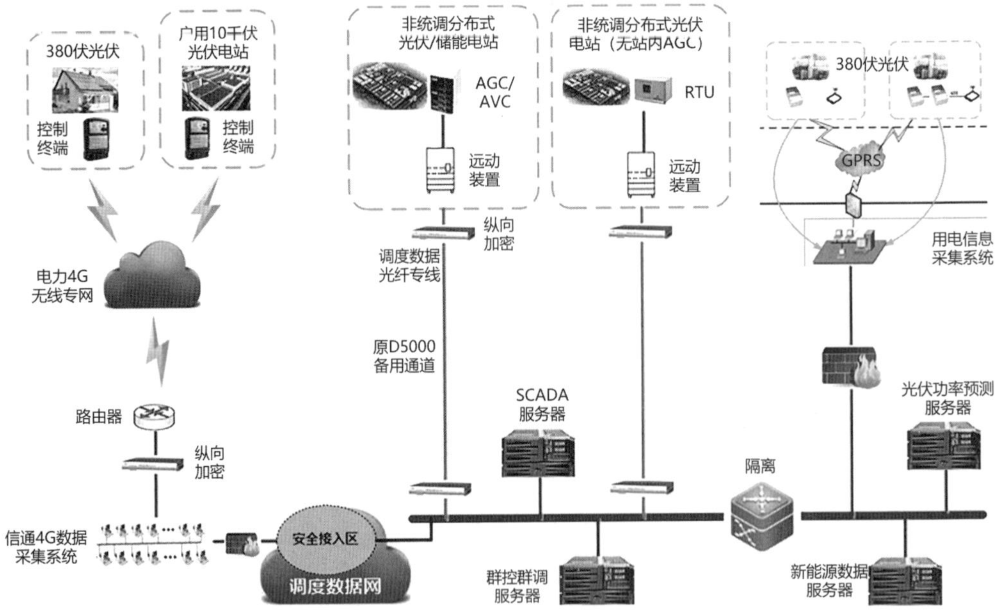

图 5-4　分布式新能源电站集群调控架构图

主站侧部署分布式电源群控群调平台并在用户侧部署逆变器控制终端，主要涵盖地区分布式电源，包括 10 千伏分布式光伏、380 伏光伏、10 千伏储能电站等，信息接入方式包括光纤专线接入和 4G 无线专网接入。主要有以下功能。

①数据采集和处理功能：可以实现对各种模拟量、状态量以及电量数据量等数据

的采集和处理。

②区域分布式电源监控功能：以地区 / 区域为目标，通过曲线、表格等方式展示该区域所辖新能源电站总体运行信息以及实时运行信息。

③区域协调控制功能：根据区域内分布式新能源构成，考虑储能调节作用，形成储能与分布式新能源的协调控制机制，综合控制外特性，参与电网有功及无功电压控制。

④综合分析功能：统计调节控制次数、成功率等，统计累计调节容量，统计不同区域的调节响应特性，包括响应时间等。

5.2.3　分级平衡主配协同运行机制构建方法

1. 面向智慧电网的主配协同运行模式

针对配电网调控运行管控手段技术单一、各系统平台之间存在壁垒、主配协同交互能力不足的问题，搭建具备面向智慧电网的主配协同运行模式的主配协同系统。该系统通过推进配电自动化系统、营销负控平台、微网系统、充电设施系统等多个可调元素接入，达到应急支撑、需求响应等系统功能，能够实现削峰填谷，电网平稳运行。同时，系统平台具备促进电网和电力用户互动能力提升，提高用户参与电网平衡的能力和积极性等功能。主配协同系统主要包括：主配协同安全风险分析、主配协同检修计划编排与校核、主配协同故障处置、新能源建模及动态聚合、主配协同解合环校核等模块功能。

（1）主配协同安全风险分析

通过融合主配电网模型及运行数据，结合负荷预测、新能源预测、发电计划以及外部气象环境等数据，针对设备 N-1、同杆 N-2、调度操作、外部气象灾害等潜在故障，滚动评估当前及未来时段的地区电网的运行风险，包括设备过载、负荷损失、薄弱接线方式、重要用户供电可靠性以及备自投失效等。在评估电网风险水平的基础上，结合风险规则给出评定风险等级，并通过结合负荷转供给出降低风险的辅助决策措施或预想故障预案，实现地区电网事前实时分析、安全性评估和在线辅助决策，提升地区电网运行风险的在线感知和抵御突发风险能力。

主配协同安全校核总体流程包括：电网运行数据获取、主配协同拓扑分析、安全运行分析、主配协同负荷转供和校核分析及展示。主配协同安全校核功能架构如图 5-5 所示。

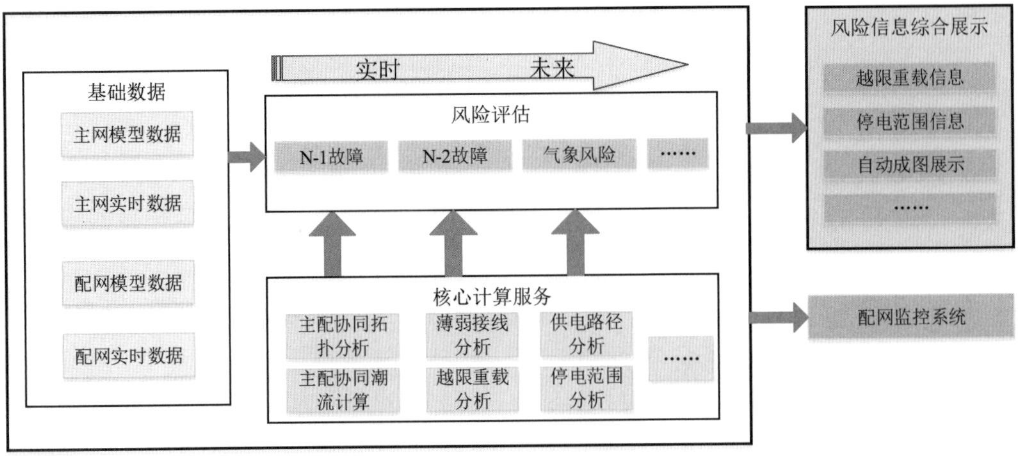

图 5-5　主配协同安全校核功能架构图

（2）主配协同检修计划编排与校核

针对地区电网检修计划编制业务，融合调度管理、主配网调度自动化、供电服务等内外部系统的模型及数据信息，开展 OMS 检修单的自动流转和解析处理。结合历史、实时、未来断面给出检修计划方式调整的辅助决策和检修工作安排的风险评估。针对可能的风险提供负荷转供、检修计划调整等辅助决策，提高对用户的供电可靠性。主配协同检修计划管理场景提供检修计划编制及管理，以及设备停电操作、负荷转供操作、薄弱环节和影响停电用户信息的对外发布，有效提升检修计划编制效率和合理性，消除因检修安排不当引发的电网安全运行隐患。

主配协同检修计划总体流程包括：检修单自动获取、主配协同检修分析、检修风险分析等。主配协同检修计划编排与校核功能架构如图 5-6 所示。

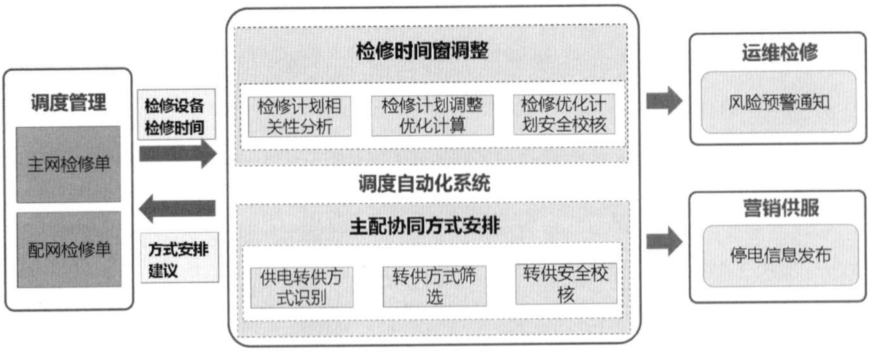

图 5-6　主配协同检修计划编排与校核功能架构图

（3）主配协同故障处置

主配协同故障处置基于综合智能告警故障诊断结果以及主配协同故障分析结果，在线评估故障后主网运行风险以及配网供电风险，实现故障影响的在线分析、可视化展示和主动推送，包括停电范围、薄弱环节以及事件等级，协助调控人员快速掌控事故后的电网停电影响。自动匹配主配协同故障处置预案，结合主配协同故障恢复策略的在线决策，依据故障预案以及故障处置流程，自动引导调度员进行负荷转供、设备复电等处置业务。通过省地协同故障处置场景向省调汇报故障情况，辅助调控人员快速恢复用户供电，缩短停电时长。

主配协同故障处置的整体流程主要包括：主配协同故障影响分析、主配协同故障辅助决策、主配协同故障处置预案等。主配协同故障处置流程如图 5-7 所示。

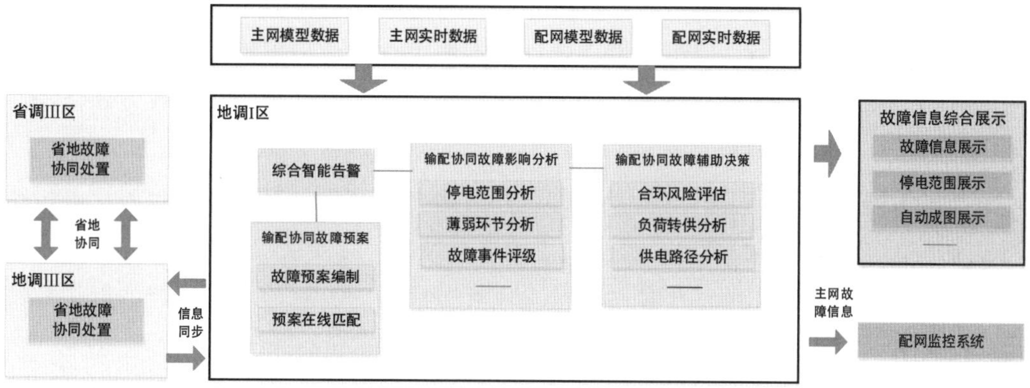

图 5-7　主配协同故障处置流程图

（4）新能源建模及动态聚合

基于新能源并网点信息、主配网模型、运行方式数据及拓扑关联关系，通过拓扑分析建立新能源与主配网关联关系。根据新能源机组类型、实时出力、可调出力、可控状态等信息和动态拓扑分析结果，完成 10 千伏负荷、35 千伏主变、110 千伏主变、220 千伏主变、地区等维度的分层分区动态聚合，为新能源全景监视、负荷母线预测、省地协同新能源控制提供支撑。

（5）主配协同合解环校核

合解环操作风险分析功能针对地区电网指定方式下的合解环操作进行校验分析和风险评估，为负荷转供的安全实施提供了模拟分析工具。通过对合解环设备及其参数的设定，实现环路设备的自动拓扑搜索及合环点稳态电流和冲击电流的量化分析，校验其操作合理性。在合环运行方式下，针对环路设备进行 N-1 故障扫描分析，校验主网 N-1 支持对指定方式下的馈线合解环操作，结合分析结果对该合解环操作进行风险评估。基于实时态、研究态电网模型进行合解环分析，能够实现合解环路径自动搜索。对于模型参数完备，相关量测采集齐全的环路，能够计算合环稳态电流值、合环电流时域特性、合环最大冲击电流值。分析合解环操作对环路上其他设备的影响，提供解合环前后潮流值比较，生成辅助决策方案以及故障对 10 千伏合环馈线的潜在风险。

2. 考虑多源互济的协同优化调控

配电网有源化是新型电力系统在配电网表现突出的特点，如何优化调控配网中的分布式电源、负荷等是需要重点关注的问题。

（1）分布式电源可开放容量在线评估

结合配网实际网架及其相关参数构建配网网架拓扑、配网各节点负荷历史数据建立配网节点负荷需求模型，结合配网中各分布式新能源历史发电与气象数据建立分布式新能源出力模型，以配网网架拓扑、配网节点负荷需求模型和分布式新能源出力模型为基础，设置典型情况下的配网运行场景，供配网分析与承载力评估功能模块使用。

基于配网运行场景下的潮流计算、短路故障分析结果，开展潮流越限、电压越限、短路电流越限等风险评估。得出配电网节点满足对应评估指标要求的分布式新能源可开放容量，取最小值作为该节点的分布式新能源可开放容量，然后依据拓扑结构，从高压至低压、分层分级进行分布式电源可开放容量综合评估。

（2）分布式电源集群控制

为解决传统确定性调控方法对新能源和负荷的强随机性考虑不足难题，构建分布式资源灵活性资源动态聚合装置并开发相关技术，利用灵活性资源设备的预测和实际出力的海量数据与物理模型，评估数据和模型联合驱动的灵活性资源设备出力的不确定性模型和边界条件。

面向分层调控需求的灵活性资源动态聚合装置主要有以下功能。

①分布式电源动态监测模块。对集群内的分布式电源预测数据、运行状态、模型参数等进行动态监测，评估分布式电源能量约束、爬坡约束等动态运行特征。

②分布式电源分群分组管理模块。对集群内的分布式电源进行分组管理，根据分布式电源分布特征和动态运行特征，实现分布式电源组合管理，形成分布式电源聚合对象。

③分布式电源可调范围聚合模块。基于分布式电源预测误差分析，拟合预测误差概率密度，将概率性约束转化为给定置信度下的确定性约束条件，由所有的灵活性

资源约束组成高维的原始多面体，通过边界压缩算法，得到边界收缩后的多面体，即可控性评估的结果，最终形成等效发电机和储能模型，以及聚合后分布式电源可调范围。

④分布式电源有功约束聚合模块。根据收缩后的多面体边界，输出分布式电源有功约束聚合结果，并为分布式电源集群控制提供模型输入。

（3）负荷侧资源管理

在主配协同一体的配网调度系统中增加相关功能，从多样性、灵活性、协同性等方面优化完善运行调控手段，用新的方法和工具进行柔性负荷调控。基于调控云中的电网模型及运行数据，整合大用户、电动汽车、智能商业楼宇、负荷聚合商等各类柔性负荷资源，充分展示各类泛在柔性资源参与电网需求响应情况。柔性负荷协同调控平台应用架构如图 5-8 所示。

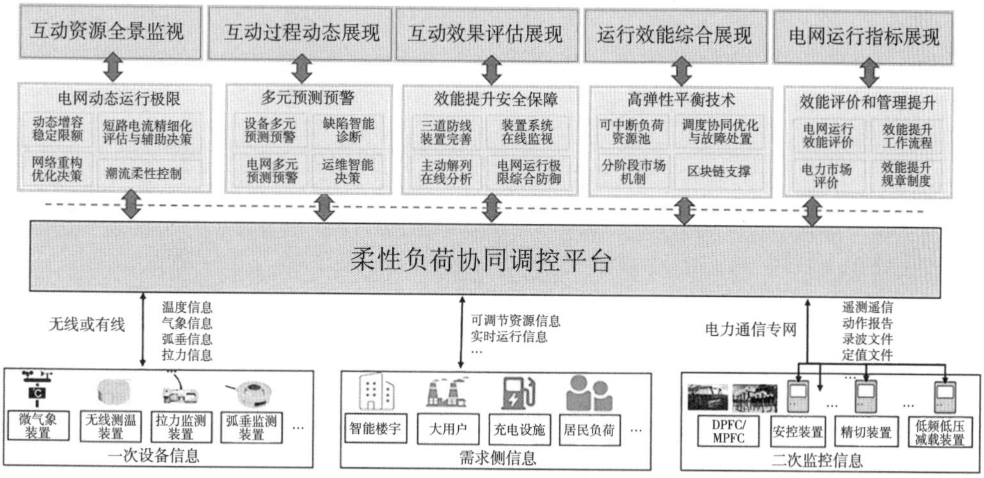

图 5-8　柔性负荷协同调控平台应用架构图

利用该平台提供的模型、数据、展示等微服务及微应用，将产生的模型、运行等结果数据同步传回云平台，对外可提供负荷资源在线监测、负荷参与市场响应、负荷智能转供、考虑负荷的风险评估、负荷协同调控等服务。在柔性负荷不同应用场景下，通过平台实施柔性负荷精准、可靠且有效的调整措施，从而实现柔性负荷资源调节的“全业务信息感知、全系统协同控制、全过程在线决策、全时空优化平衡、全方位负荷调度”，支撑发用电平衡源荷互动一体化控制，有效提升大电网安全运行能力。

5.3 适应有源配电网发展的调控运行相关建议

5.3.1 构建“台区－线路－分区”分层分区全景观测体系

配电网源网荷储资源全面感知是应用基础，建议根据“台区（用户）级－线路级－分区级”三层核心控制系统，结合电网和电源资源的不同，采用分层分区感知架构。各层资源按照配电网生产体系管理范围实现分层接入，实现对配电网的全感知，加强主配网可控、可调能力，进一步提高配电网运行透明化水平。

台区级层面，推进配变信息全面感知。公变通过融合终端汇集公变运行信息及低压居民光伏、充电桩和台区侧设备等信息。专变通过专变智能终端汇集专变运行信息，实现配变信息全面感知。全景观测新型有源透明配电网数字化调度管理系统。

线路级层面，推进配网网架全面感知。加快 DTU、三遥智能开关以及分路负控改造，推进 10/20 千伏、380 伏电源点直采工作，在配电自动化系统 I 区，汇聚新能源、网架可控开关、储能等线路级资源。

区域级层面，推进配网可调资源全面感知。依托和调度自动化主站系统主配协同，汇聚 35 千伏及以上新能源站、变电站设备信息等资源，实现配电网资源全景感知。

在主站端，要贯通主配网自动化主站系统功能。在终端接入应用上，采用“融合终端＋用采终端＋配电终端”模式。通道上，以光纤专网、4G/5G 公网通道为主，对各类业务终端均衡覆盖。全面提升配电网运行透明感知能力，配网主站各系统之间实现全面贯通，升级终端应用模式，优化通信方式，构建全景观测新型有源透明配电网。全景观测新型有源透明配电网总体架构如图 5-9 所示。

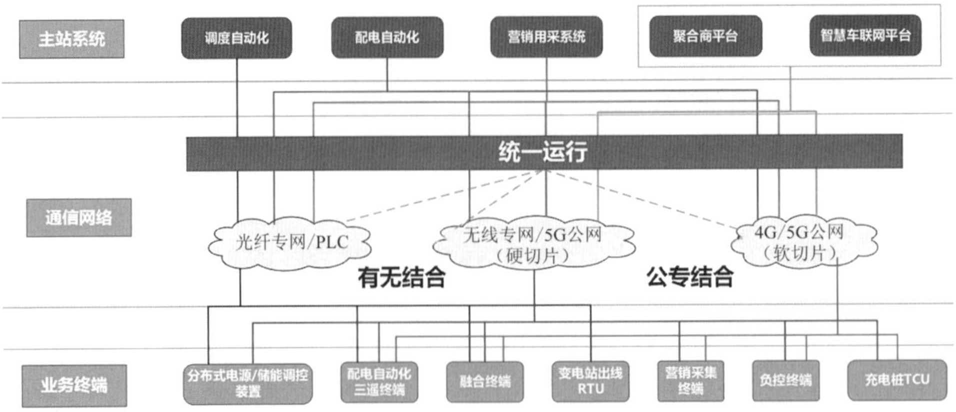

图 5-9 全景观测新型有源透明配电网总体架构图

5.3.2　推动配电网源网荷储柔性控制建设

柔性控制指通过源网荷储四侧主动参与电网调整，缓解电力供需矛盾，提升用户用电体验。在电源侧将随机的“不可用源”转变为可调可控的“可用源”；在网架侧通过配电自动化改造提升配电自动化覆盖率；完善配网分布式电源，在负荷侧挖掘用户侧弹性负荷；在储能侧聚合配网储能可调节资源，增强电网柔性控制能力。

台区级，实现供电最小单元柔性可调。通过融合终端调控应用终端边缘计算能力，实现低压台区逆变器、有载调压变压器、无功补偿设备多级无功电压调节，充电桩有序充放电等自主调节功能。

线路级，实现配电网网架柔性可调。以配电自动化系统为控制中心，以专变光伏、储能、可调可控负荷、智能开关为可调资源，以一个标准化联络的线路组环为调节范围，实现线路有功、无功潮流灵活调整。

分区级，实现配电网资源柔性聚合控制。以配电自动化系统为控制中心，以电网侧储能、配网换流站，分布式光伏、储能聚合体、营销侧三级需求响应聚合体等为可调资源，以一个区域内的变电站为调节范围，开展配电网资源柔性聚合控制。

开展分布式新能源、储能与集中式新能源同质化管理，贯通调度自动化系统、新型负荷管理系统及配电自动化系统，将分布式新能源及配网负荷纳入安全自动控制资源。全面提升配电网运行灵活控制能力，深度挖掘配网各类可控资源，构建柔性控制新型有源灵活配电网。

5.3.3　完善主配协同运行机制建设及智能应用

建立配网“日常运行－故障恢复－缺口支撑”三态评估模型，建立“一态一策”应对机制，完成资源调节能力按三态差异化评估量化，实现资源调用按层级配置、按状态调控。在调度自动化系统、配电自动化系统生产控制大区数据高效交互的基础上，利用人工智能技术，开展支撑电压管理、经济运行、故障隔离、供电缺口等高级功能的开发，将有源配电网海量资源按照台区级、线路级、区域级进行聚合，实现经济运行、故障自愈和应急支撑等目标，实现主配高效智能互动。

基于调控云平台部署适应新型电力系统的调度智慧平台，在 PAAS 层增加配网模型管理、配网电子接线图、配网潮流计算等功能，在 SAAS 层增加配电网调度的智能方式安排、网络化下令、经济调度、负荷预测、调度计划、检修计划、定值整定等功能（如图 5-10 所示）。在调控云已有的数据基础上，融通调度、运检、营销及保护等数据，利用大数据分析、云计算以及人工智能等新型技术，对电网运行信息智能监视，实现机器替代人工信息优化筛选，智能筛选监视告警信号，生成综合告警事件，形成监视报告，优化告警上窗，减轻监盘压力。通过电网事件智能处置、调度操作协同控制、人机智能交互等智慧协调处置功能，辅助调控员进行调控核心业务处置。

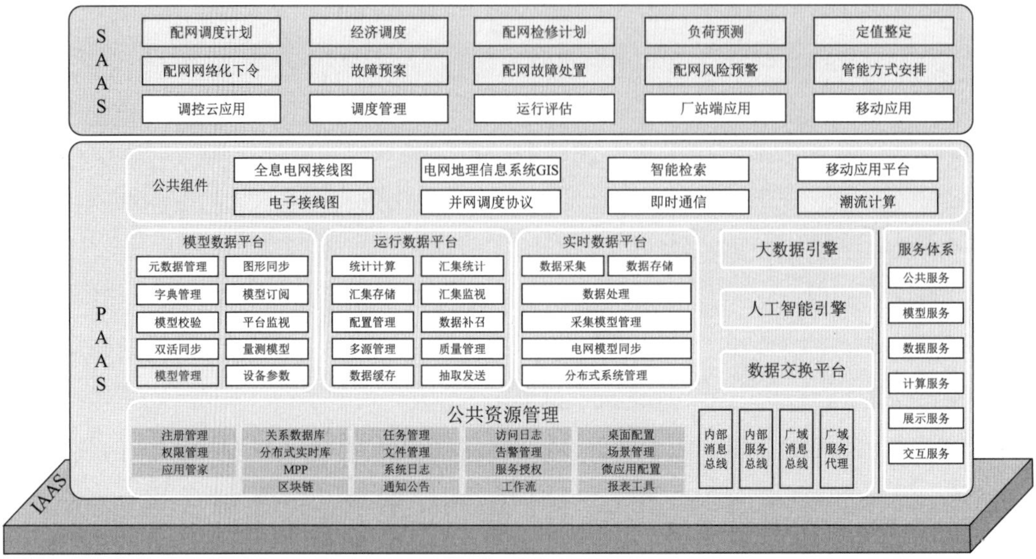

图 5-10　主配协同新型有源配电网调度智慧平台

5.4　基于调控云的非统调电厂数智化管理平台应用

为适应电网一体化运行特征，衢州电网以电网运行和调控管理业务需求为导向，依托大数据、云计算和移动互联网等技术，基于“资源虚拟化、数据标准化、应用服务化”的调控云平台，搭建非统调电厂数智化管理平台，实现用移动终端打通电网和非统调电厂间业务管理网络壁垒，为非统调电厂的精益化调度管理提供了新的思路。形成“共享、智能、安全、开放”的电力生态，通过数字化、网络化、智能化为电网赋值、赋能、赋智，对地方电源挖潜聚能，实现电力保供。

5.4.1　数智化管理平台系统架构

采用移动端 + 云端的方法，移动端依托 i 国网移动 APP，内网端依托调控云平台，建立单独功能模块“非统调电厂管理平台”，并以应用组建的方式集成到新一代调度管理系统。在调控云和 i 国网平台上进行非统调电厂的电厂人员管理、电厂运行管理、安全评价管理、信息发布等。

系统部署在省调Ⅲ区、信息内网和互联网大区。信息内网和信息外网分别部署和 i 国网交互的数据服务。信息内网部署两台应用服务器，互联网大区部署两台应用服务器，信息外网部署两台应用服务器。系统部署构架图及内外网信息交互架构如图 5-11 所示。

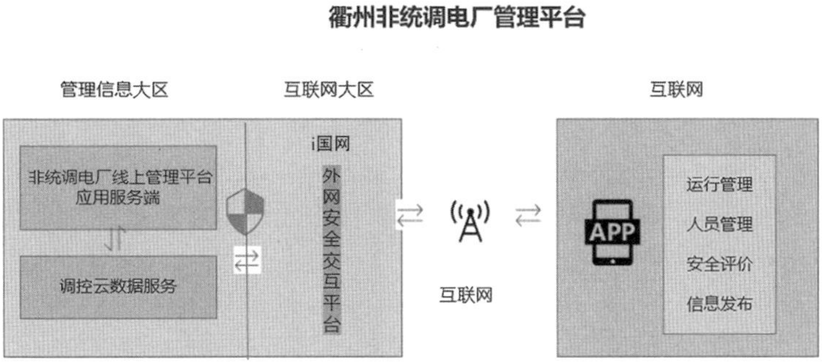

图 5-11　非统调电厂管理平台系统部署构架图

非统调电厂管理平台将一个大型应用根据功能拆成很多个小应用，然后通过微应用架构把多个小应用集成到一起形成一个大型应用（如图 5-12 所示）。其优点体现为每个微应用完全可以独立开发、部署、升级，基于 QT 技术开发承载微应用的移动端容器，按照所需即所得思想将微应用发布部署在服务端，容器按照不同需求将所需应用远程加载至移动端从而实现单个微应用的热部署热发布，相互之间不会产生直接的影响，同时可避免每次全量更换整个应用。基于此架构，即使一个微应用崩溃，也不会影响其他微应用正常使用。

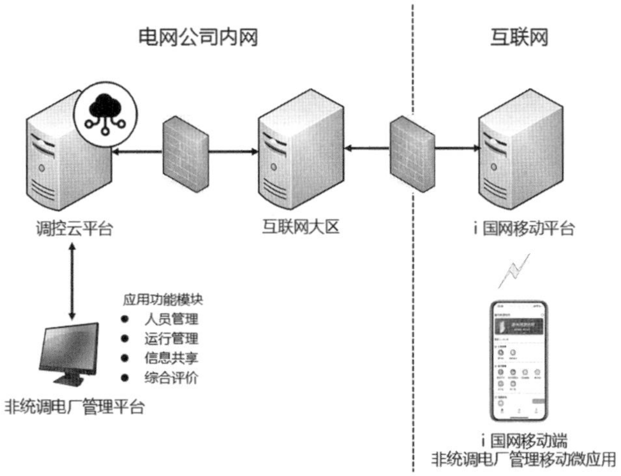

图 5-12　基于调控云与 i 国网平台的内外网信息交互架构图

设计器页面设计可实现页面导出及页面资源导出，目的是实现客户端远程浏览页面。非统调电厂管理平台的应用构架如图 5-13 所示。

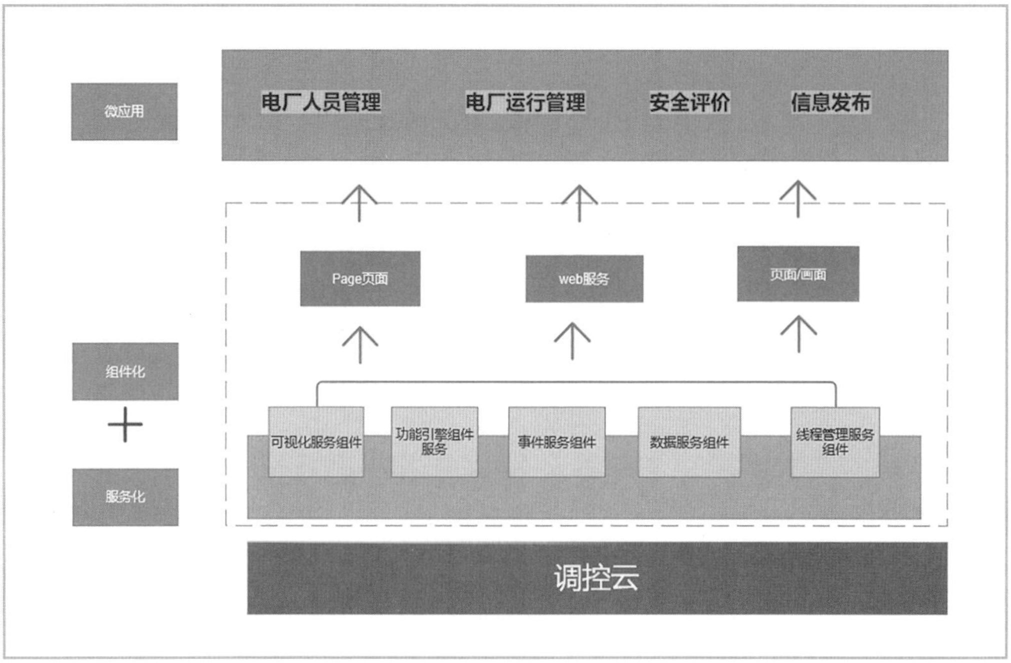

图 5-13　非统调电厂管理平台的应用构架图

5.4.2　数智化管理平台功能模块

1. 非统调电源备用资源可视化展示

通过非统调电厂管理平台集成调控云地方电源机组模型与实时运行数据。一是汇总地方非统调电厂发电类型、并网电压等级、机组额定装机、实时出力、检修状态等数据，实现非统调机组备用资源可视化展示。二是针对不同类型机组可调资源计算方式的差异问题，按发电类型对备用资源进行划分，将光伏、风电等出力不稳定，难以调控的新能源作为不可调节电源。三是综合分析机组的检修情况，对一次能源储备进行可调用容量的数据修正，帮助电网调控人员掌握全网电源运行状况，辅助电力保供时期机组顶峰决策。

2. 推行非统调电源地县一体集群调度管理

非统调电厂管理平台面向地县两级调度机构，10 千伏（20 千伏）～ 110 千伏电压等级，水电、火电、光伏、储能各种发电类型，接入地方非统调电厂。由地市级电网公司调度机构负责在电力保供期间统一执行地方非统调电厂机组顶峰保供工作，接管县配调备用机组开机顶峰调度职责，实现非统调电源地县一体集群调度管理。该方式可有效压缩电力保供期间因地县调沟通时延，避免因指令多级传达造成的机组顶峰滞后问题，最大限度快速释放机组发电潜能，实现机组出力释放提速，顶峰资源倍增。

3. 非统调电源顶峰指令一键群发

依托非统调电厂管理平台，在地县非统调电源一体化管理，备用资源实时测算、可视化展示的基础上，结合平台控制指令一键群发功能。聚合以地方小水电为主力的非统调机组发电能力。一是当电网出现负荷缺口时，由调度员通过非统调电厂管理平台向所辖区域内指定电厂 i 国网移动端批量发送备用机组开机顶峰指令，以消息推送、短信、电话语音三种方式提醒电站值班员接受指令。电站值班员通过人脸识别、地理定位等安全校验后，签收指令，同步开出备用机组。系统可根据各电站出力变化，自动跟踪指令执行进度并完成校验。通过备用资源实时监视、顶峰指令批量下发、执行进度自动校验，聚合非统调电源的顶峰能力，实现全域机组集群调度，分钟级响应。二是将衢州电网地县两级调度机构共 44 座水电站，27.36 万千瓦水电机组纳入一键群发控制，由地调人员进行直接调度。通过调控云实时采集所有电站的机组出力、备用容量、运行或检修状态，由系统测算整体实时可调容量后在平台网页端进行可视化展示，可在 10 分钟内快速挖掘约 20 万千瓦的水电顶峰能力。

4. 开展非统调电源流域水电优化调度

以服务电厂发电效能、顶峰效能提升为目标，积极拓展网源信息共享、电厂间信息共享。针对库容水电站与径流水电站，基于水电站水域关联特性，梳理各水电站水文信息、流域信息、气象信息、梯级关系等关键数据，形成流域模型，实现流域内上下游水电站电气、水文、检修、故障信息共享，实现同流域水电综合调度管理。在库容水位较低的无雨期安排库容电站及下辖流域电站的检修计划，结合电网检修计划安排，实现一停多用，同步管理流域发电计划。同时，由调度机构牵头，通过年度计划平衡会平衡电网检修和电站发电年度计划，确定检修窗口期。通过数据共享，对采集到的各类数据进行挖掘分析，为水电优化调度奠定基础。一方面协调检修和发电矛盾，避免弃光弃水，另一方面充分利用非统调电源，以之作为电源支撑，提升水资源利用效率，提升保供时期局部电网供电能力。

5.4.3　非统调电源管理实施成效

1. 聚能保供机组顶峰能力大幅提升

实施非统调电源数智化调度管理，依托非统调电源管理平台，已实现覆盖衢州地区火电、水电、光伏共85座非统调电厂，实现地县两级调控机构管辖非统调电厂的数字化、智能化、规范化管理。应用控制指令一键群发功能，实行数字化、网络化、集群化新调度，聚合分散机组发电能力，实现备用机组可调资源的直观展示、批量调节、分钟级响应。衢州电网枯水期最大可挖掘20万千瓦水电顶峰能力，响应时间可压缩至10分钟以内。2022年迎峰度夏电力保供期间，衢州电网实现机组集群顶峰出力7次，平均挖潜出力10万千瓦，平均响应时间压缩至8分钟。实施非统调电源管理全面提升了电网可调容量与调节效率，实现了电力保供从大电源向分布式、从离散向聚合挖潜转变。

2. 地方电源安全管理成效显著提高

通过实施数智化调度管理体系建设，实现电厂管理人员、值班人员的生产档案、业务权限、运行值班资质管理全覆盖。当班调度员可以通过值班信息实时掌握调度对象的在岗情况、接令资质、技能水平等综合信息，提高调度员对非统调电源安全风险的感知度。已实现覆盖衢州电网85家地方非统调电厂，413名电厂管理、值班人员的安全管控。截至2022年12月，衢州公司电网调度安全生产和电力保供总体平稳，实现售电量163.35亿千瓦时、同比增长15.98%，营业收入94.02亿元、同比增长16.13%，利润1.68亿元。

3. 电源调度管理服务水平明显提升

通过数字化手段服务地方非统调电厂调度管理转型升级，从单一线下模式向线上线下齐抓共管、线上线下良性互动转变，从粗放式管理向精益化管理转变，实现所辖地方非统调电厂智能化设备100%覆盖，电力和水情数据100%采集，直调小水电开停机100%可控、水电资源100%可用，调度服务满意率100%。非统调电厂操作运行、资料报送、开停机申请、安全管理等核心业务的线上全流程流转，辅以线下针对性靶向提升管理，免去了之前烦琐的业务申报方式，压缩了业务审核的等待时间，基本实现当日申请当日审批完结，实现业务办理“一次都不跑”。大幅减少电话联系，以衢州地区每日机组开停机申请业务为例，丰水期每天可减少60余次电话联系；生产业务填报时长由5分钟压缩至1分钟。值班员资格认证由线下转为线上，不再受时间空间限制。减少调度员机械性重复劳动，提升工作效率，可将其主要精力聚焦至保障电网安全稳定运行。

【参考资料】

[1] 冯健聪. 配网调度自动化自愈系统的设计与实现［J］. 机电信息，2023，（09）：15-18.

[2] 刘佳，罗惠雄，张小华，等. 考虑停电损失及可中断负荷的有源配网鲁棒孤岛划分策略［J］. 电力科学与技术学报，2023，38（02）：141-149.

[3] 石磊. 配网调度网络发令模式的应用与实践［J］. 光源与照明，2023，（02）：195-197.

[4] 步天龙，寇汉鹏，李迪，等. 含储能有源配网的经济调度与协同优化［J］. 现代电力，2024，41（03）.

[5] 郭上华，王钢. 融合FTU和配变告警信息的有源配网故障定位方法［J］. 电力系统保护与控制，2022，50（22）：92-99.

[6] 张文军，胡浩，易善军，等. 基于多能源协调响应的配网动态优化调度模型［J］. 可再生能源，2022，40（05）：683-689.

[7] 梁毅，熊文，林文硕，等. 基于移动应用的智能配网调度视频及图像感知系统设计［J］. 自动化技术与应用，2022，41（01）：176-181.

[8] 夏小艳. 电力配网调度管理和技术分析［J］. 甘肃科技纵横，2021，50（11）：4-7.

[9] 钟昱炜. 配网集群化调度组织模式探索与分析［A］. 福建省电机工程学会. 福建省电机工程学会2020年学术年会获奖论文集（下册）［C］. 福建省电机工程学会，2021：261-264.

[10] 钟超. 多元融合高弹性电网环境下配网调度管理标准创新性研究［A］. 中国标准化协会. 第十八届中国标准化论坛论文集［C］. 中国标准化协会，2021：863-867.

[11] 吴龙腾，董锴，杨民京，等. 基于配调集约化的配网调度运行管理提升［J］. 电工技术，2021，（08）：122-123+126.

[12] 段穰达. 有源配网后评价指标体系及其综合评价方法［J］. 发电技术，2021，42（01）：86-93.

[13] 杨欣. 基于数据驱动的主动配电网日负荷曲线分析预测与优化调节方法研究［D］. 天津大学，2020.

[14] 杨德宇. 基于Java的图形化配网调度运行管理系统设计与实现［D］. 电子科技大学，2020.

[15] 王子璇，马啸，杨勇，等. 计及不可测分支负荷电源助增效应的有源配网幅值差动保护新判据［J］. 中国电机工程学报，2020，40（S1）：56-68.

[16] 梁宇能. 浅析配网调度运行故障分析与处理［J］. 新型工业化，2020，10（02）：24-26.

[17] 卫才猛，陈锦鹏，何奕枫，等. 分布式电源接入对配网过电流保护的影响［J］. 云南电力技术，2020，48（01）：32-37.

第6章

面向“安全－经济－低碳－能效”的电网理想调度

6.1 电网理想调度基本理念与实践基础

“理想调度”是由美国 PJM 在 2007 年提出的一种电网运行评估方法，所谓理想调度，就是基于历史数据和假设条件，以最小化发电成本为目标生成机组最优组合并满足安全约束的经济调度方案，还要通过对比实际运行和“理想调度”之间的差距，对前一天 24 个小时进行“再调度”和“反思”。

从数学角度来说，理想调度可以用优化模型来描述：基于实际的负荷数据、区域间交换电力 / 电量、系统拓扑结构及潮流约束等，在具有充分决策和控制权限情况下，以基于报价的总的发电成本最小为目标函数，生成发电机组技术约束和系统安全约束下系统总发电成本最小的最优调度方案。该方案以三个假设为基础：一是系统运行条件已知，包括负荷需求、新能源机组出力、网络拓扑结构、机组性能参数、区域间交换电力 / 电量和输电线路功率极限等；二是机组报价已知；三是发电机组能够按照所申报的爬坡速率理想地响应发电调度信号。尽管该调度方案是假设的，但理想调度方案可以作为衡量实时电网运行效率和系统调度性能的客观基准。

在系统实际运行过程中，调度员的调度可能受到一些限制，使实际调度方案与理想调度方案总存在一定的偏差。因为系统运行的经济性存在改进的空间，所以通过分析实际运行结果与理想调度方案间的差异来制定改善系统运行的措施就显得尤为重要，即通过理想调度向实时调度反馈意见不断改善系统调度和市场运营。基于理想调度的评估基本流程如图 6-1 所示。

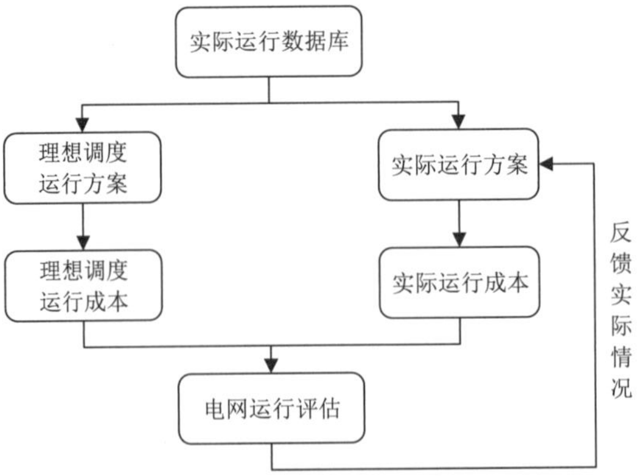

图 6-1　基于理想调度的评估基本流程示意图

理想调度主要包括四个基本步骤。

①通过离线软件系统回溯前一天24个小时系统的运行情况，有针对性地设计理想调度方案。

②计算理想调度方案对应的参数和指标和实际运行情况下的参数和指标。

③比较理想调度方案和实际运行情况的计算结果差异，并分析导致该差异的关键原因。

④修正系统运行的经济方案，为调度部门提供反馈意见。

结合浙江电网的实际情况，在PJM理想调度的基础上构建理想调度体系的目的在于打通“安全－经济－低碳－能效”四指标，实现一体化理想调度，具体为针对电网多应用场景，对系统运行关键特征及指标在安全、经济、碳排、能效等四个维度进行分解。

安全维度包括两个方面，一方面，电网调度过程中需要满足正常工作状态下的安全约束，避免系统在基态运行下出现线路潮流过载和母线电压越限等不安全现象；另一方面，应考虑电网实际运行中的风险调度，即在安全约束的基础上，根据电网实际运行情况，在给定负荷预测、网络拓扑和预想故障集的情况下，将相应的风险纳入调度模型中，代替确定性预想事故，寻求使系统总的发电成本最小且运行风险可容忍的发电调度方案。经济维度即考虑调度所需最低的发电成本，保证对用户可靠供电，并在满足安全和电能质量要求的条件下，合理利用能源和设备，尽可能提高运行经济性。低碳维度即考虑发电所需的碳排放量，优先选用清洁能源和低碳能源进行电网调度。能效维度即考虑调度方案的合理性和高效性，基于日前数据与实际调度数据的差距进行影响因素查找并修正，不断滚动减小二者差距，实现高能效调度。

基于大数据与人工智能等技术，建立大电网安全、经济、低碳、能效四个维度的关键运行指标时间序列模型，包括电网频率、发电机功角轨迹、负荷曲线、碳排放曲线、运行成本曲线等，从而掌握电网安全、经济、低碳、能效多维度的态势特征。在此基础上，结合专家经验、灵敏度分析、统计分析等多种方法，对各电网运行态势特征进行筛选和降维处理，仅保留对电网安全、经济、低碳、能效影响较大的关键特征，建立面向“安全－经济－低碳－能效”的电网调度方案的评估体系。这有助于电网调度实现安全、经济、低碳、能效四个目标，并融合省内省间电力市场、源网荷储等多维要素，构建双碳目标下的理想调度方案。

各国都有相应的理想调度的实践基础，欧美在大电网“安全－经济－低碳－能效”全过程智慧调度方面的研究颇有成果，其中以美国PJM电力市场理想调度发展最为成熟。下文以介绍发展最成熟的美国PJM电力市场理想调度体系作为引入，详细介绍面向“安全-经济-低碳-能效”的理想调度关键技术。

美国PJM电力市场理想调度采用经典的经济调度模型，将理想调度用于事后评估电网是否运行在效率最高的调度方式下，并以从理想调度中获得的潜在节约购电成本值作为评价标准。公司在每天早晨运行理想调度系统，根据前日的实际负荷、联络线交换功率、电网拓扑结构和线路容量约束，重现前日的电网调度运行状态。评估多基于人工经验和定性评估，从总体上评估电力调度的运行效益。自2008年启动理想调度以来，截至2013年2月，PJM互联交易公司在生产成本方面节省了约6.21亿美元。除了生产成本的节省，理想调度倡议还为PJM的成员带来了其他重要的好处，包括减少发电机组排放、更有效地利用发电资源，以及减少设备的磨损。PJM理想调度具有以下鲜明特色：理想调度的运作是以健全的市场机制为基础的；理想调度的数据是基于若干假设得到的，以此作为衡量实际运行状态与期望的最优运行状态之间差距的参照基准；理想调度的思路决定了其只能是一种离线模式。随着新型电力系统发展，电网运行的复杂程度和不确定因素增加，传统的PJM理想调度评估方法缺少精细化分析工具并未对不同因素进行区分辨识，基于人工经验的分析结果缺少针对性，可信度不足。

国内也于2009年开始对大电网理想调度进行研究。2009年至2011年，南瑞集团应用理想调度理论开发了调度大计划支撑软件，首次提出机组状态多胞形的分离不等式分析方法和安全约束机组组合两阶段求解算法，大幅提升了大电网安全约束机组组合的计算效率，实现了调度计划优化计算与静态安全校核的分解协调和闭环迭代，计算速度和稳定性可满足大规模电网上线应用的要求。同时，该软件基于实际电网运行数据的事后理想计划分析方法，量化评估理想调度的优化空间、优化模型的合理性及有效性，并提出以负荷供应充裕度和发电损失为指标的检修计划量化评估与优化方法，可指导多级调度之间检修计划的协调运作。除此之外，基于专家系统的多角度规则库数据管控技术和安全校核后评估分析指标，建立了专业协作运维保障和后评估工作机制，实现了网省两级调度计划的协调优化。2011年，该软件应用于华东电网（全球单一国家内最大的区域电网），替代了从国外ABB公司引进的MOS系统，之后逐步推广到华北、西北等区域电网及十几个省级电网（占国内半数市场份额），不仅摆脱了对国外产品的依赖，还首次实现了国产调度计划产品在海外市场的应用（苏丹等地）。

综上所述，面向“安全-经济-低碳-能效”的电网理想调度是一种基于日前历史数据，以电网安全稳定运行为导向，提出经济性效益最佳的调控预案，并进行事后评估，根据实际运行状态与理想运行状态的差距追溯影响因素并修正，具有自适应自趋优自评估优势的调度技术。同时，理想调度的评估是对整个电网运行综合水平的评估，在“安全－经济－低碳－能效”的评估体系中寻找具体影响因素。与传统的调度评估相比，理想调度的亮点在于通过对历史场景的“反演”，给出一套满足安全约束的机组最优组合和经济调度方案，即实际系统运行效益的“天花板”。通过比较实际运行水平与“天花板”之间的距离，可量化分析实际电网运行的效益情况与工作水平，进而计算改进实际电网运行业务中存在的不足，提升调度水平。

本章针对构建省域电网运行理想调度体系面临的问题，首先介绍相关关键技术，包括态势感知及运行边界预测、多目标运行裕度优化、调度后评估和全过程智慧调度体系。其次给出了三条相关建议，一是提高电网运行边界的预测精度，二是完善电网运行成效的评估和管理，三是建立电网运行全过程智慧调度平台。最后介绍了多目标理想调度评价指标在浙江金华的落地实践和考虑安全约束的燃机智能优化调度应用。期望通过对相关关键问题和核心技术的初步探讨，可以为省域新型电力系统的理想调度体系构建提供思路和启发。

6.2　面向“安全－经济－低碳－能效”的理想调度关键技术

6.2.1　电网运行态势感知及边界条件预测技术

源荷双侧的不确定性已经在相当程度上影响了调度计划和运行决策，日前负荷和新能源预测偏差，以及基于该预测的机组组合及受电计划会压减电网运行可行域，应根据电网运行的安全－经济－低碳－能效目标，做好负荷和新能源预测等电网运行态势感知基础性工作，确定碳排、电力电量等在日前的更清晰准确的边界条件，提升理想调度优化的空间。具体包括以下关键技术。

1. 新能源功率预测数据－物理驱动融合模型

新能源功率预测是一项降低新能源出力随机性不利影响的关键技术，一般基于气象预报数据、新能源功率数据和气象观测数据等动态数据，结合新能源场站位置和设备参数等信息进行建模，预测未来一段时间内新能源的出力变化趋势，能够有力支撑电网调度、检修计划，安稳分析，新能源消纳分析等多项业务开展。风力发电和光伏发电作为两种最具代表性的新能源，其波动性和随机性给电网安全和新能源消纳带来了重大挑战。近年来，大数据技术和以深度学习、强化学习为代表的新一代人工智能技术在新能源功率预测方面的应用仍有方兴未艾之势。

新能源功率预测可按照不同维度进行分类，按照时间尺度可分为超短期、短期、中长期预测；按照空间尺度可分为单机预测、单场站预测、区域预测；按预测结果可分为点预测、概率预测、事件预测；按照建模方法可分为物理建模方法、时间序列建模方法、基于机器学习和深度学习等人工智能技术的建模方法。受多种因素影响，采用单一的预测模型对新能源功率进行预测，可能在某些场景下产生较大误差。为了更好地利用不同模型的优势，综合利用多种预测模型构建组合预测模型，能够有效克服单一预测模型的局限，降低预测误差的出现概率。新能源功率预测模型按照机理可分为物理模型和基于数据驱动的模型。按照组合方式的不同，组合预测模型可分为数据驱动组合模型和数据－物理驱动融合模型。

数据－物理驱动的组合模型同时利用物理模型和数据驱动模型对新能源功率预测，已有研究一般将物理模型的预测结果作为基于数据驱动模型的输入变量。文献［1］提出了一种基于人工神经网络和光伏电站晴空曲线的物理混合人工神经网络方法。首先利用光伏电站的经纬度，太阳能电池板的倾斜角、方位角等参数构建光伏电站晴空模型，得到无云情况下的太阳辐照度。然后将计算得到的辐照度和数值天气预报数据一同作为神经网络的输入变量，进而得到光伏功率的预测值。在新能源功率事件预测中，需要对一段时间窗口内的新能源功率进行预测，通过功率升降的变化率判断是否属于爬坡事件。考虑到仅利用历史数据的统计模型在较短的时间内预测精度高，但随着预测时间的增加，精度将明显下降，而引入数值天气预报系统数据的物理方法，可以在相对较长的时间里具有较好的性能。因此，文献［2］的研究利用物理模型预测得到长期的气象预报数据，在此基础上，利用统计模型完成对未来一段时间内风电功率爬坡事件的预测。关于数据－物理驱动组合预测模型的研究相对较少，大多数学者重点关注数据驱动融合模型。数据－物理驱动模型可以同时兼顾物理模型对预测机理的可解释性，以及数据驱动模型预测的准确性和快速性，具有较好的研究和应用价值。

2. 负荷功率时空关联预测模型

变电站（母线）或馈线级负荷预测通常指预测由变电站的主变压器供给一个相对较小区域的终端负荷的总和，包括居民负荷、商业负荷、工业负荷和农业负荷，其预测准确性能够直接影响电网公司对调度计划、系统运行方式的优化决策。

按照时间尺度，变电站（母线）或馈线级负荷预测可分为中长期预测和短期 / 超短期预测。变电站或馈线级中长期负荷预测涉及的影响因素众多，且需要长时间尺度的数据支撑模型构建，因此往往容易遇到历史数据匮乏导致预测精度下降的问题。文献［3］不仅考虑人口、经济、温度、历史负荷等常见影响因素，同时考虑了馈线负荷组成以及新能源与电动车渗透率，进而通过长短期记忆神经网络和门控循环单元神经网络预测配电馈线的长期负荷。文献［4］针对历史数据匮乏的问题，通过生成对抗网络学习负荷数据的空间分布规律，以达到数据增强的目的，将循环神经网络、卷积神经网络分别作为生成器与判别器，并建立预测模型，对历史负荷数据和增强后的数据进行深度挖掘。

精确的变电站或馈线级短期 / 超短期负荷预测有助于更加合理地安排日前与日内电力调度计划。相比于中长期预测，短期 / 超短期预测的波动性和随机性更强，预测难度更大，并且变电站开关的复杂切换造成负荷的急剧变化也是该场景下预测的主要难点之一。文献［5］提出一种分层级的变电站与馈线级负荷预测方法。该方法对根节点使用小波神经网络进行预测，并对子节点采用基于距离的方法判断节点是否异常。其中，应用统计方法预测正常节点，应用小波神经网络预测异常节点。为增强非线性负荷序列的回归能力，文献［6］采用一种新颖的组合预测方法，有机结合 Bagging 和 Boosting 策略提升基于深度信念网络的变电站负荷预测模型的精度。另外，为避免相似日等特征选取问题，文献［7］利用深度信念网络强大的特征关系学习能力建立变电站负荷预测模型，并应用动量优化算法训练神经网络。其中，动量优化算法能够在梯度下降算法的基础上，发挥加速梯度下降的作用。基于图神经网络的负荷时空关联预测方法如图 6-2 所示。

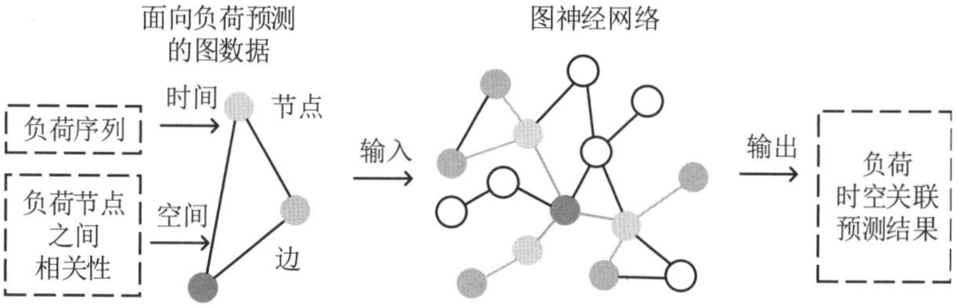

图 6-2　基于图神经网络的负荷时空关联预测方法示意图

图神经网络是一种正在兴起的人工智能方法，能够对图数据进行有效学习，受到广泛的关注与研究。它利用图的边与顶点连接的结构信息以及附属于图结构的属性信息，对隐含的图信息进行挖掘与抽取。同一区域内不同负荷节点共享相同的外部影响因素（如气象条件、地理位置）而存在一定程度的潜在空间相关性，基于图数据的特点与图神经网络的优势，可以考虑将负荷序列等时序数据作为图的顶点信息以表示时间相关性，将负荷节点之间的关联关系作为图的边信息以反映空间相关性，从而构建面向负荷预测的图数据结构，最终通过图神经网络实现负荷预测建模。因此，合理分析区域内各负荷节点之间的时空相关性并构建相应图数据，建立基于图神经网络的负荷预测模型，能够充分挖掘负荷的时空相关性信息，并有效提升预测性能。

3. 碳排放数据监测及动态追踪技术

在低碳环境下，碳减排广泛地影响着电力系统的运行、投资、调度与规划等功能环节。电力系统碳排放主要分析方法可以分为三类：宏观统计法、全生命周期法及碳排放流方法。

宏观统计法的思路最为简单直接，具体步骤为先统计系统中各类化石能源的消耗量，然后结合化石能源的典型排放因子，即可计算得到系统在统计周期内的总碳排放。IPCC 颁布了各类燃料的典型碳排放因子，可用于统计电力系统的宏观碳排放量。宏观统计法简单、实用，可以明确给出系统在一个较长周期内的总碳排放量，多用于国家层面的碳排放统计。但是，该方法没有考虑到电力系统发电的具体技术过程，需要以长周期的燃料消耗统计为数据支撑，难以实现电力系统碳排放的细节分析。

全生命周期法从时间线的角度统计分析电力系统的碳排放，统计口径涵盖能源设施的原材料、生产制造、运行管理、检修维护直到退役报废的全生命周期过程。该方法可以给出能源设施在各个阶段的碳排放明细，分析影响总碳排放的关键因素，指明减排的方向。文献［9］分析了煤电、水电、核电、风电、光伏、光热、碳捕集等各类型发电技术的全生命周期碳排放。与宏观统计法相比，全生命周期法拓展了碳排放计算与分析的时间维度，突破了仅考虑燃料消耗碳排放的局限性。但是，全生命周期法仍然缺乏对电力系统物理特性的考虑，无法明晰碳排放在电力系统中的时空转移机理。

为了分析碳排放的转移网络，打通生产侧与消费侧的中间环节，厘清碳排放责任，碳排放流分析方法应运而生。碳排放流的概念最早被用于分析国际贸易中的耦合碳排放转移，有效分析了地区之间贸易引起的碳排放转移。电力的跨区域大规模输送同样引起耦合碳排放在网络上的转移和流动，因此碳排放流理念也被国内外学者应用于电力系统之中。文献［10］建立了电力系统和综合能源系统的碳排放流分析理论与计算方法，实现了碳排放流在电力网络和综合能源网络中的分布特性与机理的量化分析，揭示了碳排放流方法的意义及应用前景。碳排放流理论的研究逐渐引起学者们的广泛关注，基于碳排放流理论开展电力系统低碳化的方法与应用研究还需进一步探索。

4. 多时间尺度电力电量平衡计划编制方法

通常，电力市场可以分为年度合同市场、月度合同市场、日前交易市场以及实时平衡市场。年度合同市场中，由编制算法得到系统火电机组的年合同电量总量，然后根据负荷预测曲线、机组检修计划以及机组技术限制等因素分解到各月。月度合同市场中，根据系统实际运行结果与计划的偏差，调整机组剩余月份的年度合同电量分配，并与月度新增电量共同构成机组的月度发电计划，按照典型日负荷曲线分解到各日。日前交易市场主要追求现货市场价格的平稳，因而将月度市场结果和日新增电量分解到各个时段，以保证合同电量在空间和时间上的均匀性。

机组的发电计划由调度中心制定并下发各电厂完成，但系统实际运行中存在诸多不确定因素，可能使机组的实发电量与计划不一致。此外，机组的月度检修计划也会根据实际情况变更。因此，有必要根据各电厂已经完成的合同电量等情况，对之后月份的月度合同电量进行修正，剩余的合同电量向后滚动，从而使年度合同电量的分配，在承认机组已经完成合同电量的情况下达到最优。在此基础上，可构建月度合同电量分解模型，在月度合同电量分解结束后，基于所分解的每一日需要完成的日合同电量，根据新能源功率预测值和负荷预测值，构建计及日合同电量的日前发电计划优化模型及算法，得到该日的合同执行方案及机组出力方案。进而，可基于日前发电计划方案及日内超短期风功率预测值和负荷预测值，构建下一个时段的调度优化模型及算法，使日内的合同电量尽可能得到执行。每日结束后，得到每日未完成的日合同电量，对后续合同日计划进行滚动修正，以保证合同到期时，合同电量尽可能得到公平执行。月度合同电量优化分解整体框架如图 6-3 所示。

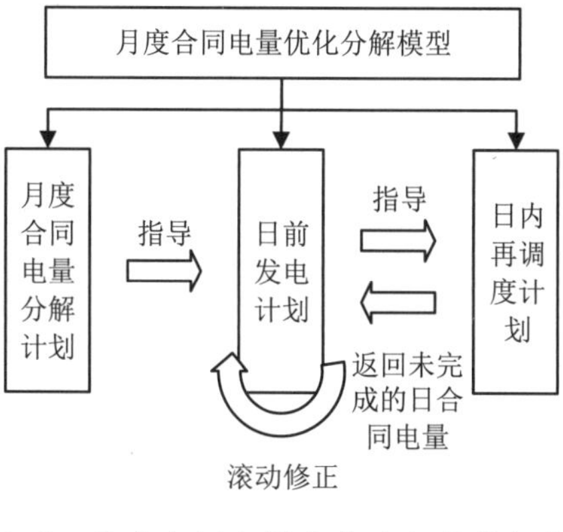

图 6-3　月度合同电量优化分解整体框架图

6.2.2　促进新能源消纳的多目标运行裕度优化技术

为了充分利用丰富的清洁和可再生能源，实现双碳建设目标，必须在满足负荷需求的前提下，尽可能实现新能源消纳。同时考虑电网的发电成本、排放成本，充分挖掘可调度资源潜力，实现兼顾“安全、经济、低碳、能效”指标的电网优化运行。促进新能源消纳的多目标运行裕度优化技术即基于给定的目标及边界条件，给出一种满足安全约束的机组最优组合和经济调度方案，以此实现多目标兼顾的电网优化运行，降低电网运行成本。具体包括以下关键技术。

1. 可调度资源适配性分析方法

供给侧和需求侧资源互动的电网优化调度技术为促进新能源消纳提供了新的思路。随着需求侧管理技术的不断完善，用户的需求侧响应行为得到合理改变，这使得部分负荷已经变得相对可控。所以，对“双侧”可控资源进行合理的规划调度将有利于消纳可再生能源，减少环境污染，缓解日益严重的能源危机。

广义的需求侧资源主要包括分布式发电、柔性负荷和储能。需求侧资源能通过调度优化与供给侧的电源进行合理的互动，有利于双侧的协同增效，在促进新能源的消纳方面具有巨大的潜力。柔性负荷包括可削减负荷和可转移负荷两类，柔性负荷用户将负荷削减（转移）量、削减（转移）时间上传至调度中心后，调度中心可优化计算发布调度计划，指导柔性负荷用户用电。例如，电动汽车集群包括参与需求响应的电动汽车动力电池及其配套的充电桩，充电桩将电动汽车并网信息、动力电池荷电状态等相关信息上传到充电站管理中心，调度中心根据充电站上传的信息进行综合优化计算，然后下达电动汽车的充放电计划。供给侧资源主要包括电网自建的储能装置以及可控分布式电源，这两类资源将实时状态（如荷电状态、实时出力）信息上传至调度中心后，调度中心根据电网实时运行状态制定这两类资源的调度计划。

对电网可调度资源进行适配性分析。基于动态优先级的概念，根据动态调度优先级（Dynamic Schedule Priority，DSP）评估体系，在一个调度周期的每个调度时段内对“双侧”资源进行优先级评估，根据优先级评估结果合理配置调度资源。DSP 评估体系包括调度成本、信用度以及供电能力三个评估指标，对各项指标加权求和，能够综合量化评估可调度资源的调度优先级。

可调度资源调度成本的计算通常可采用阶梯补偿机制，激励柔性负荷用户参与需求侧响应。将负荷削减量按照递增顺序划分为 K 个等级，柔性负荷削减（转移）量越大则等级越高，单位补贴费用越高，C_1，C_2，…，C_K 为各等级补偿费用（如图 6-4 所示）。该补偿机制在计算补偿费用时会重复叠加上一阶梯的补偿费用，随着柔性负荷用户负荷削减量的增加，其所获得的收益是递增的，可进一步激励用户参与电网调度的积极性。

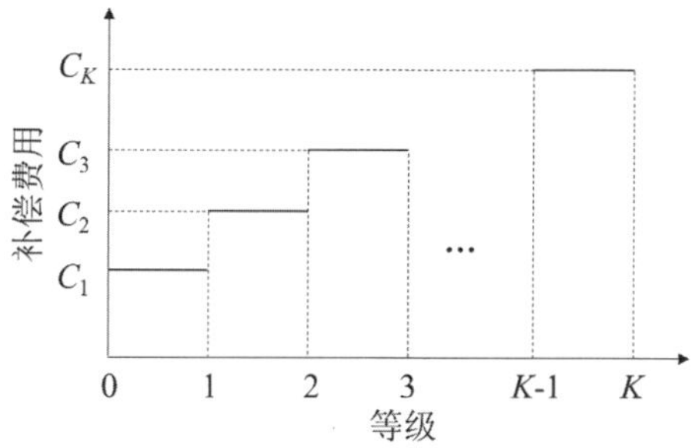

图 6-4 柔性负荷阶梯形补偿费用

信用度用于表征一定时段内响应主体参与调度的完成情况。该指标以用户参与需求侧响应的历史信息作为计算数据来源。实际并网时间越接近预期并网时间，柔性负荷削减（转移）量越接近预期削减（转移）量，其信用度越高。

引入供电能力评估指标来量化可调度资源的可调度潜力，影响供电能力的主要因素有剩余并网时间及当前时刻可调度容量。剩余并网时间越长，可调度容量越大，则供电能力越强。

为了使可调度资源的适配性评估结果更加合理，可基于层次分析法、熵权法，从主观和客观两个角度确定各项指标的综合权重。根据各项指标综合权重及指标值对可调度资源的调度优先级进行评估，然后基于综合指标值大小确立各可调度资源的调度优先级。

2. 满足新能源消纳的电网运行优化模型

在确定了各类可调度资源的调度优先级基础上，进行协调控制，兼顾“安全、经济、低碳、能效”指标，建立满足新能源消纳水平和系统安全约束的电网运行优化模型，以达到发电成本和调度成本最小、用户满意度最高、可再生能源利用率最高的优化调度目标。

在新型电力系统条件下，电力调度不仅要考虑发电成本最低，还要考虑可再生能源利用率、用户满意度等多个方面。面向新能源消纳的电网运行优化方法主要有两种处理思路：一种是以新能源接入系统后电网运行的变化为切入点，求解新能源接入以后系统运行的安全域，安全域内每个点都能够对应一个具体的最优潮流解；另一种以电网自身灵活性为切入点，根据求得的灵活运行能力或是给出的灵活性约束求解最大的新能源消纳量。文献［12］根据电网运行断面求解断面裕度，并将求得的断面裕度尽可能地用于新能源消纳，实现对新能源消纳的促进作用。文献［13］直接将灵活性作为约束放入优化问题中求解。文献［14］提出了一种灵活性评估指标，构建灵活性评估指标最大－系统运行成本最小的两阶段优化模型。同时考虑多个目标情况下的电网优化运行问题，可对各目标设置不同权重，把多目标优化问题转化为单目标优化问题，运用最大满意度的思想求解。这样在实际应用中，可以根据当时当地情况，动态地调整各目标对应的权系数，继而动态地分配各机组的出力，达到资源、设备的最佳组合，创造最大利润的目的。

针对电网运行“安全－经济－低碳－能效”目标，充分考虑负荷需求、新能源出力的预测误差和需求侧响应的不确定性，构建基于蒙特卡洛模拟的多目标低碳经济调度模型，包括系统发电成本和调度成本最小的经济调度目标、可再生能源利用率最高的低碳调度目标及用户满意度最高的能效目标，综合考虑系统功率平衡、机组爬坡速率、机组出力范围等约束条件，并应用改进的多目标粒子群算法对优化模型求解。具体步骤如下。

（1）不确定性分析建模

在面向新能源消纳的调度中，负荷需求、新能源出力、需求侧响应意愿是不确定的，如果不考虑这些输入变量预测值存在的误差，而按照确定的值进行调度，结果会存在较大偏差，电能质量也会受到影响。采用蒙特卡洛模拟方法来描述调度过程中的不确定因素，既能避免盲目性又能充分体现经济性。

光伏发电出力预测、风电出力预测及负荷预测根据概率密度函数及其累积分布函数预测。基于文献［17］的不确定性结论，将预测值表示为：

$$\hat{f}_y(t)=f_y(t)[1+u_y^{\max}rand(-1,1)] \tag{6-1}$$

$$u_y^{\max}=K_g u_y^b \tag{6-2}$$

式中，y=1、2、3，1表示光伏、2表示风机、3表示常规负荷；$f_y(t)$ 为基于概率密度函数及累积分布函数的预测值；$\hat{f}_y(t)$ 为考虑不确定性后的预测值；$u_y^{\max}$ 为风机、光伏最大出力不确定性百分比或常规负荷最大需求不确定性百分比；K_g 为不确定度等级；u_y^b 为风机、光伏或常规负荷的基本不确定性百分比。

需求侧响应的不确定性考虑用户参与调度的意愿，假定柔性负荷参与电网调度的用户数及削减（转移）量均服从正态分布，在负荷高峰时段每一时刻参与调度的用户数及调度容量均会发生变化。如电动汽车入网、离网及入网时动力电池的SOC均服从正态分布，则在每一时刻参与调度的电动汽车数量及可调度容量都存在差异。因此，可通过蒙特卡洛模拟方法描述柔性负荷参与需求侧响应行为。

（2）多目标优化调度模型

针对电网运行“安全－经济－低碳－能效”目标，建立如下多目标电力调度模型。

系统日运行总成本由系统发电成本 C_G、可调度资源的调度成本 C_{DS}、区域电网向外来电的购电成本 C_{EX} 组成。其中，柔性负荷调度成本主要考虑可削减负荷和可转移负荷两类，柔性负荷调度成本的计算采用阶梯补偿机制。柔性负荷的调度成本表示为：

$$C_{LD,\mathrm{sub}}^{x}=\begin{cases}C_1P_{D,x} & P_{D,x}\leqslant P_D^1\\ C_1P_D^1+\left(P_{D,x}-P_D^1\right)C_2 & P_D^1<P_{D,x}\leqslant P_D^2\\ \sum\limits_{e=1}^{k}C_eP_D^e+\left(P_{D,x}-P_D^k\right)C_{k+1} & P_D^k<P_{D,x}\leqslant P_D^{k+1}\end{cases}\tag{6-3}$$

式中，将负荷削减（转移）量划分为 k 个等级，$1<k<K$；$C_{LD,\mathrm{sub}}^{x}$ 为用户 x 削减（转移）负荷的补偿费用；$P_{D,x}$ 为用户 x 上报的负荷削减（转移）量；P_D^k 为用户对应等级为 k 级的负荷削减（转移）量；C_k 为第 k 级负荷削减（转移）量的对应补偿费用。

储能装置调度成本考虑运维费用及折旧费用，可表示为：

$$C_{\mathrm{ESS},j}=\sum_{t=1}^{H}\left(C_{\mathrm{eo},j}P_{\mathrm{ESS},j}^{t}+\frac{C_{\mathrm{ins},j}}{365\times 24L_j}\right)\Delta t\tag{6-4}$$

式中，$C_{\mathrm{ESS},j}$ 为储能装置 j 在一个调度周期内的调度成本；$C_{\mathrm{eo},j}$ 为储能装置单位功率运维费用；$P_{\mathrm{ESS},j}^{t}$ 为储能装置 j 在 t 时段充电 / 放电功率；$C_{\mathrm{ins},j}$ 为储能装置 j 的安装成本；L_j 为使用寿命；Δt 为调度时间间隔。

对总成本 C_T 最小化，目标函数 f_1 表示为：

$$\min f_1=C_T=C_G+C_{DS}+C_{EX}\tag{6-5}$$

$$\begin{cases}C_G=\sum\limits_{t=1}^{H}\left(\sum\limits_{a=1}^{A}P_{G,a}^{t}C_{Git,a}+\sum\limits_{b=1}^{B}P_{WT,b}^{t}C_{WT,b}+\sum\limits_{c=1}^{C}P_{PV,c}^{t}C_{PV,c}\right)\Delta t\\ C_{EX}=\sum\limits_{t=1}^{H}P_{EX}^{t}C_{ex}^{t}\Delta t\\ C_{DS}=\sum\limits_{x=1}^{X}C_{LD,\mathrm{sub}}^{x}+\sum\limits_{j=1}^{J}C_{\mathrm{ESS},j}\end{cases}\tag{6-6}$$

式中，$P_{G,a}^{t}$、$P_{WT,b}^{t}$、$P_{PV,c}^{t}$ 分别为第 a 台常规机组、第 b 台风电机组、第 c 台光伏机组 t 时刻的发电功率；$C_{Git,a}$、$C_{WT,b}$、$C_{PV,c}$ 分别为第 a 台常规机组、第 b 台风电机组、第 c 台光伏机组单位时段 t 内的发电成本；P_{EX}^{t}、C_{ex}^{t} 分别为区域电网与外部电网在 t 时刻的交换功率、交互电价。

通过合理地控制可调度资源，可加强负荷曲线与可再生发电单元出力之间的协调性与紧密性，有利于可再生能源的最大化消纳。定义可再生能源利用率为整个调度周期内新能源消纳量占新能源总出力的比例，目标函数 f_2 可以表示为：

$$\max f_2 = \frac{\sum_{t=1}^{H}\left(\sum_{b=1}^{B} P_{WT,b}^{t} + \sum_{c=1}^{C} P_{PV,c}^{t}\right)}{\sum_{i=1}^{H} P_{\text{RES}}^{t}} \tag{6-7}$$

式中，P_{RES}^{t} 为 t 时刻 RES 总发电功率。

基于相关文献提出综合考虑用户用电时间、用电量的用户满意度目标函数 f_3，表示为：

$$\max f_3 = \mu_1 U_{\text{cn}} + \mu_2 U_{\text{ct}} \tag{6-8}$$

$$\begin{cases} U_{cn} = 1 - \left(\dfrac{\lambda_1}{H_1} \sum_{t \in H_1} \dfrac{\sum_{x=1}^{X_t^1} \Delta L_{D,x}^{t}}{\sum_{x=1}^{1} L_{DT,x}^{t}} + \dfrac{\lambda_2}{H_2} \sum_{t \in H_2} \dfrac{\sum_{x=1}^{X_t^2} \Delta L_{S,x}^{t}}{\sum_{x=1}^{X_t^2} L_{ST,x}^{t}} \right) \\ U_{ct} = 1 - \left(\dfrac{\lambda_1}{X_1} \sum_{x=1}^{X_1} \dfrac{\Delta T_{D,x}}{T_{DT,x}} + \dfrac{\lambda_2}{X_2} \sum_{x=1}^{X_2} \dfrac{\Delta T_{S,x}}{T_{ST,x}} \right) \end{cases} \tag{6-9}$$

式中，μ_1、μ_2、λ_1、λ_2 为权重系数；U_{cn}、U_{ct} 分别为柔性负荷用户用电量、用电时间；X_t^1、X_t^2 分别为 t 时刻参与负荷削减和转移的用户数量；H_1、H_2 分别为可削减、可转移负荷参与调度的时间段；X_1、X_2 分别为可削减和可转移负荷的用户总数；$\Delta T_{D,x}$ 和 $\Delta T_{S,x}$ 分别为可削减、可转移负荷 x 的削减和转移量；$\Delta L_{D,x}^{t}$、$\Delta L_{S,x}^{t}$ 分别为可削减、可转移负荷 x 在 t 时段内的削减和转移量；$L_{DT,x}^{t}$、$L_{ST,x}^{t}$ 分别为可削减、可转移负荷 x 在 t 时刻总的用电量；$T_{DT,x}$、$T_{ST,x}$ 分别为可削减、可转移负荷 x 的总用电时间。

约束条件如下。

①功率平衡约束条件表示为：

$$\sum_{a=1}^{A} P_{G,a}^{t} + \sum_{b=1}^{B} P_{WT,b}^{t} + \sum_{c=1}^{C} P_{PV,c}^{t} + P_{EX}^{t} + \sum_{x=1}^{X} P_{D,x}^{t} + \sum_{j=1}^{J} P_{ESS,j}^{t} = P_L^{t} \tag{6-10}$$

式中，$\sum_{x=1}^{X} P_{D,x}^{t}$ 为柔性负荷 t 时刻负荷总削减转移量，储能装置充电为负，放电为正。

②常规机组出力约束为：

$$P_{G,a}^{\min} \leqslant P_{G,a}^{t} \leqslant P_{G,a}^{\max} \tag{6-11}$$

式中，$P_{G,a}^{\max}$、$P_{G,a}^{\min}$ 分别为第 a 台常规机组的上、下限。

③机组爬坡能力约束为：

$$-r_a^{\text{down}} \leqslant P_{G,a}^{t} - P_{G,a}^{t-1} \leqslant r_a^{\text{up}} \tag{6-12}$$

式中，r_a^{up}、r_a^{down} 分别为常规发电机组 a 向上和向下的爬坡速率。

④储能装置包含 SOC 上下限约束、充放电功率约束、并网 SOC 约束：

$$\begin{cases} S_{ESS,\min} \leqslant S_{ESS,i} \leqslant S_{ESS,\max} \\ -P_{d,i} / \eta_d \leqslant P_{ESS,i}^t \leqslant P_{c,i} / \eta_c \\ S_{ESS,i}(0) = S_{ESS,i}(H) \end{cases} \tag{6-13}$$

式中，$S_{ESS,\min}$、$S_{ESS,\max}$ 分别为储能装置 SOC 下、上限值；$P_{c,i}$、$P_{d,i}$ 分别为第 i 台储能装置额定充、放电功率值；η_c、η_d 分别为充、放电效率；并网 SOC 约束为调度周期开始和结束时的 SOC 应该相等。SOC 的计算方法参考文献［21］。

⑤可削减负荷约束条件表示为：

$$P_{D,x}^{\min} \leqslant P_{D,x} \leqslant P_{D,x}^{\max} \tag{6-14}$$

式中，$P_{D,x}^{\max}$、$P_{D,x}^{\min}$ 分别为可削减负荷 x 的上、下限。

⑥节点电压约束条件表示为：

$$V_{i,\min} \leqslant V_i \leqslant V_{i,\max} \tag{6-15}$$

式中，$V_{i,\min}$、$V_{i,\mathrm{maz}}$ 分别为节点电压上、下限值。

（3）多目标模型求解

多目标优化问题可描述为：

$$\begin{aligned} &\min f_i(X), \qquad i=1,2,\cdots,m \\ &s.t.\begin{cases} g_j(X)=0, & j=1,2,\cdots,p \\ h_k(X) \leqslant 0, & k=1,2,\cdots,q \end{cases} \end{aligned} \tag{6-16}$$

式中，$f_i(X)$ 为第 i 个目标函数；X 为 n 维决策向量；m 为目标函数的个数；$g_j(X)$ 为等式约束函数；$h_k(X)$ 为不等式约束函数。

对于决策向量 A、B，若存在 $f_i(A) \leqslant f_i(B)$，$i=1,2,\cdots,m$，且至少存在一个 i 使 $f_i(A) < f_i(B)$ 成立，则称 A 占优，也称 A 支配 B，$A \prec B$。若空间不存在其他解支配 A，则 A 为 Parote 最优解。

NSGA-3 算法是一种多目标优化算法，具有收敛性、多样性优势，广泛运用于求解电力系统的优化问题。应用 NSGA-3 算法对面向新能源消纳的多目标低碳经济调度模型进行求解，得到 Pareto 最优解作为最终调度结果。

6.2.3　面向“安全 - 经济 - 低碳 - 能效”的调度后评估技术

对电网调度业务的评估，不仅是量化业务水平的有效途径，还有助于克服定位工作不足，提升业务水平。通过面向“安全 - 经济 - 低碳 - 能效”的电网调度成效综合评价技术，可对比实际调度情况和理想调度方案在安全、经济、低碳、能效等方面的差异，量化实际调度的理想度，并以此为参考优化机组组合，减少人工决策误差，降低电网运行成本。通过理想调度后评估分析可以发现不同种类抬高电网运行成本的模式，从而实现策略优化、机组管理、成本监视、管理制度革新等，不断提升管理水平。

1. 理想调度后评估技术

PJM 理想调度评估是对整个电网运行综合水平的评估，理想调度的突出特征在于实际上划定了电网运行的“天花板”，由此可以直接得到实际运行与其的差距。理想调度评估方法基本流程如图 6-5 所示。

图 6-5　理想调度评估方法

理想调度评估方法包括场景重构、构造理想调度模型、计算评估指标三个基本步骤。场景指电力调度过程中调度员所依据数据信息基础的集合。场景重构指在调度决策完成之后，先要对历史数据分析挖掘，将评估分析所依据的数据还原到调度员此前进行调度决策的时间节点上去，保证评估和决策所依据数据信息的一致性。理想调度模型为面向“安全－经济－低碳－能效”的电力调度多目标优化模型，基于重构所得的实时调度场景，获得该场景下的理想调度方案，从而客观评估调度员实际决策水平。最后计算评估指标，量化实际调度决策的理想度。理想度指标计算公式为：

$$C_{\%}=\frac{|C_{RT}-C_{PD}|}{C_{PD}}\times 100\% \qquad (6\text{-}17)$$

式中，C_{RT} 为实际调度的评价指标值，C_{PD} 为重构场景的理想调度评价指标值。

综合评价是一项具有系统性和复杂性的工作，是人们认识事物、理解事物并影响事物的重要手段之一，它是一种管理认知过程，也是一种管理决策过程，在经济、社会、科技、教育、管理与工程实践等领域具有广泛的应用。构建一套科学的综合评价方法，是进行科学有效评价的前提。电网评价指标的研究有根据大电网的基础性需求、可靠性需求、优质性需求、经济性需求和协调性需求五个方面来建立指标的；也有就智能配电网规划、通信网络可靠性、自愈功能和清洁性构建相应评价指标体系的；还有以电能质量为切入点构建指标体系的。另外，随着新能源装机容量的不断上升，电网的低碳性能越来越被重视。

从电网的角度出发，以最优化电网安全、经济、低碳、能效为目标，图 6-6 所示几个方面是理想调度评价体系不可缺少的。

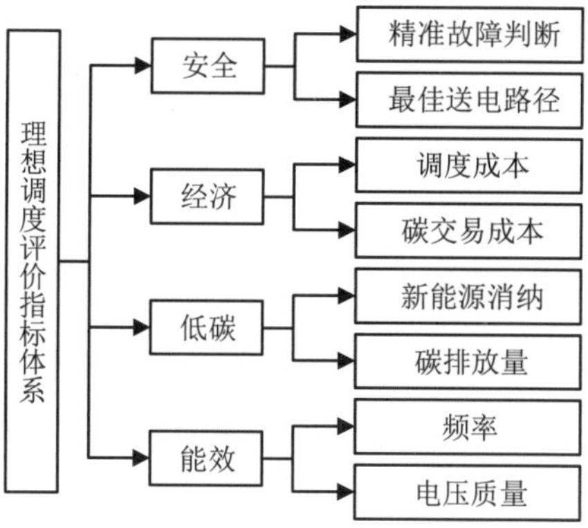

图 6-6　理想调度评价体系

为了使理想调度的评估结果更加合理，可基于层次分析法、熵权法，从主观和客观两个角度确定各项指标的综合权重。通过理想调度评价体系可以分数化地体现实际调度的“具体成绩”，直观地反馈实际调度与理想调度相比存在的不足。

2. 运行成本量化归因分析方法

电网安全与运行成本是理想调度的关注重点，为支撑理想调度复盘前运行案例实现后评估，需要强化电网成本分析能力。量化电网运行成本增长点，分解分析各类电网异动与电网经济、碳排放增长关系，可实现基于理想调度的电网运行成本追踪。

一些已有的工具可以用于优化运行结果的可解释性分析。最朴素的解释方法是方案比较，即设置不同边界条件的方案，比较优化结果的经济技术指标，以此来说明模型中新元素对结果的影响作用。文献［27］应用全局灵敏度分析的方法，对 4 类机组的投资成本与效率共 8 项指标进行重要性采样，生成了 730 个组合方案，研究了对减排结果影响最大的技术类型，结论显示，核电成本在低碳减排发展路径上占据了主导地位。文献［28］基于蒙特卡洛采样，进行连续事故场景下的优化计算，根据得到的大量数据辨识对可靠性影响最大的电力系统元件。方案比较法将优化过程视为“黑盒子”，不断调整输入、观察输出，进而分析因果关系，从外部推断获得优化结果的原因。还可以通过优化问题的最优拉格朗日乘子对优化结果进行解释分析。最优拉格朗日乘子又称为“影子价格”。数学上，最优拉格朗日乘子表示优化模型最优值对右手项参数变化的梯度，可以直观理解为优化问题中约束的“松紧程度”。该数值反映了约束条件与目标函数之间隐含的弹性关系，因此一定程度上可以基于此对优化的结果进行归因解释。文献［29］基于当前节点电价信息，辨识负荷波动时新的有效约束与系统边际机组，并给出新的系统节点电价信息。文献［30］基于直流潮流转移分布因子、最优拉格朗日乘子以及最优基对系统运行过程中由于阻塞产生的弃风进行归因，分析了每条阻塞线路对弃风量的影响程度。

在理想调度成本解构过程中，首先梳理影响电网运行成本的燃料价格、机组缺陷、潮流受限、边界条件预测误差等关键因素，然后在调度优化模型基础上，利用最优拉格朗日乘子、全局灵敏度等方法，对高度耦合的优化问题抽丝剥茧，实现系统性的量化归因，对不同的机组组合、调度运行方案给出各影响因素对最终成本的贡献度，建立准确、灵敏、一致的电网运行成本解构模型。通过量化各关键因素对电网运行成本的影响，有针对性地对电网运行方案进行优化，提高电网理想调度运行水平。

3. 在线滚动评估预警技术

在线滚动评估预警技术在理想调度指标体系基础上，实现对裕度、成本、碳排等的在线监测分析，重点关注与安全和经济密切相关的指标异常，研究其产生的机理和模式持续性，并预判、预估影响，及时对安全、财务风险预警。

随着电力系统规模的扩大和复杂性的不断增加，对电力系统的实时监测和在线评估显得尤为重要。基于相量测量单元的广域测量系统能够同步采集电力系统运行状态，为在线实时稳定评估与预警等相关高级应用提供了有效、准确的数据源，是电力系统监测的重要手段之一。人工智能技术的迅速发展也为电力系统的在线评估提供了新的思路和解决方案。数据挖掘技术提供了高效的算法，能够处理和挖掘海量电网数据。多核中央处理器、图形处理器等通用处理器以及嵌入式神经网络处理器等专用处理器的性能显著提升，以 TensorFlow、Keras 为代表的深度学习框架的成熟，也为处理海量数据提供了软硬件平台。

以上技术的发展为将在线学习人工智能等数据驱动的技术引入电力系统中相关高级应用提供了坚实的基础。同时，设备算例的大幅增加，为多方法并行计算评估提供了充足的可能。在此背景下，以离线学习完成的深度学习网络为预评估，充分借鉴相关领域研究基础，利用多元时间序列分析等方法做后评估，结合在线学习人工智能等数据驱动类算法，不断提高深度学习网络的准确性、对当前运行场景的适应力，实现高效、高频、快速的基于数据驱动的在线滚动评估技术，对保障电力系统安全稳定运行，特别是指导可调度资源对电网需求做出有效响应具有重要的学术和工程价值。

多时间尺度滚动预警的各时间尺度的预警之间具有紧密的相互配合关系（如图 6-7 所示）。6 小时预警时源荷预测误差一般较大，但有充足的时间准备和实施控制措施。6 小时预警主要考虑可能出现的多重预想故障（如极端天气出现时），重点展示红色预警结果，提示准备并适时启动长时间尺度预防控制。1 小时预警时源荷预测精度显著提高，并且有合理的时间进行控制方案优化决策。1 小时预警主要考虑 N-1 和部分高风险 N-2 预想故障，同时展示蓝色和黄色预警结果，提示针对蓝色预警结果制定并及时实施常规预防控制方案，针对黄色预警结果预先制定紧急控制策略。15 分钟预警时源荷预测信息已经相当准确，但没有充足的时间重新进行控制方案的优化决策。15 分钟预警主要考虑 N-1 和少量高风险 N-2 预想故障，基于最新的源荷预测信息对已制定的紧急控制策略表进行仿真校验，筛选出可能出现欠控制或过控制的紧急控制策略以便及时修正。

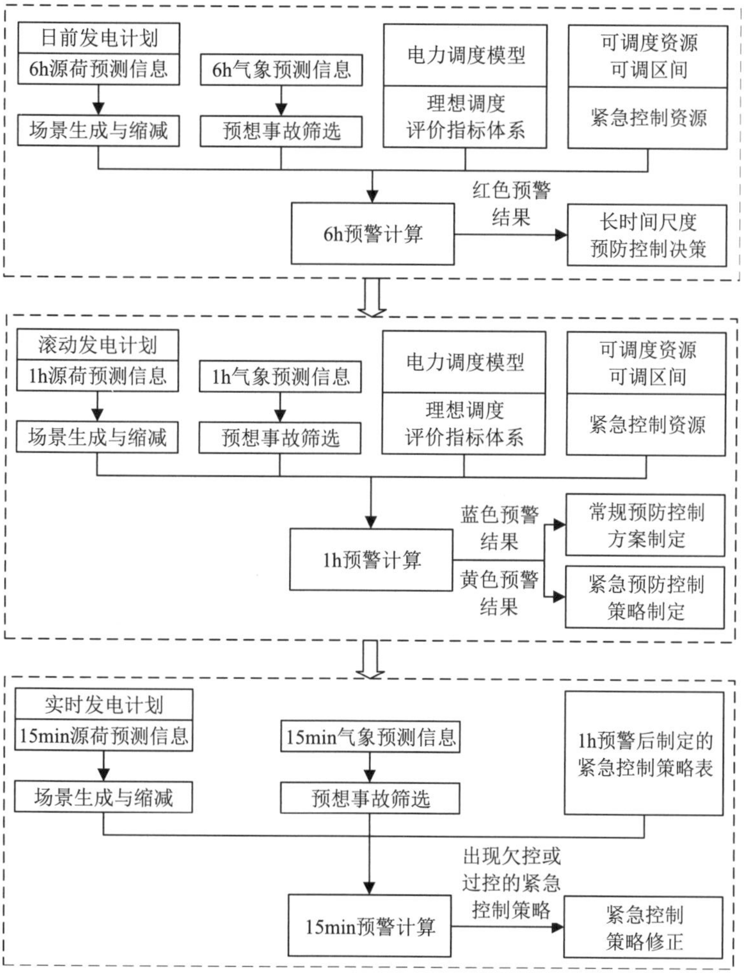

图 6-7　多时间尺度滚动预警示意图

6.2.4　基于端到端理念的电网全过程智慧调度技术

智慧调度主要指将调度中心各项业务、各个环节数智化与精益化，实现数据挖掘、量测采集、系统分析、建模、计划制定等的智能化分析、智能化预警以及自动化控制。高度集成、一体化的智慧调度系统是电网发展的必然趋势，同时也为理想调度在指标监测、策略生成、统计分析方面提供了清晰架构与良好基础。

1. 面向理想调度的端到端调度决策方法

端到端建模（End-to-End Modeling）是一种以整体系统为出发点的建模理念，直接从输入到输出进行建模，其核心思想是将整个系统看作一个整体问题，输入原始数据，输出即为最终结果（如图 6-8 所示）。

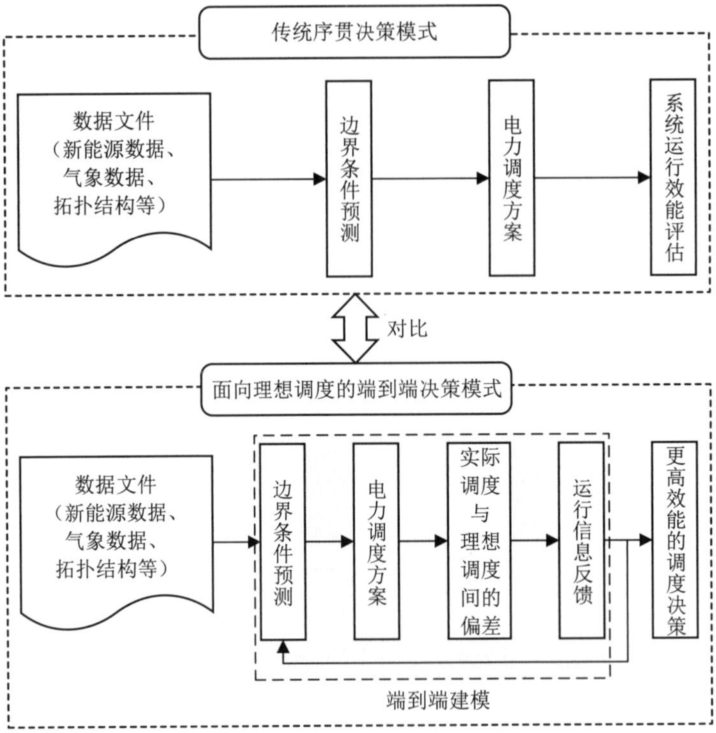

图 6-8　面向理想调度的端到端调度决策模式

传统的建模方法，常常需要将系统分为多个子系统进行分析和建模，这样可以更好地理解和控制系统的内部细节。但这种方法需要对系统进行多次分析和处理，手动设计特征提取步骤，在每个独立学习任务之前要进行数据标注，这一过程代价昂贵、易出错，增加了建模的复杂度和难度。

相比之下，端到端建模更加简单和高效。它直接从输入到输出进行建模，从输入端（输入数据）到输出端得到一个预测结果，与真实结果相比较得到一个误差。这个误差会在模型中的每一层传递（反向传播），每一层都会根据这个误差进行调整，直到模型收敛或达到预期的效果才结束。中间所有的操作都包含在神经网络内部，不需要对系统的内部细节进行分析和处理，从而可以大大简化建模的过程和流程。

同时，在解决“预测－优化问题”上，传统方法通常需要将问题分解为多个阶段进行处理，每个阶段都需要手动设计相关的算法和模型。而在复杂的问题中，不同阶段之间存在很多耦合和依赖关系，这使传统方法很难实现最优解。端到端建模得益于模型可以从数据中自动学习复杂的特征表示，且不需要将问题分解为多个阶段进行处理，而是直接将输入数据映射到输出数据，从而能够更好地利用数据和适应复杂的问题。

通过理想调度后评估分析，可以发现不同种类抬高电网运行成本、降低电网理想调度水平的模式，如负荷和新能源预测不准、受电不合理。有些抬高运行成本的模式可以加以改进，有的因管理机制、机组设备缺陷等不能改进造成的成本抬升应予以记录。其中，对可以改进的限制因素，可以建立面向理想调度的端到端调度决策模型进行迭代优化。面向理想调度的电力系统端到端调度决策方法实质上是通过对包括事前预测、事中监测、事后评估在内的调度全过程运行效益的客观评估和反思回顾，实现电网调度理想水平的端到端提升。如图 6-8 所示，相比传统预测、调度序贯执行的决策流程，端到端调度模式提供了信息反馈通道，通过“反思”实际调度与理想调度间的偏差，对电网调度决策各环节进行决策效能导向的针对性调整。

端到端调度决策模型的目标函数可表示为：

$$\min|C_{RT}-C_{PD}| \tag{6-18}$$

式中，C_{RT} 为实际调度的评价指标值，C_{PD} 为重构场景的理想调度评价指标值。通过将关键限制因素（如源荷预测）设为优化对象，可以实现实际调度与理想调度间的偏差的信息反馈，从而端到端地改善限制因素对电网总运行成本的抬高，使系统调度运行不断逼近理想调度。

2. 面向理想调度的电网全过程智慧调度系统

高度集成、一体化的智慧调度系统是大电网调度发展的必然趋势。智慧调度系统不仅要拥有传统调度系统的功能，如辅助调度员决策、全景监控，还要通过数智化方式协助自动化系统运维，具体拥有如下功能。

（1）风险分析功能

实现由整体到局部对电网运行中各项风险的完全掌控。其中，电网运行的趋势分析，在线风险评估，安全运行指标的计算等，为电网运行提供了预警信息，辅助电网调度人员及时发现潜在风险，提前做好风险管控，提升电网运行可靠性、安全性。

（2）全景监控功能

大数据时代，电力调度应实现对电网运行状态、运行数据的全面感知与监控，在对海量电力数据处理与挖掘时，为电力调度的高级应用、潮流计算提供信息支持。先进可视化技术的应用，将电网运行状态、异常信息实时展现。

（3）辅助决策功能

电网运行出现故障后，电力调度能够自动判断故障所在位置并给出恢复策略，当自动化控制方式无法将潜在危险消除时，能够主动通过人机交互界面，提出操作建议，协助工作人员决策。

（4）自动控制功能

智能调度以现有电压自动控制、自动发电控制、电网实时紧急控制等控制手段为基础，根据电网监控信息，实现有功无功、主配网、在线优化调度等的控制工作。

（5）可视化功能

智能调度通过人机交互方式与可视化技术，实现调度工作流程的动态可视化。不同监控场景能够自由切换，业务监控画面自动导航，为调度人员提供更清晰、直观的认知，电网发生故障时，能够迅速对故障点定位，并全程跟踪故障修复情况，提升电力调度水平。

面向理想调度的电网全过程智慧调度系统总体架构如图 6-9 所示。

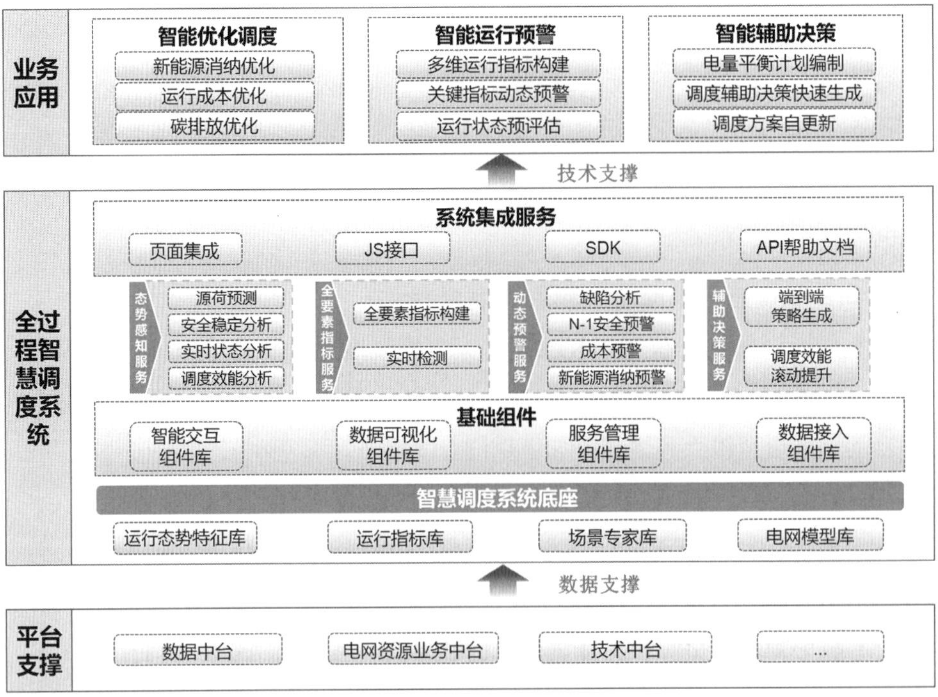

图 6-9　面向理想调度的电网全过程智慧调度系统

首先，在建立电网态势感知特征库方面，将采用 PMU、SCADA 等多种电网态势感知工具进行数据采集和处理，对不同监测指标和参数进行综合分析和处理，在源荷预测态势感知、安全稳定态势感知、实时状态分析态势感知等传统分析功能上，结合“安全 - 经济 - 低碳 - 能效”指标体系，实现对电力市场和发电侧、需求侧信息的整合和分析，从而进一步提高系统的调度效能态势感知功能。

其次，开发面向理想调度的“安全 - 经济 - 低碳 - 能效”全要素指标的多功能工具，并结合示范项目落地区域特点进行适配。工具有如下功能。

①可实现“安全 - 经济 - 低碳 - 能效”全要素指标的实时检测工具能够快速、准确地根据评估数据给出当前调度方案调度效能的评价以及成本的具体构成，并结合可视化组件更直观地展现实时检测结果。

②可实现“安全 - 经济 - 低碳 - 能效”全要素指标的动态预警工具能够及时发现系统运行中存在的问题，包括不满足 N-1 安全准则、成本过高、新能源消纳情况差等问题，并对问题的来源进行有效定位。

③可实现面向理想调度的辅助调度策略生成工具能够构建基于端到端机器学习框架的非人在回路滚动优化调度模型，利用预评估 - 后评价的评价方法实现调度效能的滚动提升。

最后，发掘新型电力系统在面向理想调度的电网“安全 - 低碳 - 经济 - 能效”全要素背景下运行的重点特征与核心技术，实现实时检测、动态预警、辅助决策等功能集成。可根据实际需求调用相应模块，并能直观地展示全过程态势感知结果、调度方案预期效果、系统当前运行缺陷等功能的分析结果。具体模块输入输出关系如下。

①全过程态势感知模块：输入运行数据、环境数据扰动信息和状态信息等数据，获得态势察觉、态势理解、态势预测的分析结果，以折线图、置信区间图等形式展示。

②全要素指标实时监测模块：输入从全过程态势感知模块得到的当前态势数据，以安全风险、经济收益、低碳成效为边界，获得可靠的运行评价指标，以表格、折线图等形式展示。

③全要素指标动态预警模块：输入从全要素指标实时监测模块得到的指标评价结果，通过设定的 N-1 校核、成本过高、新能源消纳不足等场景，推演电网运行水平并给出预警信息，以表格、折线图等形式展示。

④辅助调度策略生成模块：输入理想调度与实际调度的相关数据，通过端到端的智慧调度模型，滚动生成辅助调度策略。

6.3 提升电网理想调度水平的相关建议

6.3.1 提高电网运行边界预测精细化水平

源荷双侧的不确定性已经在相当程度上影响了调度计划和运行决策。相关案例分析表明，日前负荷和新能源预测偏差，以及基于该预测的开机组合及受电计划会压减电网运行可行域，将统筹兼顾安全、经济、低碳、能效四维目标降为一维，聚焦于守住电网安全稳定的底线，降维后电网理想调度将无从开展。因此必须做好实现负荷和新能源预测等基础性工作，在日前确定的边界越清晰准确，给理想调度优化的空间就越大。具体包括以下工作。

开展新能源/负荷精细化态势感知技术研究。基于电网历史运行数据及历史天气数据，采用图神经网络方法，挖掘新能源出力/负荷需求的时空相关特性，提升新能源/负荷时空关联态势感知精细化水平。同时，加强碳排动态追踪。在成本解构分析基础上，通过重要量测部署、关键指标监测，获取电力、碳排、电价等多源运行数据，实现碳排及运行成本动态追踪。

开展多时间尺度合同电量分解优化技术研究。以日典型新能源/负荷曲线类型为设计基础，综合考虑运行成本、新能源的发电特性和电力系统安全约束，构建以能耗成本最低、合同电量偏差最小及碳排放目标最小为目标函数的多目标优化模型，实现月度合同电量分解校核。进一步梳理中长期电量分解和日前调度的融合机制，结合日前预测曲线，实现对日内电力电量平衡计划的滚动校核。

此外，为了做准电网运行边界，一个思路是进行组织变革，做大做强县配调，构建大型能量单元，形成独立控制区，精细化管理海量的分布式可调节对象，管好基于日前负荷预测曲线的自平衡，控制好实际曲线与预测曲线之间的偏差。调控中心从新能源和负荷的不确定性中解脱出来后，能够更好地专注于大电网在确定边界条件下的安全、经济、低碳运行。

6.3.2 完善电网运行成效评估管理体系

通过理想调度后评估分析，量化实际调度的理想度，对比实际调度情况和理想调度方案在经济成本上的差异，并以之为参考优化机组组合，减少人工决策误差，降低电网运行成本。具体如下。

1. 强化运行评估优化，降低电网运行成本

基于“压力 - 状态 - 响应”分析理念，研究全面反映和系统表述大电网运行水平的指标体系多层结构，利用暂态稳定分析、电气剖分、电碳联合市场理论等方法，提出各层指标的意义及计算方法。对指标进行归一化处理，基于层次分析法与熵权法相结合的指标权重评判方法，结合主观经验知识与客观数据信息得到最佳的权重方案，从而评估系统整体运行水平指标及其子指标在其中的贡献度，提出大电网运行水平的统一原则及架构，形成兼顾安全风险、经济收益、低碳排放、能效提升的多维运行指标体系。通过理想调度后评估分析可以发现不同种类抬高电网运行成本的模式，包括负荷和新能源预测不准、受电不合理、抽蓄计划不合理、检修方式、设备缺陷、机组缺陷等。有些抬高运行成本的模式是可以改进的，有些则不能。对于可改进的，可迭代优化策略，对因管理机制、机组设备缺陷等不能改进造成的成本抬升应予以记录。可通过广泛的案例分析，查找对成本影响最大的因素，分析归纳其出现的固定模式，然后通过技术支持系统自动予以记录，用于分析寻优或记账展示，实现策略优化，机组管理、成本监视、管理制度革新等，不断提升管理水平。

2. 强化运行指标监测，提升风险预警能力

研究建立理想调度指标体系，实现对裕度、成本、碳排的监测分析。重点关注与安全和经济密切相关的指标异常，研究其产生的机理和模式，预判其持续性，评估其影响，及时对安全、财务风险进行预警。电网安全与运行成本是理想调度的关注重点，为支撑理想调度对运行案例进行后评估，需要强化电网指标检测与成本分析能力，提取电网运行关键信息。一是强化电网运行指标检测，基于理想调度后评估结果与风险案例，划定重点监测指标，跟踪预判电网重大风险。二是量化电网运行成本增长点，分解分析各类电网异动与电网经济、碳排放增长关系，开展燃气、煤电、受电成本分析，实现基于理想调度的电网运行成本追踪。三是基于后评估机制监测机组调节性能，实现统调电源发电能力的集中管理监测，强化机组管理能力。

3. 优化生产流程，保障评估闭环

理想调度后评估模式的建立，需要一整套完善的管理机制保障。开展后评估，及时识别出运行风险，给出统筹兼顾多元目标的优化策略以及优化策略的落地，安全和财务风险预警，给出支撑公司经营管理转型优化的机制策略建议等诸多环节，均需要建立生产管理流程、事件触发机制、人员职责设定。从流程上来看，需要整合日前日内调度环节，压实调度生产管理流程中衔接不畅的碎片化环节，统一判断标准、统一标准模型、统一数据来源、统一应对策略，压实岗位职责，消除重复劳动，提高响应

速度，提高生产效率，在生产流程优化调整基础上，保障后评估结果落地，实现多元目标的高质量协同。

6.3.3 建立电网运行全过程智慧调度平台

理想调度通过对日前发电计划、电网运行方式安排以及日内的调度运行决策进行后评估，量化分析影响电网运行最优性的各类因素，从而提高系统的运行效益。因此，其业务开展涉及海量的电网运行数据，包括从中长期的跨区购电合约、燃气供应计划到实时电网运行的机组出力、设备负载率、系统频率、母线电压等。要从全流程上开展理想调度后评估，而不是仅针对几个具体的场景开展，就势必要构建相应的数字化平台，在广泛接入多源异构数据的基础上，开发相应的高级应用功能。

新一代调度系统主要由模型数据中心、分析决策中心、监控系统和人机云终端等部分构成，为理想调度平台在指标监测、策略生成、统计分析方面提供了清晰架构与良好基础。因此，支撑理想调度的全过程智慧调度平台可以在新一代调度技术支持系统上构建。为了数据接入和应用的灵活开发，建议采用新一代Ⅰ区和Ⅲ区联合部署的方式。

在功能模块的设计上主要考虑全景感知、一体化决策控制以及综合监测评价三个方面。在全景感知方面：一是要具备分供区的全社会负荷预测，对省级调度机构，至少应针对500千伏供区，提供日前、2～8小时的短期负荷预测曲线和非统调的水火电日前计划曲线；二是具备分供区的光伏及风电出力预测，包括500千伏供区的日前、2～8小时短期全社会光伏、风电发电预测曲线和储能的运行曲线；三是要针对跨区省际联络线，进行日前计划、日内调整和实时功率的曲线展示；四是要提供带约束的供区旋转备用和网络制约评估，计算机组窝点的区域、时段和相应功率并提供预测预警。在一体化决策控制方面：一是要提供基于安全约束的96点机组日前经济调度计划，并对相应的运行风险（如断面越限、备用紧张）进行提前预警；二是要提供日内2～8小时的风险预警及辅助决策支撑，对日前的检修计划、燃气机组开停机计划等进行滚动校核。在综合监测评价方面：一是要实现电网多维运行指标的展示和统计分析，包括系统旋转备用、限额裕度、受电费用偏差、燃机费用偏差、煤机平均负荷率等；二是要对机组最高出力和轮检及抽检情况进行记录统计，实现报表数据的自动生成，出力受阻的自动记录。

6.4　省域电网理想调度的初步实践

6.4.1　面向理想调度的地区电网运行评价体系

设立后评估指标体系，重点设计以系统受约束的正负备用、限额裕度、度电成本、碳排放强度、区域电网利用效率等系列指标（曲线）为核心的运行指标，来表征每日电网运行的安全、经济、低碳和能效状况。开展电网运行安全、经济、低碳、能效指标的预测、监视、调控、后评估工作。制定后评估流程，包括触发环节、反馈环节、策略迭代优化环节、闭环验证环节、经验提炼总结环节。

面向理想调度的综合评价指标体系如表 6-1 所示。从安全、经济、低碳和能效四个维度对电网运行水平进行综合评价。

表 6-1　面向理想调度的综合评价指标体系

总指标	一级指标	二级指标	三级指标	指标定义	计算公式
电网综合评价	安全	源荷平衡	频率、电压指标	电压评价参照无功电压管理规定	1-（频率越限时长 / 全天 + 电压越限时长 / 全天）
			备用容量及外购电安排偏差	正（负）备用在负荷的占比	96 点的正备用或负备用 / 此刻负荷的加权平均
			新能源及地区网供负荷预测准确率	预测准确率评价参照省调规定	1-（日负荷预测偏差均方根 + 日新能源预测偏差均方根）
		电网风险	断面及设备越限指标	越限持续时长 30 分钟内、30 ～ 60 分钟、60 分钟以上，断面、设备越限数量（个），越限强度（潮流 / 断面限额 ×100%）	断面越限：30 分钟内数量 ×0.1× 越限强度 + 越限 30 至 60 分钟数量 ×0.2× 越限强度 + 越限 60 分钟以上数量 ×0.4× 越限强度；设：系数翻倍，分别为 0.2/0.4/0.8
			网架结构风险指标	风险等级和数量	当日六级风险数 ×0.01+ 当日五级风险数 ×0.02+ 当日四级风险数 ×0.04

续表

总指标	一级指标	二级指标	三级指标	指标定义	计算公式
电网综合评价	安全	电网风险	调度操作量	当日操作总数、操作面数量	（当日调度操作步数－承载力操作步数）×0.05＋（当日调度倒闸操作面－承载力操作面）×0.05；若当日调度操作步数 ＜ 承载力操作步数，该子项合格；若当日调度倒闸操作面 ＜ 承载力倒闸操作面，该子项合格
		应急处置	风险评估及预案	应急事件发生后风险数量和等级	当日非计划六级风险数 ×0.05＋当日五级风险数 ×0.1+ 当日四级风险数 ×0.2
			故障处置后评估	故障隔离时间、负荷损失时间及数量、恢复送电时间	负荷损失量 /10MWh×0.1＋恢复送电小时数 ×0.02+ 故障隔离小时数 ×0.1
	经济	电网运行成本	度电经济增加值指标	1. 定义：通过日前计划度电成本和日内调节后的度电成本比较产生的经济性 2. 数据来源：日前、日内度电成本——度电成本＝累计电量（度）×电价（元/度） 3. 输出数据：统计周期——日前、日均、月度、月均	1.（日内调节后度电成本－计划度电成本）/ 计划度电成本＝日度电经济增加值 2.（当月每日度电成本总加平均值－前月的平均购电成本）/ 前月的平均购电成本＝月度电经济增加值
		负荷侧调节成本	地区源荷互动指标需求侧响应成本	1. 定义：需求侧参与响应后燃机开机和外来电替代成本 2. 数据来源：调控云 3. 输出数据：统计周期——实时、日前、日均、月度、年度	高价电成本（或煤电）＋需求侧可调资源综合运行成本＝需求响应经济值
			现货市场供需水平	1. 定义：体现省内现货市场电力供应量与需求量两者关系 2. 数据来源：日前、实时省内现货市场 3. 输出数据：现货市场供需水平，统计周期——实时、日前、日均、月度、年度	（省内市场发电主体申报发电能力＋市场主体固定出力）/（负荷预测－受电水平）

续表

总指标	一级指标	二级指标	三级指标	指标定义	计算公式
电网综合评价	低碳	碳排放指数	零碳电能占比（水电、风电、光伏占比）	1. 定义：当日零碳电能占比（全省数据），体现新能源占比及消纳能力 2. 数据来源：调控云 3. 输出数据：全省各地零碳电能占比情况，统计周期——实时、日前、日均、月度、年度	零碳电能占比 =（水力发电量 + 风力发电量 + 光伏发电量）/ 总发电量（MWh）× 100%（同比月平均占比 - 当日占比）× 10h；若当日占比＞同比月平均占比，该子项评估为合格
			度电碳排放强度（kg/kWh）	1. 定义：当日碳排放强度（全省数据），体现每度电碳排放占比情况 2. 数据来源：调控云 3. 输出数据：当日度电碳排放强度，统计周期——实时、日前、日均、月度、年度	度电碳排放强度（kg/kWh）= 碳排放量（kg）/ 发电量（kWh）（当日碳排强度 - 同比月平均碳排强度）× 10h；若当日碳排强度＜同比月平均碳排强度，该子项评估为合格
	低碳	碳减排潜力	可调控资源碳减排潜力评估	1. 定义：当日可调控资源减排潜力（全省数据），体现可调控资源参与的电网削峰填谷后碳减排潜力情况 2. 数据来源：调控云 3. 输出数据：统计周期——实时、日均、月度、年度	可调控资源碳减排潜力评估 = 当日可调资源参与电网侧需求响应电量 / 当日全社会电量
	能效	综合效益	峰谷差率	辖区内统调负荷在统计周期内的波动程度	（用电负荷高峰负荷 - 用电低谷负荷）/ 用电负荷高峰负荷 × 100%
			辅助服务市场化率	参与市场化辅助服务（调峰、调频、备用）占辅助服务总量的比重	参与市场化交易的辅助服务容量（调峰容量 + 调频容量 + 备用容量）/ 系统辅助服务总容量 × 100%
		运行效能	区域电网利用效率	区域内输配电网全年最大负载（潮流）除以设备限额	（0.5 × 经济负载主变占比 + 0.5 × 经济负载线路占比）× 100%；
			网损及降损电量	损耗电量占供电量的百分值以及措施后降低的网损	（供电量 - 售电量）/ 供电量 × 100%

电网运行安全性方面，从源荷平衡、电网风险和应急处置三个角度进行量化。源荷平衡主要关注全网的电力电量、有功和无功平衡情况，包括频率、电压合格率，系统正负备用情况以及新能源与负荷预测偏差。电网风险主要关注潮流断面越限情况和由计划检修操作引起的电网运行风险，包括考虑操作人员承载力的因素。应急处置主要从事故前和事故后两阶段，采用故障隔离时间、负荷损失量和恢复送电时间等指标评价对电网突发事故的处置水平。

电网运行经济性方面包括电网运行成本和负荷侧调节成本两类指标。运行成本主要从日前、日内等度电经济增加值来量化电网实际运行过程中的经济效益提升情况。负荷侧调节成本用以评价现货市场的供需水平以及通过负荷需求侧响应实现燃机运行成本和外来电购电成本的缩减。

电网运行低碳指数方面，采用零碳电能占比、度电碳排放强度以及可调资源碳减排潜力评估三个指标。其中零碳电能主要指水电、风电以及光伏发电。可调资源碳减排潜力主要是从可调资源参与电网需求侧响应实现削峰填谷，从保证新能源消纳的角度减少系统的整体碳排放。

电网运行能效指数方面主要包括综合效益和运行效能两个指标，前者由峰谷差率和辅助服务市场化率两个指标构成；后者用于突出量化市场对可调资源参与系统调峰、调频和备用等辅助服务的配置作用。运行效能指标包括区域电网利用效率和网损及降损电量两个指标，前者主要采用主要输变电设备的经济负载率进行量化，后者通过网损率来评价电网的运行效能。

评价案例，以浙江某地市级电网前后两日的运行情况，计算相关指标对比，具体如下。

1. 2022 年 11 月 Y 日

（1）源荷平衡

新能源及负荷预测准确率指标扣分：［日负荷预测偏差均方根 ×2a + 日新能源预测偏差均方根 ×2a］=（1 − 98.27%）×40 +（1 − 94.15%）×40=3.032

（2）电网风险

断面越限情况：15：30—16：15 西陶变 #1、#4 主变负荷越稳定限额，时间 45 分钟，强度 258.68/256=101.05%

断面及设备越限指标扣分：［越限 30 至 60 分钟数量 ×0.2b× 越限强度］=1×0.2b×101.05%=4.042

当日六级风险 11 项，五级风险 6 项，网架结构风险指标扣分：［当日六级风险数 ×

0.01b + 当日五级风险数 ×0.02b + 当日四级风险数 ×0.04b] =11×0.01b + 6×0.02b=4.6

当日调度倒闸操作面数 0 < 承载力倒闸操作面数 10，该子项扣分为 0

（3）应急处置

当日未发生应急事件。

（4）电网能效

当日峰谷差率：（6255.87－4020.85）/ 6255.87=35.73%

峰谷差指标扣分：[峰谷差率 ×0.5g] =35.73%×0.5g=3.573

当日电网网损 ***MWh（线损率 ×%），降损电量 ***MWh

网损及降损电量指标扣分 =（暂缺）

（5）碳排放指数

零碳电能占比：当日零碳电能占比（全省数据）43.22% >去年同期月度零碳占比 35.7%，该子项扣分为 0

度电碳排放强度（kg/kWh）：当日碳排放强度（全省数据）490.28 <去年同期月度碳排放强度 559.1，该子项扣分为 0

综上，当日该地县级电网理想度 =100－3.032－4.042－4.6－3.573－g2－0=84.753（g2 暂缺）

2. 2022 年 11 月 Y+1 日

（1）源荷平衡

新能源及负荷预测准确率指标扣分：[日负荷预测偏差均方根 ×2a + 日新能源预测偏差均方根 ×2a] =（1−98.60%）×40 +（1−97.14%）×40=1.704

（2）电网风险

断面越限情况：14：35—15：15 东阳变 #1 主变、#2 主变负荷越稳定限额，时间 40 分钟，有功功率达到 282MW，限值 256MW，强度 282/256=110.16%

断面及设备越限指标扣分：[越限 30 至 60 分钟数量 ×0.2b× 越限强度] =1×0.2b×110.16%=4.4064

当日六级风险 15 项，五级风险 7 项

网架结构风险指标扣分：[当日六级风险数 ×0.01b + 当日五级风险数 ×0.02b+ 当日四级风险数 ×0.04b] =15×0.01b + 7×0.02b=5.8

当日调度倒闸操作面数 9 <承载力倒闸操作面数 10，该子项扣分为 0

（3）应急处置

当日未发生应急事件。

（4）电网能效

当日峰谷差率：（6452.25-3938.94）/6452.25=38.95%

峰谷差指标扣分：［峰谷差率 ×0.5g］=38.95%×0.5g=3.895

当日电网网损 ***MWh（线损率 ×%），降损电量 ***MWh

网损及降损电量指标扣分 =（暂缺）

（5）碳排放指数

零碳电能占比：当日零碳电能占比（全省数据）44.61% ＞去年同期月度零碳占比 35.7%，该子项扣分为 0

度电碳排放强度（kg/kWh）：当日碳排放强度（全省数据）477.27 ＜去年同期月度碳排放强度 559.1，该子项扣分为 0

综上，当日该地县级电网理想度 =100 - 1.704 - 4.4064 - 5.8 - 3.895 - g2 - 0= 84.20（g2 暂缺）

Y+1 日较 Y 日电网风险指标和电网能效指标得分更低，主要原因为断面越限强度更大，电网计划检修工作风险更高，峰谷差率更大。

6.4.2 考虑安全约束的燃机智能优化调度

燃气机组作为系统重要的电源侧调节手段，具备启停灵活，出力调节快速的特点，可以用于系统调峰、调频，局部断面潮流控制等多种场景。合理安排燃气机组的运行计划对系统运行的经济性和安全性都具有重要意义。在理想调度理念的指导下，开发了燃气机组启停优化应用，可用于日前燃气机组的计划校核和日内燃气开机方式的滚动优化。燃气机组启停优化应用整体架构如图 6-10 所示。

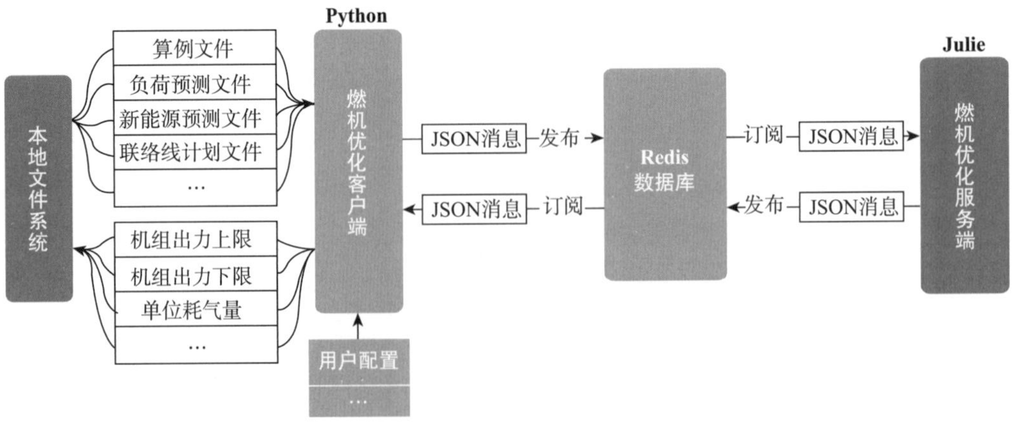

图 6-10 燃气机组启停优化应用整体架构图

燃机优化客户端基于 Python 语言编写，用于本地文件和用户配置数据的输入以及燃机优化结果的输出。本地文件系统提供包括负荷预测、新能源预测和联络线计划、总燃气供应量等数据作为燃气机组运行方式优化的边界条件，同时包括待优化燃气机组的出力上限 / 下限、机组爬坡速度、单位耗气量、最小开停机间隔时间等机组运行参数。用户可以灵活设置由于电网安全、稳定约束或机组试验等原因导致的必开或必停燃气机组名单。

燃机优化客户端和燃气优化服务端之间利用 Redis 数据库，采用 Jason 消息分布和订阅的方式进行交互。燃机优化客户端将燃机优化所需的所有边界数据、运行参数和约束条件存入 Redis 数据库。燃机优化服务端通过消息订阅的方式从数据库中获取该部分数据。燃机优化服务可以考虑燃气供应总量约束、系统正负备用要求和关键断面的潮流约束，通过构建和求解混合整数线性优化模型得到满足条件的最优燃气机组开停机计划。然后通过 Jason 消息发布的方式将机组计划存入 Redis 数据库。客户端通过订阅从数据库中获取该部分数据，并以 Excel 文件等形式输出给调度员，实现燃气机组开机方式的校核和辅助优化。

因电网线路设备检修，可能出现多个与大网联系相对薄弱的小系统运行方式。这些小系统网架规模较大，内部电源和负荷众多，其运行的安全性和经济性问题突出。下面以一个实际案例说明燃气机组启停优化应用在指导精准调度这些小系统内部相对高价的天然气机组运行的效果。

2023 年某月 24 日至 28 日，浙江电网出现了一个如图 6–11 所示与大网弱联系的小系统，该小系统内负荷、煤机及光伏装机容量均约占全省 1/3，天然气机组装机占全省 2/3，规模较为庞大。除控制好图 6–11 虚线所示断面的限额外，小系统内部有较大的直流电源，还要预留一定的备用裕度，防止直流双极闭锁。

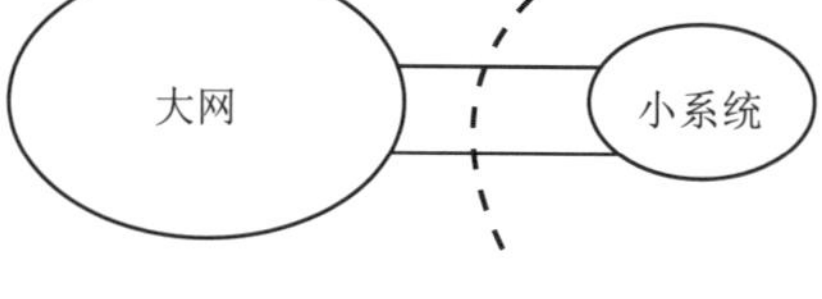

图 6–11　检修方式下大电网与小系统弱联系结构

小系统对应的光伏出力和电网统调负荷如图 6–12 和图 6–13 所示，其中 27 日光伏已近最大出力。可以明显看出 24 日、25 日两日小系统为阴雨天气，26 日、27 日两日为晴天，28 日多云。25 日、26 日两日凌晨和夜晚负荷相差不大，白天因光伏统调负荷相差较大。25 日、26 日两日均为工作日，因此负荷变化不大。

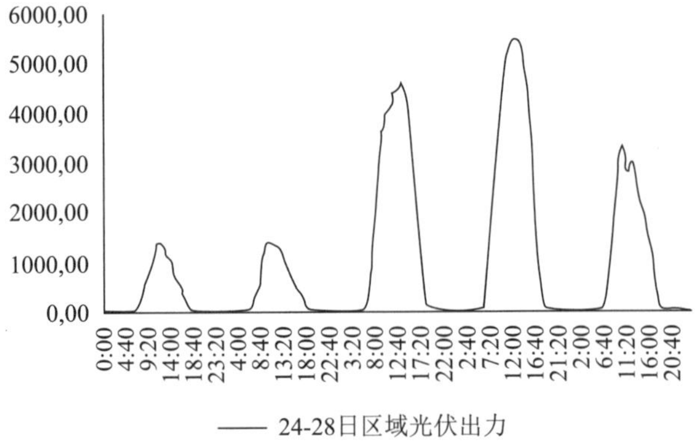

图 6-12 小系统内部区域光伏出力曲线

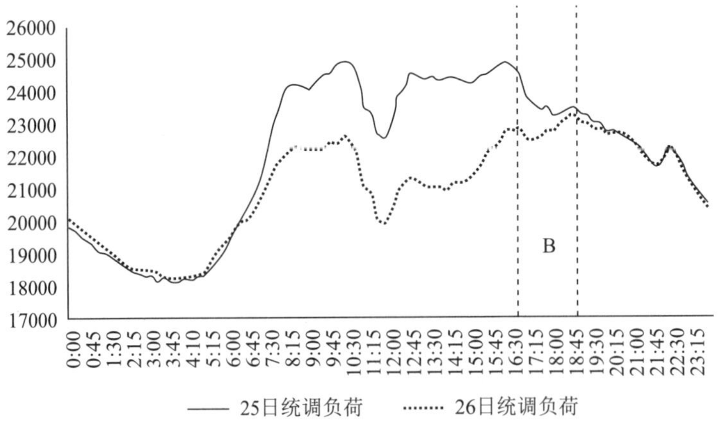

图 6-13 小系统内部区域电网统调负荷曲线

从图 6-14 能直观看出，26 日白天有较多负荷被非统调光伏“吃掉”，因此相较 25 日可减少小系统内部的燃气机组开机。

图 6-15 所示为 25 日、26 日、28 日 8：00—20：00 小系统备用裕度曲线，0 是满足备用需求，即黑线以上为正常，黑线以下存在备用缺口。3 条曲线走势总体一致，但在区域 B 中 25 日线和 26 日线出现了较为明显的分化。

25 日由于预计日间光伏出力较小，燃机采用大开机方式，但到 17 时以后，光伏出力影响消失，小系统内备用容量迅速上升，系统运行的经济性变差。26 日由于考虑日间光伏大发，小系统内采用燃机小开机的方式，16 时后，光伏出力迅速下降至 0，但负荷仍然保持较高水平，导致局部供电能力严重不足。若发生小系统内部直流双击闭锁或大机组运行故障，容易造成与大系统连接断面过载，存在较大的系统安全风险。28 日采用燃气机组启停优化应用，对燃机的运行方式进行校核和滚动更新，全天小系统内部的整体备用裕度均控制在较为合理的范围内，兼顾了系统运行的安全性和经济性。

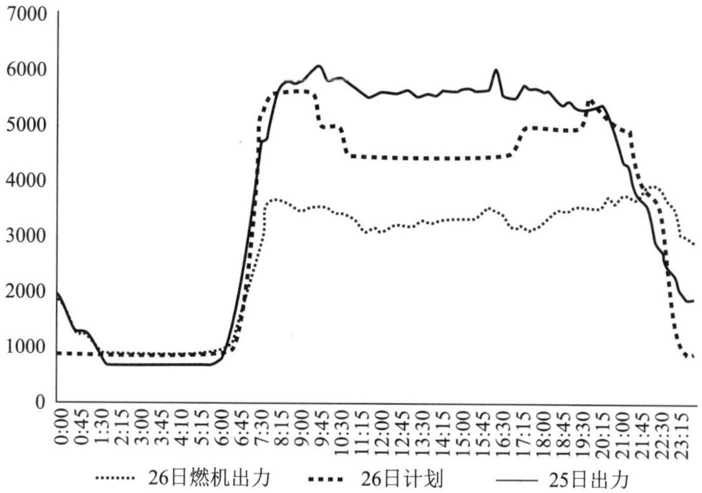

图 6-14　小系统内部区域燃气机组出力曲线

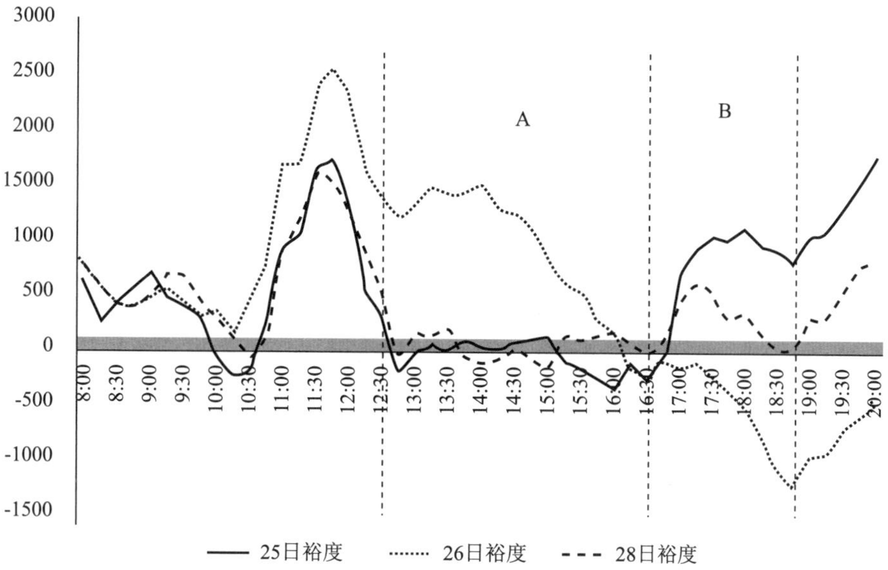

图 6-15　小系统内部区域备用裕度曲线

【参考资料】

[1] Gandelli A，Grimaccia F，Leva S，et al. Hybrid Model Analysis and Validation for PV Energy Production Forecasting［C］// Proceedings of 2014 International Joint Conference On Neural Networks. Beijing：IEEE，2014：1957-1962.

[2] 欧阳庭辉，查晓明，秦亮，等. 基于气象背景选取邻近点的风电功率爬坡事件预测方法［J］. 电网技术，2015，39（11）：3266-3272.

[3] Dong M，Grumbach L. A Hybrid Distribution Feeder Long-Term Load Forecasting Method Based on Sequence Prediction［J］. IEEE Transactions on Smart Grid，2020，11（1）：470-482.

[4] 肖白，黄钰茹，姜卓，等. 数据匮乏场景下采用生成对抗网络的空间负荷预测方法［J］. 中国电机工程学报，2020，40（24）：7990-8001.

[5] Sun X，Luh P B，Cheung K W，et al. An Efficient Approach to Short-Term Load Forecasting at the Distribution Level［J］. IEEE Transactions on Power Systems，2016，31（4）：2526-2537.

[6] Cao Z，Wan C，Zhang Z，et al. Hybrid Ensemble Deep Learning for Deterministic and Probabilistic Low-Voltage Load Forecasting［J］. IEEE Transactions on Power Systems，2020，35（3）：1881-1897.

[7] 杨智宇，刘俊勇，刘友波，等. 基于自适应深度信念网络的变电站负荷预测［J］. 中国电机工程学报，2019，39（14）：4049-4061.

[8] Yu Q，Li Z. Correlated Load Forecasting in Active Distribution Networks Using Spatial-Temporal Synchronous Graph Convolutional Networks［J］. IET Energy Systems Integration，2021，3（3）：355-366.

[9] Pehl M，Arvesen A，Humpenöder F，et al. Understanding Future Emissions from Low-Carbon Power Systems by Integration of Life-Cycle Assessment and Integrated Energy Modelling［J］. Nature Energy，2017，2（12）：939-945.

[10] 周天睿，康重庆，徐乾耀，等. 碳排放流在电力网络中分布的特性与机理分析［J］. 电力系统自动化，2012，36（15）：39-44.

[11] Dai W，Yang Z，Yu J，et al. Security Region of Renewable Energy Integration：Characterization and Flexibility［J］. Energy，2019，187（11）：59-75.

[12] 姚刚，熊国江，张靖，等. 区域风光集群断面裕度分配策略研究［J］. 电力系统保护与控制，2021，49（19）：48-55.

[13] 黄鹏翔，周云海，徐飞，等. 基于灵活性裕度的含风电电力系统源荷储协调滚动调度［J］. 中国电力，2020，53（11）：78-88.

[14] Nikoobakht A，Aghaei J，Shafie-Khah M，et al. Assessing Increased Flexibility of Energy Storage and Demand Response to Accommodate a High Penetration of Renewable Energy Sources［J］. IEEE Transactions on Sustainable Energy，2018，10（2）：659-669.

[15] 曾鸣，杨雍琦，向红伟，等. 兼容需求侧资源的“源-网-荷-储”协调优化调度模型［J］. 电力自动化设备，2016，36（2）：102-111.

[16] 赵晓玲. 考虑可再生能源的微网不确定性优化调度研究［D］. 北京：华北电力大学，2016.

[17] Zhang Yan，Wang Rui，Zhang Tao，et al. Model Predictive Control-Based Operation Management for a Residential Microgrid with Considering Forecast Uncertainties and Demand Response Strategies［J］. IET Generation Transmission & Distribution，2016，10（10）：2367-2378.

[18] 杨晓东，任帅杰，张有兵，等. 电动汽车可调度能力模型与日内优先调度策略［J］. 电力系统自动化，2017，41（2）：84-93.

[19] 尤毅，刘东，钟清，等. 主动配电网优化调度策略研究［J］. 电力系统自动化，2014，38（9）：177-183.

[20] 唐巍，高峰. 考虑用户满意度的户用型微电网日前优化调度［J］. 高电压技术，2017，43（1）：140-148.

[21] 李保恩，李献伟，毋炳鑫. 基于储能SOC状态的微电网能量优化调度策略研究［J］. 电力系统保护与控制，2017，45（11）：108-114.

[22] 张晓辉，董兴华. 含风电场多目标低碳电力系统动态经济调度研究［J］. 电网技术，2013，37（1）：24-31.

[23] Bernhard W，Harald V. Evaluating Sustainable Forest Management Strategies with the Analytic Network Process in a Pressure-State-Response Framework［J］. Journal of Environmental Management，2008，88（1）：1-10.

[24] 张健，蒲天骄，王伟，等. 智能电网示范工程综合评价指标体系［J］. 电网技术，2011，35（6）：5-9.

[25] 王彬，何光宇，梅生伟，等. 智能电网评估指标体系的构建方法［J］. 电力系统自动化，2011，35（23）：1-5.

[26] 文云峰，崔建磊，张金江，等. 面向调度运行的电网安全风险管理控制系统（一）概念及架构与功能设计［J］. 电力系统自动化，2013，37（9）：66-73.

[27] Bosetti V，Marangoni G，Borgonovo E，et al. Sensitivity to Energy Technology Costs：a Multi-Model Comparison Analysis［J］. Energy Policy，2015，80：244-263.

[28] Asghari Gharakheili M，Fotuhi-Firuzabad M，Dehghanian P. A New Multiattribute Decision Making Support Tool for Identifying Critical Components in Power Transmission Systems［J］. IEEE Systems Journal，2018，12（1）：316-327.

[29] Li F X，Bo R. Congestion and Price Prediction under Load Variation［J］. IEEE Transactions on Power Systems，2009，24（2）：911-922.

[30] Gu Y Z，Xie L，Rollow B，et al. Congestion-Induced Wind Curtailment：Sensitivity Analysis and Case Studies［C］// 2011 North American Power Symposium. August 4，2011，Boston，USA.

[31] 闪鑫，陆晓，翟明玉，等. 人工智能应用于电网调控的关键技术分析［J］. 电力系统自动化，2019，43（1）：49-57.

[32] 陈郑平，米为民，林静怀，等. 电网调控操作智能助手方案探讨［J］. 电力系统自动化，2019，43（33）：173-178.

第 7 章

电力现货市场与碳交易市场协同机制

7.1 电力现货市场和碳市场的建设现状

“双碳”目标下，全国碳市场建设加速推进，电力系统的安全与经济调度面临着更多挑战。同时，随着电力体制改革的推进，电力市场环境对省级电网在调度与控制方式上产生了新的影响，市场出清交易过程需综合考虑发用电报价与电力碳排情况。当前电力市场和碳市场的建设与运行关联性不大，电力交易和碳交易分属不同的交易品种，电力市场属于需求驱动型市场，交易标的主要是电能量，具备物理属性，开展年度、月度、日前、实时等周期的连续交易，且与电力系统运行密切相关；碳市场属于政策驱动型市场，交易标的主要是碳配额以及衍生品，具有金融属性，可不连续交易。

在全国电力现货市场建设方面，《关于进一步深化电力体制改革的若干意见》（中发〔2015〕9号）提出以来，有效激发了市场活力、释放市场红利，电力市场发展逐步向纵深推进。其中现货市场的建设是重点，主要采用试点先行的方式，各省因地制宜选择市场模式、交易品种和参与主体等，统筹协调省间与省内现货市场交易、中长期与现货交易、现货与辅助服务交易，并有序引导用电侧参与市场交易。

为加快组织推动电力现货市场建设工作，国家发展改革委根据各地电力供需形势、网源结构及市场化条件，于2017年选择了南方（以广东起步）、蒙西、浙江、山西、山东、福建、四川、甘肃等8个地区作为第一批试点省份。《国家发展改革委 国家能源局关于加快建设全国统一电力市场体系的指导意见》（发改体改〔2022〕118号）提出的指导思想就是加快形成统一开放、竞争有序、安全高效、治理完善的电力市场体系。首批8个试点地区大部分进入长周期连续运行阶段后，2022年又选择了上海、江苏、安徽、辽宁、河南、湖北等6个地区作为第二批试点省份，逐步建立电量电价的市场化形成机制，推动电力资源配置由计划模式向市场模式转变，并逐步扩大电力市场交易规模。

全国统一电力市场采用“统一市场，两级运作”的市场模式，电力现货市场的运营采用国分省三级调度协同运转的方式。国调中心负责组织省间现货市场，省间市场能够充分利用省间通道输送能力，促进资源大范围优化配置，实现区域间电力余缺互济、新能源大规模消纳；各分中心负责组织区域辅助服务市场，统筹区域内调频备用等电力资源共享，做好区域内电网运行安全校核与关键断面越限处置，确保交流同步电网安全稳定运行；省级调度负责组织省内现货与辅助服务市场，优化省内电力资源配置，统筹发用电平衡及促进省内新能源消纳。

在全国碳排放权市场建设方面，以燃煤发电为主的电力行业是二氧化碳排放的主要来源。据不完全统计，电力行业能源消费量占全国能源消费总量的 60% 以上，二氧化碳排放量占全国总排放量的 40% 左右。我国的碳交易还处在起步阶段，主要的交易方式是碳配额、核证自愿减排（CCER），碳市场则以现货交易为主。现阶段碳配额分配以免费发放为主，只有少部分配额为有偿分配。

自 2013 年开始，我国试点碳市场先后正式上线交易，对二十多个行业全面覆盖，涉及排放企业三千家。我国碳市场交易价格受履约需求驱动明显，理论上碳市场交易可分成两种，一种以配额初始分配市场为主，包括免费发放和拍卖；另一种为自由交易市场，包括挂牌交易、单向竞价等。截至 2021 年 6 月，试点碳市场累计成交二氧化碳当量约 4.8 亿吨，总成交额约 114 亿元。“双碳”目标提出后，国内碳市场交易规模、深度逐步扩大。全国碳市场于 2021 年 7 月 16 日正式启动上线交易，首次将碳排责任压实到企业，首期全国碳市场交易价格总体保持在每吨 40 元到 50 元。

随着省内新能源机组装机容量的大幅上涨，浙江电网碳排放强度总体呈现明显的下降趋势，2022 年全年碳排放强度为 487.58g/kWh，2018 年全年碳排放强度为 589.03g/kWh，2022 年较 2018 年全年下降 17.2%，年平均下降率 4.62%。地区方面，丽水、衢州凭借丰富的小水电等清洁能源，碳排放强度全省最低。随着消费侧电气化替代的不断深入，电力已逐步占据了能源系统中的枢纽地位，电力碳排放总量和强度的控制压力将持续加大。为了实现可持续发展和节能减排的目标，优化电力产业结构成为当务之急。

电、碳市场相对独立运行，缺乏电碳耦合机理与市场衔接协同机制的研究，无法充分发挥电力市场的碳减排价值。不同类型市场主体行为与碳市场对应主体碳权缺乏对应关系，影响电力行业向经济低碳转型。电力市场与碳排放权市场有必要通过市场耦合的方式，以电力市场为基础融合电力碳排放情况，通过市场化的价格形成机制体现碳权价值与电能量价值。

碳电市场协同运行的困难点表现在政策实施与机制设置上。在碳排政策实施上，若将控排主体核定碳排放量设置过高会导致碳价下降，导致控排主体的碳排放量随之上升，会削弱碳市场的减排约束力；过于严格的碳限额上限会导致电力市场交易低迷。在市场交易制度上，电力市场与碳市场缺乏有效互认制度，也缺乏有效的碳成本传导机制，运行效率低。发电企业碳成本无法向下游传导，降低了发电企业参与碳市场的积极性，无法实现低成本减排，难以挖掘减排潜力。

将电力市场与碳市场进行关联设计是能源规制与气候变化治理领域的前沿问题。

在电力市场经济与电网低碳运行双重目标下，将电力市场与碳市场结合起来考虑，碳成本对电价的传导将对电力市场形成碳约束，能够倒逼电力结构优化，有利于减少交叉补贴，理顺市场关系，实现电力合理消费与节能减排的双重目标。

本章针对上述碳电市场协同面临的问题，首先提出相关的关键技术；其次给出三条相关建议，一是推动灵活调节资源纳入现货市场体系，二是完善电力市场与碳市场协同管理体系，三是加快电网低碳调度前瞻性项目研究；最后介绍了浙江“电碳一张图”和碳电协同优化平台建设。本章通过对技术、思路和应用进行初步探讨，期望可以为省域新型电力系统电力现货市场与碳交易市场协同提供思路和启发。

7.2 现货市场机制与碳电协同关键技术

7.2.1 促进新能源消纳的电力现货市场机制设计

新能源大规模高比例并网后，由于其发电出力具有波动性和间歇性，“大装机小出力”特征明显，电力供需平衡调节面临极大挑战。为促进新能源消纳以降低电力系统碳排放水平，需要构建全新的现货市场体系，通过对电力现货市场流程框架进行清晰的梳理，设计能够应对高比例新能源冲击的电力现货市场，构建考虑安全保供的新能源消纳市场化机制，将碳市场与电力市场更好结合以满足社会低碳发展要求。

1. 构建科学的电力现货市场机制框架

随着电力市场改革深入，以年度和月度交易为主的电量市场发展为更小时间尺度的电力现货市场，并与含需求响应的辅助服务市场进行联合运营。电力现货市场采用即时发用电平衡及清算的交易方式，包括日前、日内、实时电能量交易和备用、调频等辅助服务交易。现货市场与调度运行构成有机整体，能够为电网运行提供市场化调节手段，包括供需平衡、新能源消纳、资源优化配置等。

设计科学合理的现货市场交易机制，能够积极引导市场主体经济低碳发展，通过价格机制引导源网荷储充分互动：支持电源侧新能源发电接入比例不断提高的波动平抑；支持电网侧发挥枢纽功能，提供可再生能源并网消纳的安全传输通道；支持负荷侧改变电力负荷“刚性”特征，引导电力负荷具备“弹性”；支持储能侧发挥削峰填谷作用，提供快速调峰、调频能力。

现货电能量市场采用单一制电量电价，市场主体基于绝对电能价格进行市场交易。日前市场和实时市场通过集中优化竞争的方式，形成分时节点电价。电力现货市场定价机制的形成与电网结构和网络阻塞程度息息相关，分区边际电价和节点边际电价机制可看作为解决电力批发市场交易中的输电阻塞问题对系统边际电价的完善。

完整的分时节点电价应该包括三部分：系统边际电价、网络阻塞价格、边际网损价格。现货出清最后一段满足平衡需要的机组报价作为系统边际电价。网络阻塞价格指因电网约束、机组约束等机组出力受限情况下系统增加的成本，即阻塞引起的重新调度成本。通过价格的高低指导机组出力的变化，以逐步向电力系统可靠运行的目标逼近。边际网损价格指在某个节点上增加 1 兆瓦的负荷引起的系统网损的增加，由于改革后的输配电价核准已经包含了网损，在系统中不应重复计算，因此这部分分量为零。

电力价格可以在短时间波动，并由批发市场传导到零售市场。因此，需求响应的参与类型包括价格型需求响应，也包括提供备用型辅助服务的激励型需求响应（如图 7-1 所示）。

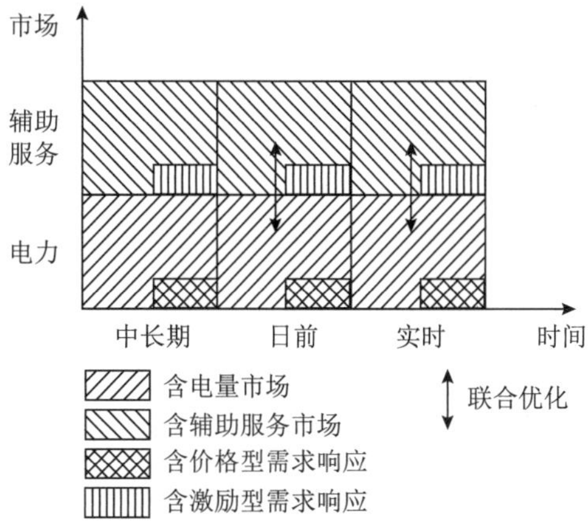

图 7-1　电力市场与辅助服务市场关系

在日前市场中，负荷响应用户（DPR）可以提供随用电递减的电力报价曲线，也可以提供备用型辅助服务的容量报价曲线。此时，机组组合、机组出力和辅助服务（含需求响应）联合优化，优化目标为总社会成本最小，可以表示为：

$$
Min\left\{\begin{array}{l}\sum_{t=1}^{T}\sum_{i=1}^{I}\left[\begin{array}{l}SU_i\cdot\alpha_i(t)\cdot\left(1-\alpha_i(t-1)\right)+F_{Gi,t}\left(P_{Gi}^{D}(t)\right)\\+RC_{Gi,t}^{\text{up}}\left(RE_{Gi}^{\text{up}}(t)\right)+RC_{Gi,t}^{\text{down}}\left(RE_{Gi}^{\text{down}}(t)\right)\end{array}\right]\\+\sum_{t=1}^{T}\sum_{k=1}^{K}RC_{k,t}^{\text{up}}\left(DR_k(t)\right)-\sum_{t=1}^{T}\sum_{m=1}^{M}B_{m,t}\left(P_m^{D}(t)\right)\end{array}\right\} \tag{7-1}
$$

式中，T 为时段数，I 为机组个数，SU_i 为机组的开机费用，$\alpha_i(t)$ 为机组 i 在时段 t 的开停机状态，开机则 $\alpha_i(t)=1$、关机则 $\alpha_i(t)=0$；$P_{Gi}^{D}(t)$ 为机组 i 的有功功率，$F_{Gi,t}(P_{Gi}^{D}(t))$

为机组 i 的运行成本；$RE_{Gi}^{\mathrm{up}}(t)$ 和 $RE_{Gi}^{\mathrm{down}}(t)$ 分别为机组 i 的上调量和下调量，$RC_{Gi,t}^{\mathrm{up}}(RE_{Gi}^{\mathrm{up}}(t))$ 和 $RC_{Gi,t}^{\mathrm{down}}(RE_{Gi}^{\mathrm{down}}(t))$ 分别为机组 i 提供上调辅助服务和下调辅助服务的成本；K 为提供辅助服务的 DRP 个数，$DR_k(t)$ 为 DRP 提供的备用容量，$RC_{k,t}^{up}(DR_k(t))$ 为 DRP 提供的辅助服务成本；M、$P_m^D(t)$ 和 $B_{m,t}(P_m(t))$ 分别为提供随用电递减的电力报价曲线的 DRP 个数、DRP 有功功率以及 DRP 的用电收益。

日前市场的安全约束机组组合优化模型的约束条件如下。

①潮流方程（本章采用直流潮流表示）：

$$\sum_{\substack{i\in r\\ i=1}}^{I} P_{Gi}^{D}(t)-\sum_{\substack{j\in r\\ j=1}}^{J} D_j(t)=\sum_{R} B\theta \qquad t=1,2,\cdots,T \tag{7-2}$$

式中，R 为系统网络节点数，$r=r_1,r_2,\cdots,R$；J 为负荷节点数，$D_{j(t)}$ 为负荷节点 j 的有功功率日前预测值；B 为系统网络参数，θ 为节点功率角。

②联络线断面潮流约束：

$$-L_{\max}\leqslant P_{\mathrm{trans}}(t)\leqslant L_{\max} \qquad t=1,2,\cdots,T \tag{7-3}$$

式中，$P_{\mathrm{trans}}(t)$ 为联络线功率流量，$L_{\max}$ 为联络线功率传输最大值。

③最小开停机约束：

$$\left(\alpha_i(t-1)-\alpha_i(t)\right)+\left(\alpha_i(t+\lambda)-\alpha_i(t+\lambda-1)\right)\leqslant 1 \qquad \forall\lambda\in[1,\cdots,D_i-1] \tag{7-4}$$

$$\left(\alpha_i(t)-\alpha_i(t-1)\right)+\left(\alpha_i(t+\lambda-1)-\alpha_i(t+\lambda)\right)\leqslant 1 \qquad \forall\lambda\in[1,\cdots,O_i-1] \tag{7-5}$$

式中，D_i 为机组最小停机时间，O_i 为机组最小开机时间。

④机组出力约束：

$$P_{Gi}^{D}(t)+RE_{Gi}^{\mathrm{up}}(t)\leqslant \overline{P_{Gi}} \tag{7-6}$$

$$P_{Gi}^{D}(t)-RE_{Gi}^{\mathrm{down}}(t)\geqslant \underline{P_{Gi}} \tag{7-7}$$

式中，$\overline{P_{Gi}}$ 和 $\underline{P_{Gi}}$ 分别为机组最大和最小的有功出力。

⑤机组爬坡率约束：

$$0\leqslant RE_{Gi}^{\mathrm{up}}(t)\leqslant \overline{\Delta P_{Gi}^{\mathrm{up}}} \tag{7-8}$$

$$0\leqslant RE_{Gi}^{\mathrm{down}}(t)\leqslant \overline{\Delta P_{Gi}^{\mathrm{down}}} \tag{7-9}$$

式中，$\overline{\Delta P_{Gi}^{\mathrm{up}}}$ 和 $\overline{\Delta P_{Gi}^{\mathrm{down}}}$ 分别为机组 i 的上调和下调的最大爬坡率。

⑥备用容量约束：

$$\sum_{i=1}^{I} RE_{Gi}^{\mathrm{up}}(t)+\sum_{k=1}^{K} DR_k(t)\geqslant \underline{RE^{\mathrm{up}}} \tag{7-10}$$

$$\sum_{i=1}^{I} RE_{Gi}^{\mathrm{down}}(t) \geqslant \underline{RE^{\mathrm{down}}} \tag{7-11}$$

式中，$\underline{RE^{\mathrm{up}}}$ 和 $\underline{RE^{\mathrm{down}}}$ 分别为系统最小上调备用容量和最小下调备用容量。

⑦提供备用型辅助服务的 DRP 容量约束：

$$0 \leqslant \sum_{k=1}^{K} DR_k(t) \leqslant \alpha \cdot \underline{RE^{\mathrm{up}}} \tag{7-12}$$

式中，α 为需求响应容量在系统上调备用容量中的占比。由于需求响应的不确定性较大，因此限制其在系统备用容量中的占比以保证系统的安全可靠。

⑧提供电力报价的 DRP 出力约束：

$$P_m^D(t) \leqslant \overline{P_m} \tag{7-13}$$

$$P_m^D(t) \geqslant \underline{P_m} \tag{7-14}$$

式中，$\overline{P_m}$ 和 $\underline{P_m}$ 分别为 DRP 的负荷最大功率和最小功率。

实时市场中考虑安全约束的经济调度约束条件与日前市场中考虑安全约束机组组合约束条件相比，不包含最小开停机约束条件。实时市场考虑电网实际运行状态和物理约束，满足超短期负荷预测和备用需求，通过电能、备用、调频的联合优化，以发电成本最小化为目标，进行实时市场出清，形成实时市场出清结果，以指导各市场主体实际执行。

现货市场结算机制直接影响用户市场交易收益和市场不平衡资金，对现货市场能否平稳运行产生关键影响。用户侧结算机制设计的难点在于理顺中长期市场、现货市场等不同时序交易间的量价关系。合理的电能电费可以按照“日前基准、实时差量、合约差价”的原则进行结算。日前市场按照日前出清价格进行全电量结算；实时市场按照实时市场出清价格，对实际上网电量（实际用电量）与日前市场出清电量的差值进行差量结算；合约市场按照合约约定价格和日前市场出清价格的差值进行差价结算。

2. 构建考虑安全保供的新能源市场化消纳机制

为促进新能源高比例消纳并确保电网运行安全可靠、电力供应平稳有序，需要构建考虑安全保供的新能源市场化消纳机制。由此，建立了省间电力现货交易整体框架，设计了市场衔接、竞价出清、多级调度协同运作等关键机制，助力实现新型电力系统下的新能源消纳和电力保供双目标。

首先，根据机组类型与碳排放水平，确立优先发电序位，在清洁能源全消纳的基础上，按照优先发电序位，统筹考虑安全、三公等多重约束，安排年度、月度、每周发电指导计划。其次，依托电力现货市场平台，鼓励发电企业开展内部转让、双边转让、集中转让，综合考虑系统安全约束、可再生能源保障性收购等，做好转让指导与转让校核工作。充分考虑新能源出力的不确定性，在保证系统安全与供需平衡的前提下，实现清洁能源消纳空间最大化、系统碳排放最小化的双重多目标优化。

根据国内新能源保障性消纳原则，结合现货市场运行实际，制定现货市场交易机制。构建发电替代机制，其中新能源与火电机组同等参与市场竞价，在产生弃电时启动发电替代机制，由报价较高的火电机组出让发电空间给弃电新能源。新能源发电替代机制如图 7-2 所示。

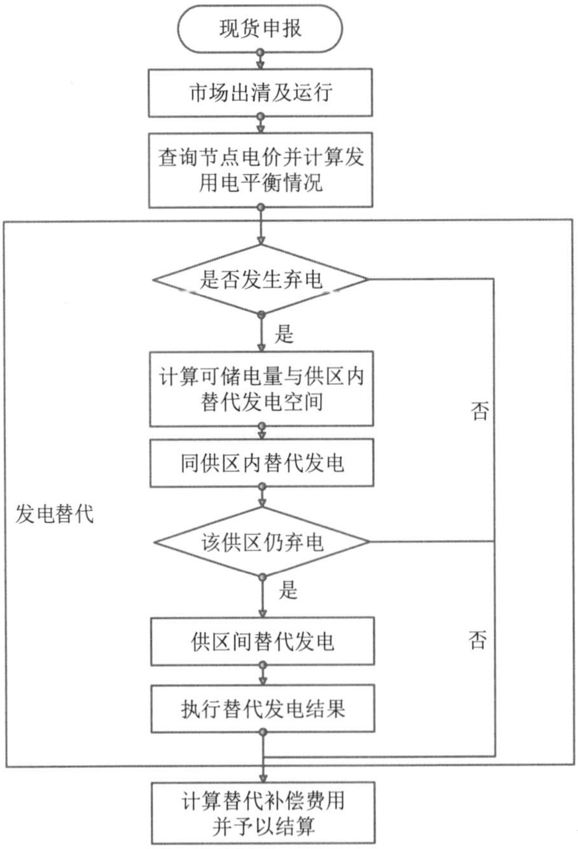

图 7-2　新能源发电替代机制

结合国外具体实践能够得出，随着可再生能源装机容量上涨，电价开始出现下降。出清电价下降，零边际成本机组接入后，尖峰负荷机组年利用小时数将进一步下降，若尖峰负荷机组因此出现亏损，则会对其投资意愿产生严重影响。为确保电网有足够的调峰机组容量，科学合理的容量补偿机制在支撑市场良心发展上的支撑作用越来越突出。容量市场是一种经济激励机制，可靠资源能够获得容量补贴，鼓励电厂投资建设灵活调节机组，使电力系统面对高峰负荷时有足够的发电容量冗余。

3. 深入构建电力现货市场需求响应机制

电力需求侧管理就是以市场价格信号为依托激励电力用户调整自身用电行为，从而使电力供应与需求保持均衡，确保电网平稳运行。将需求侧资源融入现货市场出清机制，提出综合发电侧和用户侧、源荷互动式的电力市场交易出清方法，构建激励型需求响应参与现货市场的交易机制。

国外电力市场发展较早也较成熟，已经从传统的公用事业转变为一种可靠资源，在需求侧资源参与市场交易方面积累了丰富的经验（如表 7-1 所示）。

表 7-1　国外需求侧资源参与市场情况

电网企业	用户类型	参与市场
美国 PJM	削负荷服务商（负荷服务实体、配电公司）	容量市场、能量市场、调频和备用辅助服务市场
美国 NYISO	位于纽约州并注册参与负荷响应计划的电力用户	调频和备用辅助服务市场
英国国家电网	国家电网运营商、负荷响应聚合商或配电公司	容量市场、调频和备用辅助服务市场
日本电网	与大用户和负荷响应聚合商签订合约	容量市场、调频和备用辅助服务市场
德国电网	满足可中断管理条例的用户	可中断负荷市场

对用户在系统中参与的负荷削减项目给予激励，即以激励为依托的需求响应；用户对价格进行响应，自主对用电时间、用电量等进行调节，即以价格为依托的需求响应。通常来说，前者能够在电力批发市场现货市场中积极参与，后者在电力零售市场中积极参与，两者之间形成的需求侧资源，超越年度、月度到当前的时间尺度，加入能量、容量市场等，使电力系统运行可靠性得以满足。模式和市场机制的创新是激发需求响应积极性的关键，美国 CSP（Curtailment Service Providers，削减服务提供商）模式 + 容量市场大大激发了需求响应的创新，通过 CSP 将单个用户的调节能力聚合到一起，提高了可用性、可靠性，市场竞争力进一步提升。

负荷在参与电力现货市场时通常分为Ⅰ类用户和Ⅱ类用户。在电力现货市场中，将直接参与市场的用户称为Ⅰ类用户，也称电力大用户；将受电网公司管理而间接参与市场的用户称为Ⅱ类用户，由售电公司代理申报其用电需求曲线和价格。正常情况下，只有满足最小中断容量的可中断负荷用户才可以参与电力现货市场，如加拿大、加州等地区设定最小切除容量为 1 兆瓦或 2 兆瓦。通常用可中断负荷的退出实现峰荷的削减。此时最小可中断容量的设定与负荷尖峰容量有直接联系，可以按负荷尖峰容量或负荷总容量的一定比例进行设置，例如负荷尖峰容量的 2% ～ 3%。根据“谁造成，谁分摊；谁受益，谁分摊”的原则，针对负荷参与各类需求侧响应的不同性质及受益对象，采取不同的费用分摊机制，相关补偿费用应由该时段每个市场用户用电量占市场总电量的比例分摊。考虑不同用户响应行为的现货市场需求响应机制框架设计如图 7-3 所示。

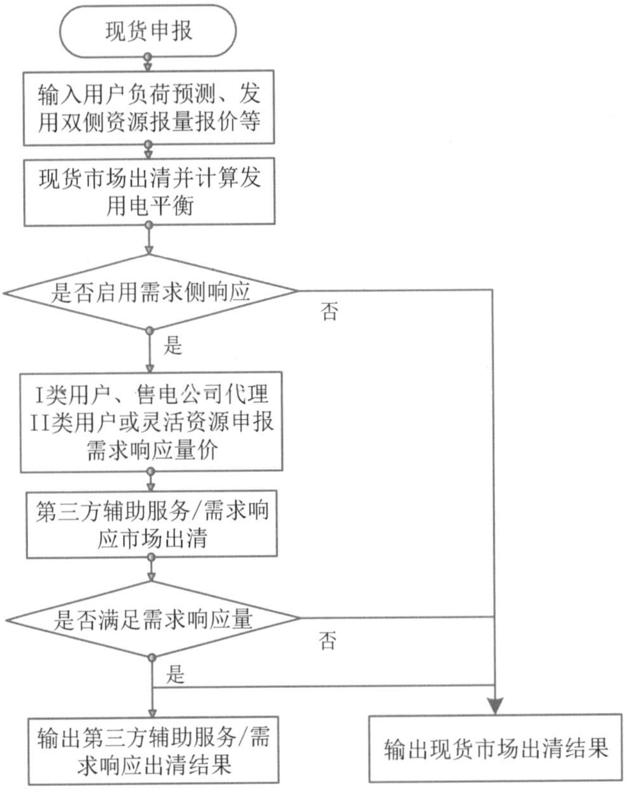

图 7-3　考虑不同用户响应行为的现货市场需求响应机制框架

7.2.2　考虑碳成本的电力现货市场优化出清技术

从发电侧看，火电企业在碳市场购买碳排放权将增加生产成本，并通过电力市场将成本向电力用户传导，最终反映在电价上。当碳市场中的碳配额价格上涨时，火电企业生产电能的边际成本也将上涨，引导企业在电力市场申报环节中将碳成本考虑在内，申报更高的价格。碳成本内化于电力申报价格将提升低排放机组在电力市场出清过程中的优先级，从而实现碳价对电力系统运行减排的价格引导。从用电侧看，绿色电力具有零碳特征，当绿色电力交易市场价格降低时，用户倾向于选择购入绿色电力降低自身的碳排放量，导致碳排放权需求降低，传导至碳市场使碳价降低。总体来看，碳价与电价的变化趋势呈现正相关性，且碳价将围绕绿色电力的溢价水平上下波动。计及碳成本后的电力市场出清结果变化如图 7-4 所示。

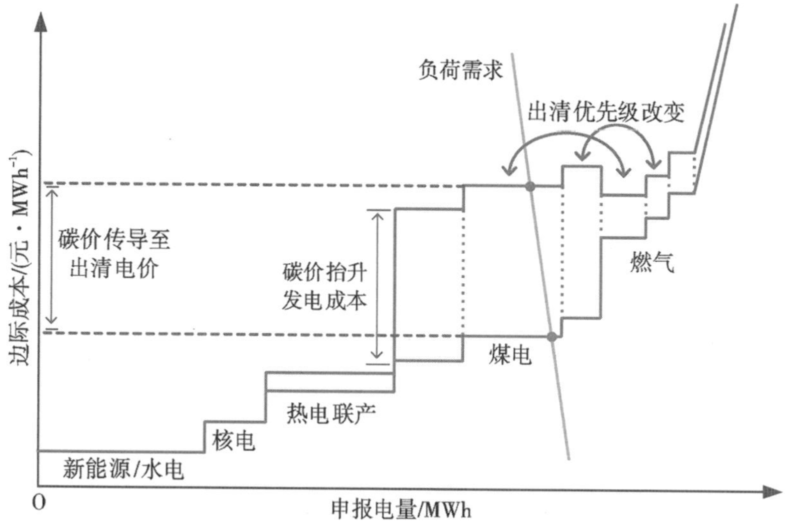

图 7-4　计及碳成本后的电力市场出清结果变化

考虑现货市场与碳交易市场的电网低碳多维调度目标，基于电力现货市场与电力碳交易市场出清价格计算研究电网各环节碳排放成本计算方法，构建电网低碳经济调度、碳排放调度、新能源消纳调度以及功率平衡调度等多调度目标。在电力市场与碳市场深入融合的背景下，市场主体根据碳电交易的市场机制，参与碳电市场，满足电力市场与碳市场联合运营的需求。理想形态下碳电联合市场交易机制设计如图 7-5 所示。

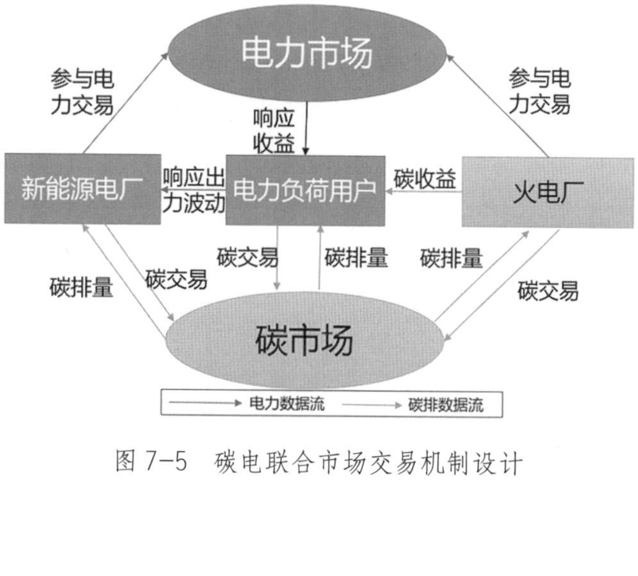

图 7-5　碳电联合市场交易机制设计

在电力市场不断深化发展的背景下，开展电力双边协商交易有助于市场深化，即碳电交易的前提是买方发布交易需求，卖方针对需求开展交易申报。电力交易系统开放市场，准入交易的电力市场主体发布、申报电力交易，发布申报截止后将市场数据发送给碳市场。碳市场根据电力发布申报的信息预核发和配额对应碳权，反馈给电力市场主体。

电力交易发布申报截止后，电力交易进入出清阶段，按照电力交易出清机制，分别出清电力交易成交的买卖双方的中标量价。电力交易的出清信息传输给碳市场，碳市场根据各市场主体的电力中标数据，按照新能源碳权核发和火电配额碳权机制锁定各市场主体的碳权量并反馈给电力交易系统对应电力出清的碳权锁定量。

电力交易的出清数据信息作为交易执行的依据，依次按照中长期、短期、日前、日内、辅助服务以及备用等市场调用规则，分别执行出清交易内容。但实际交易过程中会由于发、用电偏差导致临时不均衡电量，可通过备用市场或弹性负荷调度消除发、用电的实际不平衡量，并将实际执行的不平衡量及其涉及的市场主体信息传送到碳市场。碳市场按照碳权核发和配额机制修正并出清本轮电力交易的各市场主体的碳权量，将出清的碳权量反馈给电力市场并开展市场主体间的碳权交易，碳权交易结果作为结算依据分别确定各市场主体的交易费用。

电力交易执行信息按照交易结算规则确定电力市场主体的市场费用，并按照碳市场规则反馈电力市场主体的核发与配额碳权量，为电力市场的交易准入门槛提供评估和完善的依据。接着，通过金融途径进行电力交易和碳权交易的价值转移，完成考虑碳成本的现货市场出清运行。

7.2.3 电力碳足迹追踪与市场降碳能力评估技术

电力碳排放具有网络特性，电力碳排由电源产生，随着电力潮流汇入大电网，然后配送到各用电终端。具体有三方面的特征：一是电源由政府规划，电网公司的角色是协同配合；二是用户所用的电，是否清洁并没有选择权；三是电网是连接电源和用户的中间环节，虽然本身不产生碳排，但电网公司管理电网，消纳清洁能源，服务电力用户，对于某个区域的用户，可以说是“同网同碳”。有必要对地区电网电力碳排放情况量化计算，并深入分析电力碳排放路径，合理评估市场环境下主体的降碳能力，实现指导电力源网荷储各侧减碳降耗。

1. 构建电力碳排放指数体系

通过对一定时间段（年、月、日和实时）内的全省发电量、含碳排放机组（煤电机组、燃气机组等）电量、零碳机组（水电、新能源和核电等）电量，含碳排放的外来电量及其相应的二氧化碳排放量进行统计计算，从而全面直观地反映该时间段内该地区全社会消耗电力的碳排放综合情况。

电力碳排放指数体系（PCEI）由电力碳排放总量指标（CEQ）、电力碳排放强度指标（CEI）和零碳电能占比指标（NCI）三个部分组成，三部分指标各有侧重，互相支撑。其中电力碳排放总量指标 CEQ 用于表征某一时段内全社会用电所产生的总碳排放量；电力碳排放强度指标用于表征某一时段内地区单位用电量所产生的碳排放（g/kWh）；零碳电能占比指标用于表征某一时段地区用电量中非火电机组的发电量占比。

该指数体系可从时域、地域和成分三个维度精准刻画地区全社会电力碳排放情况，其计算方法适用于年、月、日和实时等不同时间尺度，除分析各地市县、电网供区和场站的碳排放情况外，还能对煤电、燃气机组等碳排放电能成分进行专门分析。基于电能供给侧的全局信息数据，深挖全省发电量、发电成分、碳排放量等大数据价值，以实现电力碳排放在时域、地域和成分三个维度精准刻画、动态监测和全面分析，开发部署电力碳排放指数监测系统，实现电力碳排放的可量化、可预测、可评估和可展示。

2. 电力碳排足迹追踪

为打通“电 – 碳 – 能”数据壁垒，构建地区用电与碳排放联动模型，基于电气剖分电网碳追踪技术，对电网开展潮流与电源碳排放的追踪，结合电网电源碳排放模型，分析电网碳流在电网中的流动情况，明确电源碳排放在各负荷节点的分配情况。开展对负荷节点碳排放量的追踪，明确负荷节点碳排放来自哪些电源机组。供给侧开展电力系统碳排源头追溯、电厂碳排监测分析。消费侧开展用户化石能源电量、碳排放量实时直观可视。网架侧开展发输变配用储各环节碳数据的全面收集和碳足迹的全景展示。

碳排放流的追踪方式可分为几种：源荷追踪，选定发电节点，追踪该节点发电量及其等效碳排放扩散到电网负荷的过程；荷源追踪，选定负荷节点，追踪该节点负荷量的上游电网发电来源及其等效碳排放量；双向追踪，选定电力线路，追踪该线路承载潮流对应的源荷节点及各节点碳排放占比；源荷映射，分析电网中所有发电节点与负荷节点的出力与碳排放映射关系；动态溯源，对发电或负荷节点一段时间内的去向或来源进行动态追溯；整体评估，综合分析整个电网中源荷节点及电力线路的碳排放强度与清洁程度。

以源荷追踪方法为例介绍算法流程如图 7–6 所示。第一，判别当前节点流出功率方向、连接支路与后续节点；第二，判断节点与后续节点无电气联系或遍历完所有节点；第三，若节点与后续节点有电气联系或遍历未完成，则构建该节点与后续节点的电气剖分模型，并计算该节点与后续节点碳排放联系矩阵，并选择后续节点作为当前节点，继续执行前述步骤；第四，若节点与后续节点无电气联系或遍历完成，则计算该发电节点所有落点及其比例。

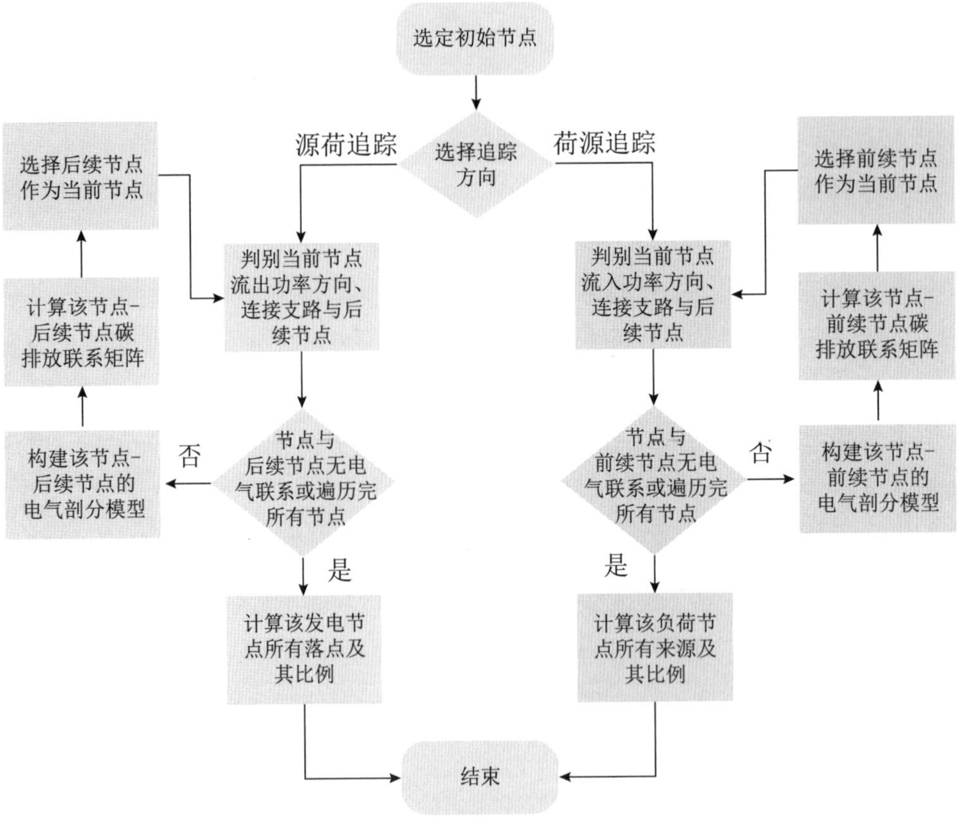

图 7-6　大电网碳足迹追踪算法

以电网网架及设备状态为计算依据，构建覆盖 500 千伏至 380 伏各电压等级源 - 网 - 荷各节点能耗、碳排与度电碳排放强度等指标的监测体系，将电力流数据与碳排数据相统一，实现发输变配用储各环节碳数据的全面收集和碳足迹的全景展示，可视化分析全域碳排放状态及测算全维度碳排放情况，预测碳排放演进，有力支撑碳效评估工作。

源侧按各一次能源发电上网前的度碳占比，按照实际上网调度接入状态将碳流分摊上网。网侧基于调度、设备状态等信息构建的“可描述”电力系统，实现电流的可追溯，以电流的可追溯实现上网碳成分的可追溯，实现按照电压等级的逐级下降或网格的逐级下沉，不断延展碳流至负荷端。负荷侧依据配网营销、设备等信息将已分摊至主网的碳流进一步分配或归集至电力消费侧，实现对负荷侧度碳强度的归集与测算。

3. 市场降碳能力评估技术

虽然新能源资源能够提供较低甚至是零碳排放量的低碳价值，但风电、光伏的高波动性、不确定性会对电网运行造成冲击，因而对电力系统灵活性的需求急剧增加，亟须挖掘储能、水电、火电等灵活性机组与负荷响应等灵活性资源的调节能力及碳减排空间。基于电力现货市场交易机制，引导发用电侧合理调节与平衡，实施合理的传统火电机组、水电机组、分布式电源的调控策略，可以创造尽量多的新能源消纳空间。市场降碳运行策略如图 7-7 所示。

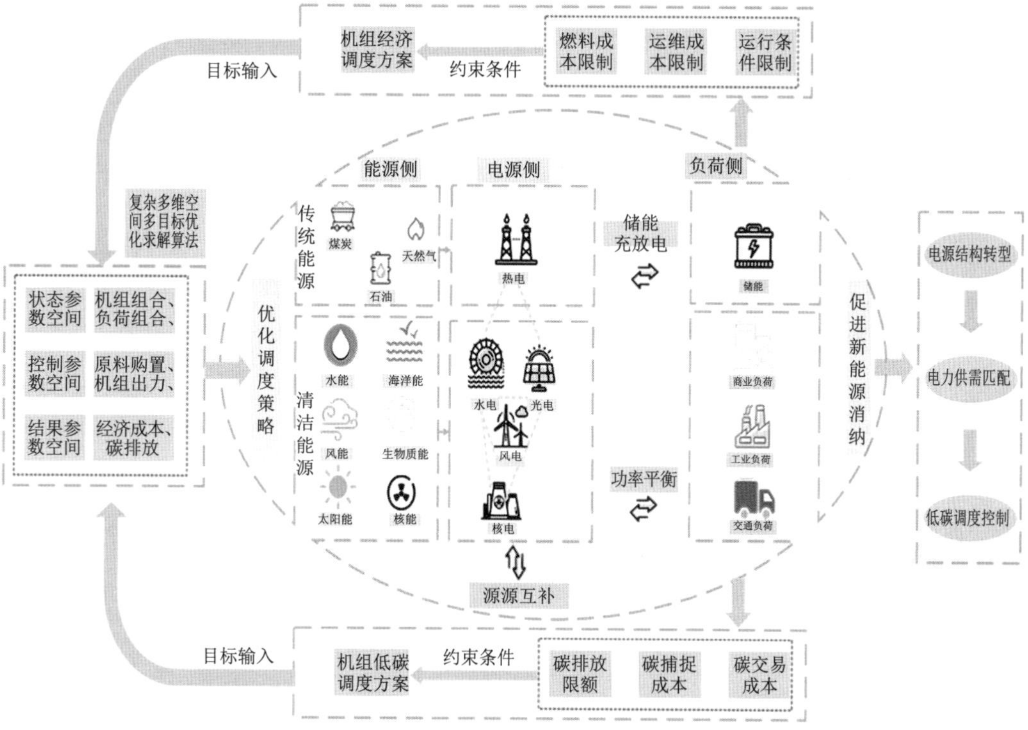

图 7-7　市场降碳运行策略

电力系统灵活性资源需要满足系统在时间、空间尺度上的弹性、灵活性要求，具备响应速度快、持续时间长和可平移等特征。电力系统灵活性资源主要涉及常规机组、储能和需求侧响应，分别在电源、电网、负荷和储能方面以不同形式存在。其中，负荷侧需求响应资源类型多、分布广，能够平滑净负荷曲线，转移峰谷差，具有平移性和宽幅性；储能装置具有“空可充，满可放”的特性，能够及时响应系统净负荷变化，具有快速性和及时性。

考虑全社会用电需求可通过包括外购电、光伏、风电、燃气、燃煤、储能等方式获得，为了分析不同目标下的电力系统最优调度方式，可设置以下三种电网调度策略。

①考虑碳排放与运行成本平衡的均衡调度策略。

②仅考虑运行成本最优的经济调度策略。

③仅考虑碳排放成本最低的低碳调度策略。

通过对省域电力系统进行建模分析，后两种单目标调度策略由于仅考虑了所优化的目标，对其他指标较为忽略，容易陷入局部最优，经济调度策略倾向于较多使用燃煤发电机组，忽视了低碳机组的运行，会导致整体碳排放较高；低碳调度策略对净碳排放设定的目标过高，对燃气等较清洁能源使用率较高，成本相对较大。均衡调度策略考虑了多重目标之间的互相支配特征与广义成本最优，可获得综合考虑多目标约束性与矛盾性的全局最优解，能够实现在不造成过多经济压力的前提下，尽可能降低温室气体与污染气体排放，由此得到市场环境下各机组的经济低碳运行结果，进一步可测算得到市场降碳空间。

7.3 电力现货市场和碳市场发展趋势及相关建议

7.3.1 推动灵活调节资源纳入现货市场体系

为加快推进能源绿色低碳转型，形成绿色电力交易、“新能源 + 储能”联合交易、碳电协同交易等多种形式交易，在可再生能源消纳责任制背景下，市场主体可参与电力中长期交易、电力现货交易、碳排放权交易和绿证交易等。以可再生能源现货交易实践为依托，结合电网实际运行需要，未来应进一步扩大交易范围、引入多元市场主体、提高交易频次、完善交易机制，提升市场角色转换灵活性，优化市场环境下各级调度协同流程。逐步将可控负荷、新型储能、电动汽车、虚拟电厂等第三方新兴主体纳入电力现货和辅助服务市场，提高可控负荷补偿标准，细化负荷控制时长补贴系数，扩大新型储能在辅助服务市场中的参与面，出台面向电动汽车的专项电价政策，充分调动源网荷储各环节可调节资源，有效促进清洁能源消纳、保障电力可靠供应。

为进一步提升新型电力系统灵活调节能力，有必要构建具有竞争性的市场机制，鼓励市场成员提供灵活性爬坡能力。国外电力市场正在探索、制定电网灵活性爬坡能力市场化获取机制，美国的加州电力市场和中西部电力市场分别在市场中引入灵活性爬坡产品（Flexible Ramping Product，FRP）和爬坡能力产品（Ramp Capability Product，RCP）；纽约电力市场对灵活性爬坡产品的市场设置进行评估和讨论；英国设置需求开启产品（Demand Turn Up，DTU）应对新能源多发的情况；德国引入新的 15 分钟合约对灵活性进行竞价拍卖。若在现货市场中引入快速爬坡辅助服务，在负荷快速变化阶段，可由灵活资源提供出力爬坡 / 滑坡能力，促进现货电价稳定、降低频率波动幅度，满足系统不确定性需求，避免切负荷。

7.3.2　完善电力市场与碳市场协同管理体系

为保障能源转型过程中电网安全稳定运行、电力可靠供应和清洁能源有效消纳，重点要做好电力市场和碳市场相关协同管理制度和市场体系建设。

要逐步完善市场管理制度，推动政府强化可再生能源消纳责任权重考核，将市场交易履约情况纳入社会信用体系，加强市场监管并提高惩戒力度。动态调整分时电价峰谷时段和电价价差，充分发挥价格引导作用，提高可再生能源附加费在居民电价中的占比，将高比例新能源发展带来的成本疏导至用户侧，由全社会共同承担新能源消纳责任。

建立绿证、碳联合市场交易机制，对传统绿证市场和碳市场深入挖掘节能和减排潜力，有序推进绿色能源健康发展。利用优化配置绿证等手段，对可再生能源发电有效激励，对传统机组碳排放量进行约束，使能源转型有序推进。研究绿色证书、碳排放权交易市场的内在联系，对国内电力市场政策成效进行分析。设计国家绿色电力证书交易市场与省级日前市场的联合协调机制，构建发电商和售电公司参与的省级日前市场出清模型和国家绿证交易市场出清模型，讨论可再生能源消纳百分比对绿证交易市场价格的影响。

要健全市场体系，加快建立容量市场和容量补偿机制，丰富调频、转动惯量、快速爬坡、备用等辅助服务交易品种，提高系统发电容量充裕度和消纳新能源空间。加强绿电、绿证市场建设，降低交易门槛，完善交易规则，运用大数据、物联网、区块链等技术确保“三公”并提高交易效率。同时打通绿电、绿证与碳市场的壁垒，做好不同交易机制衔接，扩大电力交易中心与可再生能源信息中心数据互通共享，拓展新能源参与市场的路径。

建立碳市场下的综合能源系统协调机制。从综合能源系统参与到阶梯式碳交易市场、细化电转氢两阶段运行过程以及考虑热电联产、氢燃料电池热电比可调特性、热网动态特性，构建综合能源系统低碳经济优化调度模型，引导系统碳排放减排。建立计及碳排放限额和惩罚系数的综合能源服务商合作博弈模型，挖掘综合能源服务商合作运行促进碳减排的潜力，并且兼顾个体利益和社会效益。

进一步，要构建新型低碳调度组织体系。传统电力调度生产组织流程在电网安全、经济、低碳等多重目标下需要变革，如调度计划、系统校核、市场出清、调度运行、自动化通信支撑等环节需要兼顾保供及绿色发展，更高效服务电网安全经济低碳运行，逐步构建形成统筹、高效、联动的低碳调度生产组织体系。

在上述基础上，把绿色发电企业和传统发电企业有机结合在一起，全局优化电力市场和碳市场，建立电力市场和碳市场协同发展机制。对电力市场来说，发电厂商有两种类型，一种是火电厂，一种是可再生能源电厂。前者又有两种类型，一种是碳排放权买方火电厂，一种是碳排放权卖方火电厂；后者与可再生能源可捆绑形成发电联盟，共同满足送出电力要求。逐步增强可再生能源消纳活力，降低传统火电机组的碳排放水平，有效发挥碳排约束条件，可有效激发综合能源系统碳减排潜力，推动能源经济低碳转型。

7.3.3 加快电网低碳调度前瞻性项目研究

为加快推进新型电力系统建设，做好电网低碳调度运行管理工作，立足新型电力系统建设进程，电网低碳调度应紧密围绕新能源保障消纳、电网可靠保供、用能效率提升、灵活资源调节灵活等要求，重点依托各项科技攻关项目，探索应用统筹清洁能源集群消纳、电力保供协同管控、碳电市场协同优化、负荷资源虚拟聚合、新型储能灵活调用等新兴技术，逐步推动能源清洁转型下智能技术布局攻坚，为新型电力系统实施低碳调度提供坚强项目保障和有力理论技术支撑。为实施低碳调度，应做好低碳资源评估和碳减排潜力挖掘工作。

重点推进构建数据驱动的低碳调度评估体系。将水文、气象、地理等多维信息接入源网荷储智慧低碳调度平台，建立涵盖源网荷储各类资源的低碳调度指标体系，在资源响应特性、响应效果、响应履约等方面建立多维多级量化指标，实现多元数据融合支撑构建省地县三级协同的电网智慧调度新模式。构建风光水储低碳调度智慧决策体系，聚焦分布式新能源多尺度功率预测和小水电可调能力预测，实现超高比例清洁能源电网运行实时态势感知，形成各类资源灵活组态的自适应控制场景切换方法，实现梯级水电优化调度及风光水储多目标联合优化调度。

完善碳排放指数体系与碳减排潜力评估体系构建。电力消费的间接碳排根据用电量和统一电网排放因子折算。随着各地绿电交易规模的扩大，新能源出力的不稳定性和各地区资源分布的不均匀使电网排放因子的时空差异更加明显。亟须构建统一的电力系统碳排放指数体系，开展精细化电网排放因子核算，引入零碳电能占比、度电碳排放强度、主体碳排放水平，对各地区碳排情况进行统一度量与评估。同时对各类可调控资源开展多时间尺度碳减排潜力评估，立足中长期、日前、日内、实时等时段精确评估可调控资源的调节能力，挖掘电力市场碳减排潜力。在满足新型电力系统安全稳定运行，支撑新能源大规模高比例接入的同时，建立电碳因子与碳排放流测算模型，构建“电碳一张图”，实现全网电厂、变电站、用户的全链路碳排放数据精准计算和全过程监测，全面掌控“双碳”目标下的电网运行态势和能源网碳排态势。

7.4　电力现货市场和碳电协同落地实践

7.4.1　省级电力现货市场运营平台

为深入推进电力市场化改革，2017 年 9 月浙江省政府出台了《浙江电力体制改革综合试点方案》及《浙江电力市场建设方案》等配套专项方案，提出“建设以电力现货市场为主体、电力金融市场为补充的省级电力市场体系”。2019 年 1 月起，浙江基于云架构技术，打造了电力现货市场技术支持系统，建立统调电源全电量参与的集中式现货市场模式，创新实践电能与辅助服务市场联合优化出清机制。浙江电力现货市场出清平台如图 7-8 所示。浙江现货技术支持系统包括实时类、日前类和市场运营类三类应用。其中，实时类应用包括物理模型维护、电网运行数据维护、日内滚动调度计划、实时平衡市场、实时辅助服务市场等功能。日前类应用包括现货市场经济模型管理、受电及计划电力管理、多日可靠性安全约束机组组合、日前市场出清、日前辅助服务市场、日前安全校核、日前调度计划等功能。市场运营类应用包括市场评估分析、市场力缓解测试、市场监测、市场运营参数管理等功能。

2019 年 5 月，浙江电力现货市场正式启动模拟试运行，截至 2022 年年底，浙江电力现货市场已开展 5 次结算试运行，通过市场机制和价格信号引导资源优化配置、改善电力供求状况、实现清洁能源全额消纳，其间电网运行安全稳定、市场运营平稳有序。

2022 年起，为深入研究碳电市场交易联合出清优化机制，推动构建碳电协调耦合的低碳调度市场运行模式，浙江电网基于原有现货出清平台技术，打造了碳电市场技术支持系统（如图 7-9 所示）。系统具有碳排数据校验与处理、碳电优化出清、发电机组碳排与能耗监视、碳电市场碳排放与能耗评估、剩余碳减排空间评估、市场整体降碳效益评价等功能。具体功能包括：发电机组碳排与能耗监视功能基于各类型机组发电碳排及能耗数据动态监视并展示各项碳排指标；碳电市场碳排放与能耗评估功能

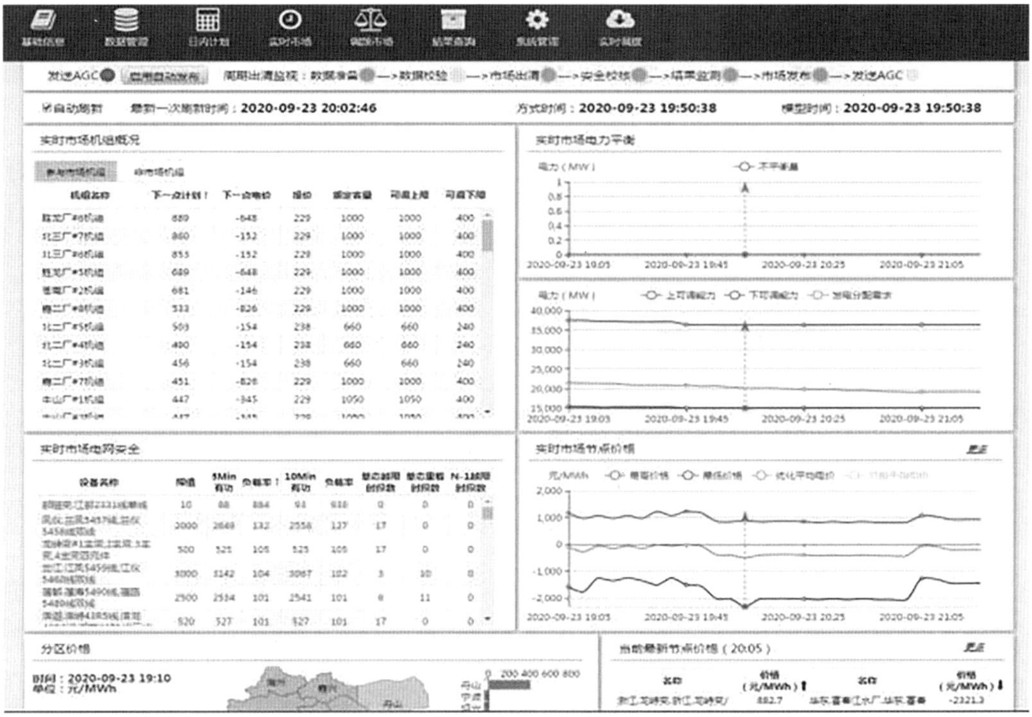

图 7-8　日前市场与实时市场出清平台

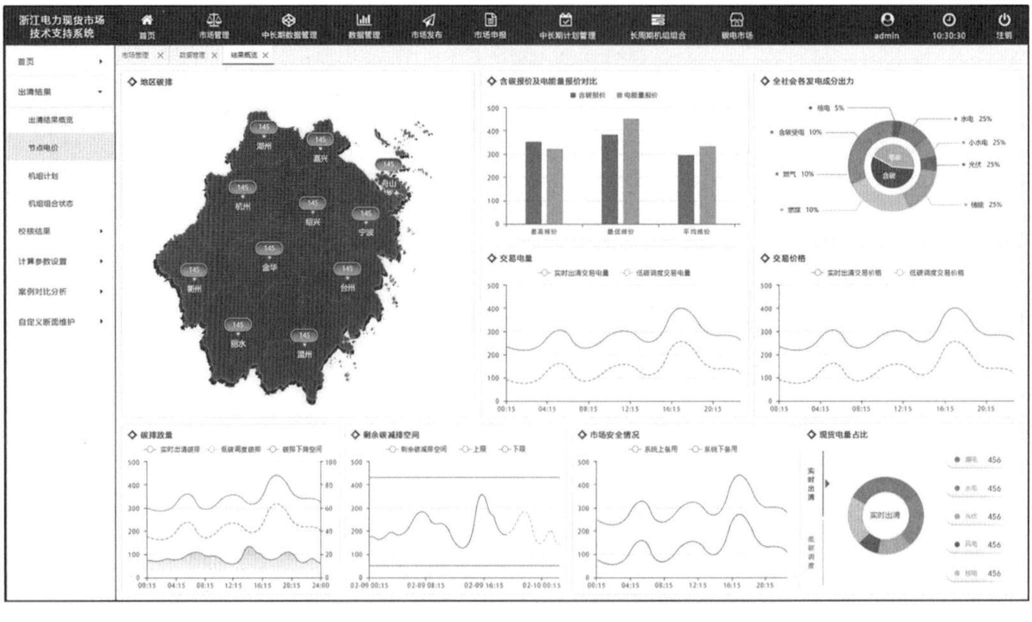

图 7-9　碳电市场技术支持系统

基于各主体的碳排放性能指标与市场最终成交电量量化测算各市场主体的煤耗、碳排放水平；市场剩余碳减排空间评估功能基于市场日内及未来态运行数据，测算评估市场整体及成员个体的剩余碳减排空间，并结合经济调度展示市场碳排最优结果。

碳电市场协同出清过程引入了机组综合碳排用能指标，综合考虑电源碳排强度和电能报价，以全社会“减碳用能”效益最大化为目标开展电力现货市场优化出清，形成“碳标价”由低向高的机组出力精细化调用堆栈，利用市场手段促进零碳、低碳机组多发电，充分发挥了市场机制在节能降碳、促进清洁能源消纳等方面的作用。

7.4.2 电力碳排放监测系统与“电碳一张图”

2021 年 2 月，国网浙江公司在全国率先提出了电力碳排放指数体系（PCEI），基于电能供给侧的全局信息数据，深挖全省发电量、发电成分、碳排放量等大数据价值，以实现电力碳排放在时域、地域和成分三个维度的精准刻画、动态监测和全面分析。完成电力碳排放指数监测系统部署，从碳排放总量、强度、零碳电能占比指标维度，实现电力碳排放的可量化、可预测、可评估和可展示。电力碳排放指标监测界面如图 7-10 所示。

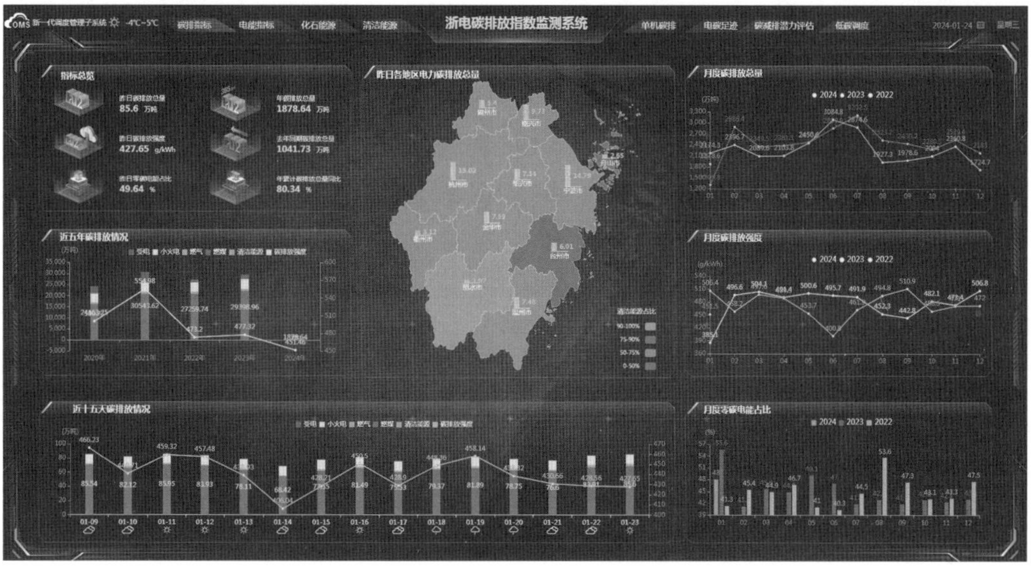

图 7-10 电力碳排放指标监测界面

基于电气剖分理论及电力大数据挖掘对电网碳流进行追踪和量化计算，建设电网碳流量化计算和感知模块，实现对电力碳排放的精准感知。应用指数系统将不再需要人工干预各维度碳排放数据，系统自动根据创建的碳排放计算模型，对发电厂各维度的碳排放数据进行监测，计算出发电厂、各地区的碳排放强度，动态展示浙江电网全天的电力碳排放总量、碳排放强度和零碳电能占比等信息。

电能指数可对碳排放趋势发展提供必要的数据分析支撑。系统无须手动对发电能力、交易电量等多种数据进行汇总校核，通过可视化方式对数据进行计算分析，建设基于人工智能的电网低碳调度系统，以不同双碳阶段电网的安全稳定为基础，促进电力领域低碳减排。

为进一步打通“电－能－碳”数据链条，挖掘电力碳排运行信息价值，实现电流、能流、碳流、信息流多元融合，国网浙江公司进一步构建省地县“电碳一张图”（如图 7-11 所示）。纵向联动省地县三级调度资源，深度挖掘电碳数据价值，基于调控云平台完成碳分析、碳管控、碳预演、碳交易、碳足迹等功能应用部署，分层分级展示“电碳一张图”绘制成果。

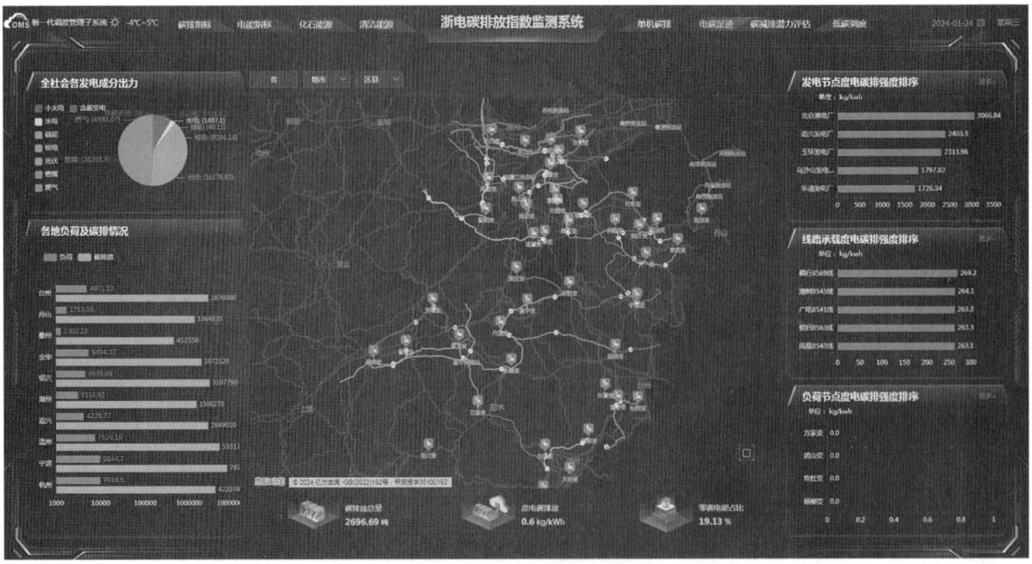

图 7-11　省地县“电碳一张图”界面

综合体现全省、地市、区县、园区等区域碳流分布情况，开展电网碳足迹追踪，主要分为源－荷碳足迹追踪、荷－源碳足迹追踪、线路双向碳足迹追踪，从而掌握电网碳流分布情况，实现电能流－信息流－碳流多流融合，全景感知电网运行态势和能源碳排态势，充分反映绿电时空分布特性和区域减碳效益。

应用上线后辅助开展低碳调度，降低电力碳排放水平。预计每年助力浙江地区电力碳排放总量降低 3.8%（约 917.95 万吨）、零碳电能占比提升 1.5%，按全国碳交易市场挂牌协议均价 60 元 / 吨计算，产生间接经济效益约 5.5 亿元。

7.4.3　第三方独立主体参与电力辅助服务市场

浙江电网积极引导新型储能、工业可调负荷、负荷聚合商、虚拟电厂等灵活调节资源参与电力辅助服务市场，健全灵活资源市场化调用机制。灵活调节资源市场化监测界面如图 7-12 所示。对灵活资源可通过提供快爬坡、调峰调频、备用、无功调节等服务，建立可调资源参与市场分担共享机制，有效响应电网需求，提升电网安全运行调节能力，助力形成源网荷储灵活高效互动的新型电力系统。

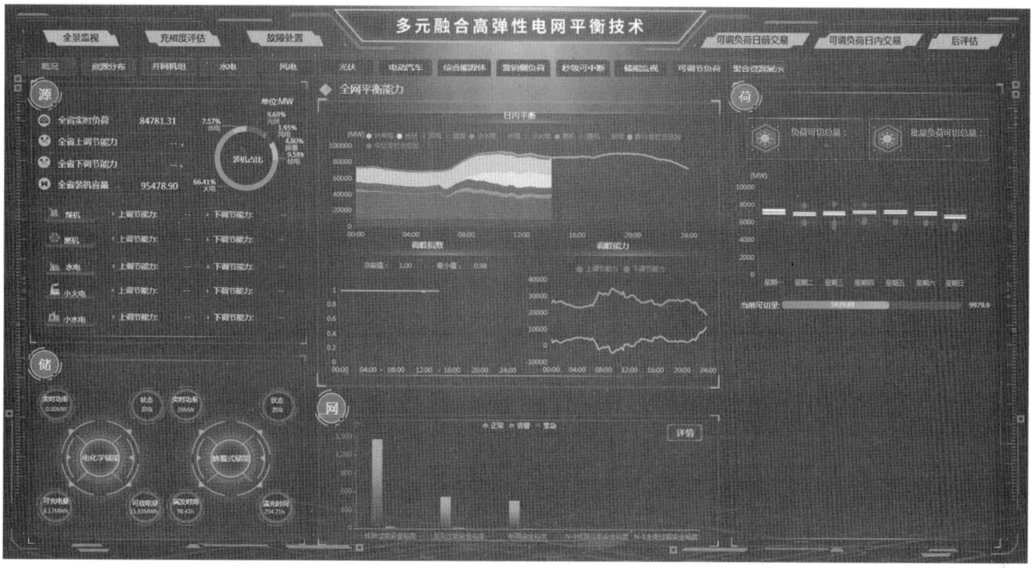

图 7-12　灵活调节资源市场化监测界面

其中，市场准入要求第三方独立主体完成注册、测试、认证，并满足电网接入要求，电力电量数据传输、计量、控制符合并网主体相应规范。考虑各类第三方独立主体资源的运行特点以及辅助服务资源响应要求，不同辅助服务品种的潜在参与对象有所不同，如调频服务可由储能装置、虚拟电厂等资源参与，调峰服务可由储能装置、可调节负荷虚拟电厂以及负荷聚合商等资源参与，备用可由储能装置、具备快速调节能力的可调节负荷以及负荷聚合商等资源参与。

市场集中交易过程，按照第三方独立主体提供的辅助服务调用成本最低方式完成每时段需求容量的预出清。为合理评价辅助服务品种的供需关系，鼓励市场主体申报价格尽可能贴近资源提供成本，市场出清价格采用边际定价方式，从“低价至高价”依次出清中标容量，直至最后一个主体满足需求，若两者报价相同，则按照申报容量比例分配中标容量。

上述市场规则设计能够最大化利用调节资源，有效疏导灵活性资源的建设和运营成本，浙江电网于2020年年底启动第三方独立主体参与辅助服务市场的方案编制，并于2021年8月开展了第三方独立主体参与备用辅助服务市场的结算试运行。

2021年8月，浙江电网开展第三方独立主体参与电力备用辅助服务市场国内首次试运行，本次市场交易的辅助服务品种为旋转备用，电力用户、电动汽车公司、省铁塔公司、综合能源等25家第三方独立主体参与。这在一定程度上降低了发电资源预留上调备用的空间，有效提升了发电机组的负荷率，可适当降低度电煤耗，进而降低发电碳排放水平。以浙江电网高峰时段为例，平均统调发电出力约4000万千瓦（其中煤机3500万千瓦），每日备用中标容量约10万千瓦、时长12小时，考虑若提升1%负荷率可以降低度电标煤耗0.5克，估算得到每年可降低煤耗约1.95万吨，降低碳排放5.07万吨（煤耗与碳排放比例约为1 ∶ 2.6）。

2023年1月，市场化交易品种增加削峰调峰及填谷调峰类型。2023年5月4日，浙江电网进一步完善第三方辅助服务常态化运行工作机制，明确了负荷管理中心、交易中心、调控中心三者职责界面及业务流程、数据交互、处理时限等相关要求，规范了第三方独立主体参与辅助服务的准入门槛及能力校验、效果评估等业务规则，有助于进一步完善工作管理模式和技术路线，实现业务流程的规范化和全自动化线上流转，提升市场主体的参与积极性。

【参考资料】

[1] 谭俊，张世通，刘广一，等. 电动汽车参与多元电碳市场策略框架研究［J］. 供用电，2022，39（12）：8.

[2] 李兴，刘自敏，杨丹，等. 电力市场效率评估与碳市场价格设计：基于电碳市场关联视角下的传导率估计［J］. 中国工业经济，2022，（1）：19.

[3] 刘文君，张莉芳. 绿色证书交易市场，碳排放权交易市场对电力市场影响机理研究［J］. 生态经济，2023，7.

[4] 袁家海，张为荣，沈𬀩霞，等. 煤电完全市场化后的电碳市场耦合问题研究［J］. 中国国情国力，2021. DOI：10.13561/j.cnki.zggqgl.2021.12.004.

[5] 吉斌，孙绘，梁肖，等. 面向“双碳”目标的碳电市场融合交易探讨［J］. 华电技术，2021，43（6）：8. DOI：10.3969/j.issn.1674-1951.2021.06.004.

[6] 胡博，孙铠彬，邵常政，等. 面向全过程碳足迹的园区综合能源系统碳感知与优化方法［J］. 高电压技术，2023，7.

[7] 苏宜靖，吴华华，徐立中，等. 面向新型电力系统的第三方独立主体辅助服务市场探索与

实践［J］. 浙江电力，2022，41（8）：25-30.

[8] 唐琦雯，沈琪，祝俊，等. 浙江调频辅助服务市场机制设计及运营实践［J］. 综合智慧能源，2022，44（9）：71-77.

[9] 岳铂雄，熊厚博，郭亦宗，等. 碳交易机制推动电力行业低碳转型［J］. 电气自动化，2022，44（4）：4.

[10] 王一，吴洁璇，王浩浩，等. 碳排放权市场与中长期电力市场交互作用影响分析［J］. 电力系统及其自动化学报，2020，32（10）：11. DOI：10.19635/j.cnki.csu-epsa.000410.

[11] 罗莎莎，余欣梅，刘云. 碳市场与电能量市场均衡交易分析［J］. 南方电网技术，2014，8（1）：5. DOI：10.13648/j.cnki.issn1674-0629.2014.01.022.

[12] Tong C，Chen Y，Liu P，et al. Deep Search Based Carbon Footprint Analysis［C］// 2022 IEEE 5th International Electrical and Energy Conference（CIEEC）. IEEE，2022：2970-2973.

[13] Lv Q，Ma X，Liu P，et al. Grid Carbon Footprint Tracking Algorithm Based on Electrical Profiling［C］// 2022 IEEE 5th International Electrical and Energy Conference（CIEEC）. IEEE，2022：2956-2960.

[14] 汤奕. 电力网络源流路径电气剖分方法研究［D］. 哈尔滨工业大学，2006. DOI：10.7666/d.D250515.

[15] 汤奕，万秋兰，于继来. 基于电气剖分方法的阻塞分析与调控［J］. 电工技术学报，2007，22（11）：8. DOI：10.3321/j.issn：1000-6753.2007.11.025.

第 8 章

面向数字化转型的智慧调度支撑体系

8.1 电网数字化转型的实践基础和需求

随着电网规模的飞速发展，电网结构日益复杂，调控业务与日俱增，省级调控中心需要关注的信息及工作越来越繁重，调度员承载力日趋饱和，容易造成工作疏漏。现有调控系统基础平台支撑能力不足、缺乏全面监控，电网操作业务持续增加，大量的调度指挥、调度操作依赖电话系统，容易产生谐音误扰，电话占线及跨步操作等不足，大大影响了工作效率及电网操作安全，制约了调度工作的开展。

电力系统设备集中监视控制业务全面开展，省级电网规模巨大，传输到省级调控中心的各类监控文本、电话通报信息数量成倍增长。电力系统接入数据类型越来越丰富，数据量越来越大，并包括结构化、半结构化和非结构化的数据，亟须实现电网调度信息的高效存储以及全局统一规划管理。

此外，电力系统运行越来越多地受到其他系统影响，波动性不断增强，包括气象系统影响新能源出力、交通系统影响电动汽车充电状况、工业系统决定负荷水平等都对电网调度提出了更高的实时性要求，使电网调度演变为一个多系统综合分析问题。

随着人工智能等技术日渐成熟，将人工智能与电网调度业务相结合成为电网调度发展的必然趋势。结合电网运行实际情况及调控云和新一代调度自动化系统研发应用情况，面对大量不断增长的调控业务需求，需实现智能调控人工智能技术与实际电网调控业务的深度融合构建。在空间上将各级调度机构管辖的设备全模型一体化展示，在不同时间尺度上反演电网网架结构变化、电网历史断面运行数据，以及电网发展远景规划。通过对电网设备信息进行智能监视，对设备异常信息、故障信息等进行智能分析并提醒；通过人工智能、语音理解技术构建智慧调度值班系统，与传统电话系统结合，经由互联网进行实时网络化交互，在保障电网操作安全的前提下提升工作效率。以上所述是能源互联网形态下具有高承载、高互动、高自愈、高效能四大核心能力的多元融合高弹性电网落地应用的重要支撑，对于推进调度业务智能化具有重要意义，也可为建设智慧调度体系打下坚实的基础。

本章针对电网数字化转型的实践基础和需求，首先提出了面向大数据和人工智能的相关智慧调度关键技术；其次给出了三条建议，一是构建多级协同的故障预警及辅助决策系统，二是研究典型调度业务与区块链技术深度融合，三是推动应用数字孪生技术提升电网智慧运行水平；最后以浙江金华的主网调控机器人“悟空”以及浙江杭州的配网虚拟调度员“帕奇”两者的试点建设及应用，阐述了智慧调度在浙江电网的落地实践情况。本章对现有的大数据和人工智能技术在调度领域的应用以及未来的发展趋势进行了初步探讨，期望可以为省域新型电力系统的智慧调度支撑体系建设提供思考与启发。

8.2　应用于电力调度的大数据和人工智能关键技术

8.2.1　多源异构电力大数据存储与处理技术

传输到省级调控中心的各类监控文本、电话通报信息数量成倍增长，复杂大电网百万测点秒级实时运行数据、多时间尺度气象地理、一次能源、社会经济等多源信息结构复杂，电网事件数据割裂于多个系统，数据之间未充分关联，碎片化特征明显。千亿级数据资源处于“休眠”状态，数据价值未得到充分挖掘。为实现电网调度信息的高效存储以及全局统一规划，基于调控云大数据云平台的基础架构，利用其多源数据集成与融合、异构数据分层统一存储与管理等技术，形成电源、负荷、电网网架、一次能源、气象地理等全要素数字化模型，构建面向大电网和新型电力系统的时间多态、空间融合、对象关联的模型体系。

1. 多源异构数据分层统一储存技术

通过构建大数据平台数据体系，实现调控大数据存储合理规划、数据按需集成、数据资产管理、场景式数据分析、数据按需服务等功能。提供海量数据的存储与计算支撑，构建大数据平台数据仓库，实现全域数据汇集、质量管控、标签管理和算法服务等功能。利用统计分析、数据挖掘、机器学习等新方法，从海量的结构化和非结构化数据中挖掘内在规律，实现调度数据价值挖掘、信息化加工和知识提炼与信息服务共享。充分发挥调控大数据平台能力，深度挖掘大数据价值，支撑调控数据分析型业务，如新能源负荷预测、调度辅助决策、知识图谱类应用的快速建设。通过大数据平台对数据进行有效、充分地整理和分析挖掘，减少或压缩无价值的数据，提高有效数据的利用价值，为新型电力系统智慧调度应用提供高质量数据支撑。大数据平台总体结构如图 8-1 所示，以下以数据仓库、数据查询、数据清洗为例介绍。

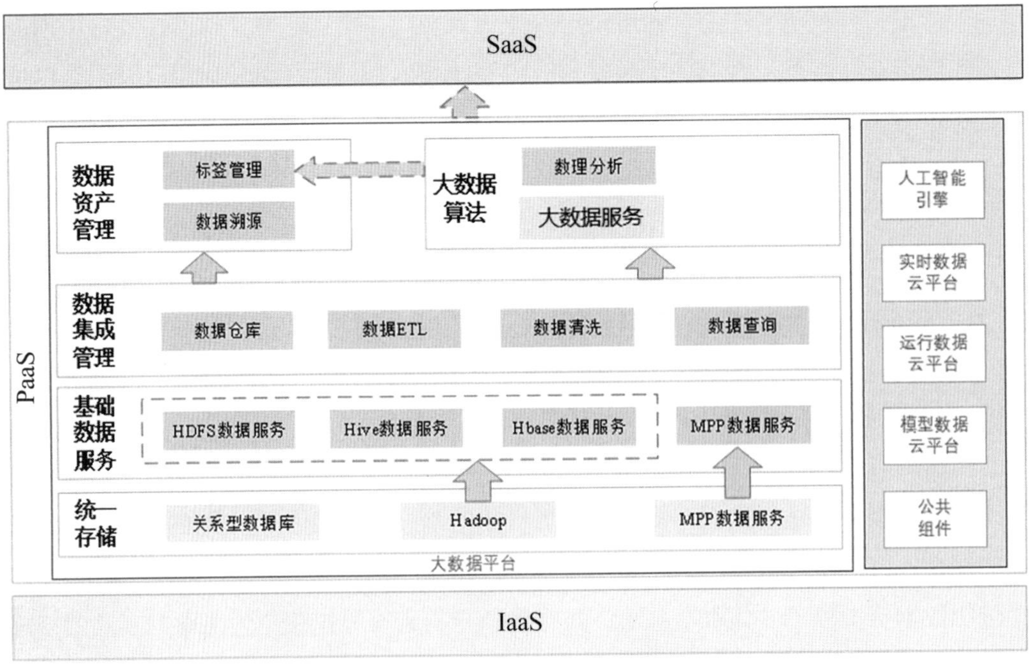

图 8-1　大数据平台总体结构图

构建调控云统一数据仓库，实现大数据平台数据仓库整体分层架构设计的维护功能，以及数据层级关系和层级内数据库信息的清晰、直观展示。数据仓库分层如下。

①同步层。作为数据仓库的源数据副本暂存层，即对模型数据平台、运行数据平台、气象环境数据以及部分应用数据按 1∶1 暂存，为统一层数据的清洗、融合准备好生数据。

②统一层。作为数据仓库的核心层，管理同步层数据经清洗、转换、整合后的数据，即按照电网对象、维度对同步层数据重新组织。同时对数据进行加工处理，将之转换为熟数据，形成统一、规范、标签化的数据集合及运行衍生数据。

③分析层。存储加工计算后的指标类衍生数据、主题分析数据以及分析结果数据，为业务应用数据分析成果数据，满足业务快速查询需求。主要面向各应用，抽取统一层中公共的业务数据进入分析层，根据数据和应用特性建立分析层数据库表，用于数据挖掘、分析、BI 展示，库表设计具有业务定制化特性。

大数据平台数据流如图 8-2 所示。

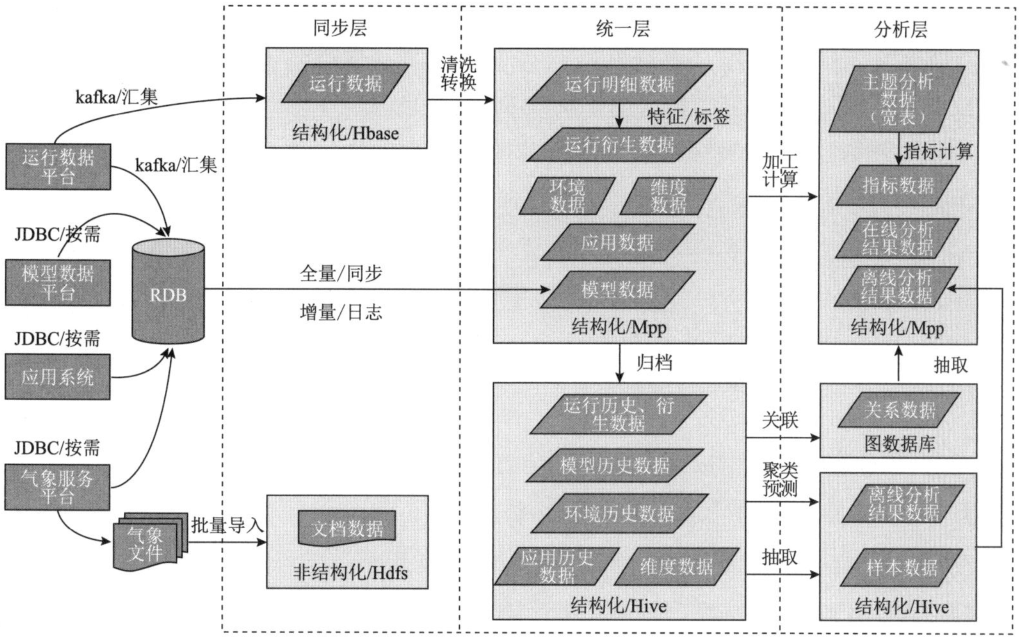

图 8-2　大数据平台数据流图

数据查询采用 B/S 架构，提供对关系数据库、数据仓库（如 Hive）和 MPP 数据库的数据预览、SQL 查询功能，并支持表结构和查询结果的导出，包括但不限于数据库管理、元数据浏览、数据查询等功能。

数据清洗指在数据采集的整个链条中根据数据特征制定不同的数据清洗规则，对数据进行加工处理使之转换为熟数据，为大数据分析挖掘提供高质量的数据保障，包括但不限于规则管理、数据校验清洗、数据质量评价等功能。

2. 多源异构数据集成与融合方法

为实现电网调度信息的全局统一规划，实现跨专业、跨机构的数据共享，基于调控云平台建立电力调度通用数据对象结构化设计机制，确立对象 ID 编码规则、多源异构信息融合方法、数据质量管理方法。

①在电力调度通用数据对象 ID 编码的基础上设计了一种调控数据组合编码方法，实现更为精细的调控数据建模。调控数据编码表示为四元组＜对象类编码，对象编码，数据管理机构代码，数据编码＞。其中，对象类编码对应电力调度通用数据对象 ID 的 4 位“大类码”“小类码”；对象编码对应电力调度通用数据对象的 ID；数据管理机构代码对应电力调度通用数据对象结构化设计的数据管理机构代码；数据编码是 8 位全局唯一类型编码。调控数据编码按照四元组的规则编制和扩展，新增调控数据

类别时，依据新增数据对象的对象类编码和对象编码进行扩充，即可形成新的数据编码，具有良好的可扩展性。随着业务发展存量调控数据不再汇集管理，可将对应数据归档，同时该调控数据编码状态置为当前无效，该机制为调控数据的全生命周期管理提供支持。

②调控云的海量异构数据，既包括来自电力监控系统的运行数据，也包括调度管理产生的业务数据，以及来自外部的环境、经济等方面的关联数据。这些来自不同业务系统源的数据常常具有关联性或互补性，通过对多领域多源数据进行融合，可以挖掘出传统方法无法获得的知识。调控云主要采用多视角数据融合和基于相似性的数据融合方法。多视角数据融合方法将与某一电网调度数据对象相关的多源异构数据进行融合，获得对该电网调度数据对象更为全面和准确的认知。以电网数据对象为例，将与特定电网对象相关的总加、电量、频率、拓扑、气象、日前计划、日前预测、故障、拉路、限电、错避峰等数据通过电网对象关联起来，既可以在时间分析上预测未来信息，也可以在因果分析上追溯故障影响范围等。基于相似性的数据融合方法针对两个调控数据对象存在一定相似性的现象，将一个调控数据对象的数据用于对另一个类似调控数据对象的数据分析。以电网特性分析为例，在分析外送型电网运行特征时，当某一地区电网历史数据不足以支撑数据挖掘算法时，可以选择与之相似的另一个电网对象的数据进行分析加权，得出支持度较高的分析结果。为进一步强化相似性数据融合，建立标签管理机制，形成创新高、极热无风、柔性电网、外送型电网、潮汐型电网等若干典型标签，利用业务应用提供的关键词进行信息组织，提高电网业务数据聚类效率。

③针对电网调控数据特点对数据检测与清洗技术进一步优化。在数据检测环节，根据电网运行数据的特点对数据质量问题进行分类，依据数据的完整性、及时性、准确性等质量检测维度，针对每类质量问题定制质量诊断方法，并根据已有的问题和特征，预测未来的数据质量问题。在数据清洗环节，根据电网运行数据多源异构、规模大、更新速度快、价值密度低且时间序列性强的特点，完成全网缺失值处理、异常值处理、合理值处理，并完成质量治理反馈。

8.2.2 电力调度生产运行全流程辅助决策技术

电网运行随机性、复杂性日益凸显，电网故障连锁反应风险持续加大，优化控制和综合防御极其困难，严重制约了电网安全高效清洁运行。台风、雷暴、寒潮、山火等极端灾害易引发密集突发故障，数秒内涌现上千条告警信息，超出人脑处置极限。以数据驱动、知识引导为特征的人工智能技术在电力调控运行领域中的电网风险感知、调度台辅助应用等方面已有较为成熟的应用。

1. 基于数据驱动的电网运行信息事件化技术

通过全景大数据模型打通数据壁垒，实现电网内部数据和外部信息的融通。首先，利用数据清洗技术对电网参数、拓扑结构及量测数据进行辨识、筛选，剔除异常信息，解决无效信号数据干扰问题，形成电网运行信息有效数据集。其次，利用卡方检验、主成分分析法对有效数据集进行主特征选取与降维，根据结果对数据进行标签化处理，并进行数据集划分，形成完整的数据训练集和测试集。最后，利用 XGBoost、随机森林等算法对数据集进行训练，采用电网运行信息事件化多模态学习模型构建方法，构建电网运行监控事件化系统。快速捕捉相关信息并生成事件，实现电网运行事件复杂烦琐工作处理机器替代，解决需要大量人力来处理信号的问题，为电网事件处置提供支撑基础。

2. 基于知识图谱的电网故障智能处置技术

首先，利用自然语言理解对调度录音、继保运行规程、报表等非结构化和半结构化数据进行解析，对统一数据模型中的缺陷、值班日志、故障等结构化数据进行整合。其次，采用针对电网历史故障的非结构化数据、半结构化数据的实体抽取方法和结构化数据的 ETL 抽取方法，创建知识表示的资源描述框架，并对电网调控知识进行数据融合与实体消歧，构建电网调控知识图谱。最后，在发生电网运行事件时，通过本体推理、规则推理、图路径推理、相似子图计算推理建立实际电网运行事件与电网调控知识图谱的联系；在电网发生事件后，快速智能地生成事件研判和处置策略，解决故障事件后人工查询耗时较长、处置策略生成难等问题，并在智能处置后自动形成结构化的案例库，方便进行历史案例查询、评估和学习。

3. 实时调度业务协同并行交互技术

首先，引入层级化交互型网络技术，通过网络化发令、移动 APP 等手段实现操作指令交互。以基于有限状态机的调度事件智能推送方法作为解决方案，实现现场操作提醒、调度值班状态共享、现场预约到站等交互功能。其次，基于调控业务语音语料库，利用卷积神经网络和深度学习技术构建电力专用的声学模型、语音模型、文本向量模型。基于适用于电力调度程控电话的人机语音交互技术，将调度电话通过语音网关机接入语音平台，实现人机智能交互。通过基于图像语义分析的电网设备信息联调技术，构建多任务、主备多通道同步信息联调解决方案。利用图形语义识别光字牌信息状态，并通过解析通道文件和获取数据库信息，实现数据一致性校核。

上述的三种技术，能够在全电压等级大数据一体化建模、电网运行事件智能诊断、故障处置策略自动生成、实时调度业务协同并行交互等方面实现突破，有效提升调度故障处置效率、缩短调度操作时间并减轻调控员工作压力，具体表现在以下四个方面。

（1）电网一体化建模水平

实现电网全电压等级、全要素的一体化建模与数据融通。数据广度从发电厂、变电站等一次设备向外拓展到一次能源、二次设备、负荷侧资源、气象环境等信息。数据深度从特高压站纵深至分布式电源，构建时间多态、空间融合、对象关联的全网模型数据体系，实现立体式信息感知。

（2）电网信息事件化准确率

采用多模态事件化学习模型，结合电网拓扑和运行方式，对事故发生时的大量告警信号进行逻辑判断和有序归并，形成综合告警事件，帮助调度员迅速掌握核心事故原因。事件化合并准确率可以通过将调度技术支持系统中调取的电网运行事件与数智调度辅助决策机器人抓取的事件进行对比，验证数据是否一致。

（3）调控故障处置策略生成时间

传统基于专家库的方法存在故障集设置较为单一、难以进行自学习，以及相关处置预案无法适应电网运行方式不断变化实际需求的问题。采用知识图谱技术自主生成最优处置策略，不仅在处置方案的适用性上具有明显优势，同时处置时间也得到显著缩短。

（4）调控业务协同交互效率

为保证操作可靠性，调度领域以大量专业术语规范发令方式。虽然语音识别技术已经较为成熟，但若在电网调度中采用通用性的语音语料库，识别效率仍无法保证安全生产的要求。通过建立电力调度专用语音语料库，大幅提高了识别准确率，并在此基础上形成网络化并行下令的模式，替代传统的人工电话串行下令模式。通过安排多组厂站人员与调度辅助决策机器人进行交互，验证调度机器人投运后交互效率提升情况。

8.2.3 面向微服务微应用的智慧调控云平台

为提高资源调配的灵活性、服务集成的高效性、应用开发的便捷性，推进调控云平台建设，实现云基础设施、数据、服务、应用等 IT 资源的一体化管理，支撑调度生产、计划管理、信息分析等应用功能。省级调控云（以下简称调控云）设计时纵向与国分云有机结合，在省调和各地调部署源端工具，用于采集实时数据、历史数据和图模维护、横向与公司全业务数据中心按需交互，为其他业务系统提供统一标准的模型和数据服务。

根据调控云架构设计，其网络分为资源高速同步网、源数据网和用户接入网。前期管理信息大区采用综合数据网现有网络，后期逐步实现用户接入网与源数据端网的分离。调控云网络结构如图 8-3 所示。

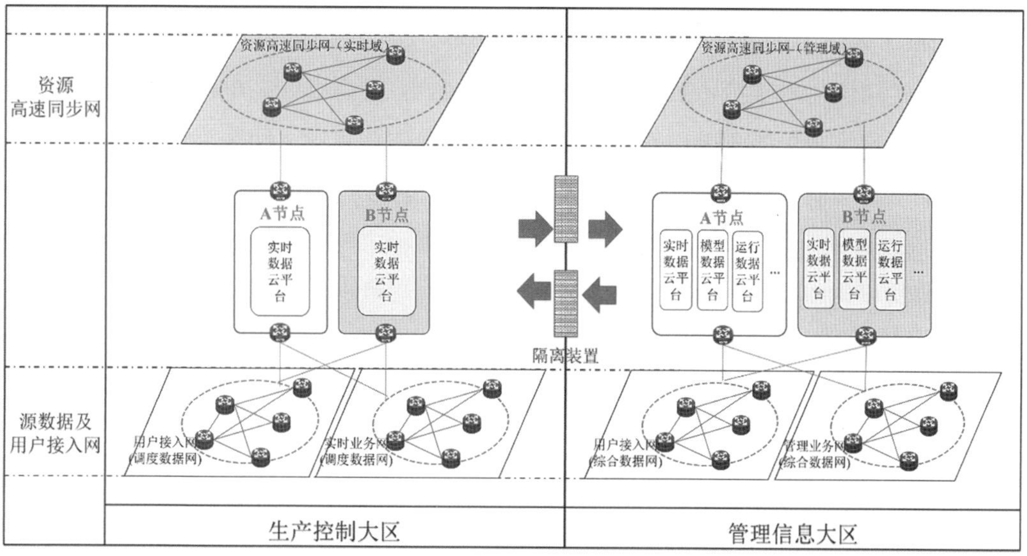

图 8-3　调控云网络结构图

调控云软件架构按照云计算典型分层设计自下而上进行层次划分，包括 IaaS 层、PaaS 层和 SaaS 层，并配置云安全防护和统一运维管理功能。调控云实现了各类应用软件的统一访问入口和统一用户权限认证体系；实现了资源虚拟化，构建计算资源池、存储资源池和网络资源池；集成了核心组件，包括公共组件、源数据端、模型云平台、运行数据云平台、实时数据云平台和大数据平台等，最终实现了应用服务化。

调控云基础设施层（IaaS）主要由硬件基础设施层和虚拟化平台层组成。硬件基础设施层主要包括计算、存储、网络、安全等硬件物理资源。虚拟化平台层通过云平台软件的虚拟化功能，将不同厂商的硬件基础物理设施分别以计算资源池、存储虚拟化资源池和网络资源池方式提供给上层。

调控云平台服务层（PaaS）集成了调控云的核心组件，提供的主要功能包括云平台公共组件、模型数据云平台、运行数据云平台、实时数据云平台、大数据平台、源数据端，以及纵向和横向服务等。PaaS 公共组件为应用开发人员服务，提供支撑应用运行的软件运行环境、相关工具与服务。通过提供关系数据库、Web 中间件、消息服务中间件、日志服务、监控服务等，让应用开发者可以专注于核心业务的开发。

调控云应用服务层（SaaS）为调度运行和管理应用软件提供部署、发布、获取、运行一体化的服务管理模式，支持按需自助式服务。各类应用软件按照“胖服务化、瘦客户端”的理念，为调控云用户提供基本数据检索与查询、主题分析与可视化、大数据应用、电网运行分析与预警、调度智能决策等多类调度运行与管理应用。

8.2.4 基于调控云的新一代调度技术支持系统

新一代调度技术支持系统依托调控云数据平台，融合电网、电源、负荷、一次能源、地理气象等相关的全电压等级、全生产过程数据，实现电网数字化；利用全业务流程、全生命周期数据驱动，实现调度机构数字化。通过电网及调度机构全要素数字化驱动，提升电网运行效能及人员管理能力。采用云大物移智链新技术，构建省地协同的高精度负荷和新能源预测体系，强化发输变配用跨部门全流程业务协同，实现发电计划、停电计划、安全校核三驾马车有效衔接，规范高效支撑海量市场主体参与电力市场。新一代调度技术支持系统功能模块如图 8-4 所示。

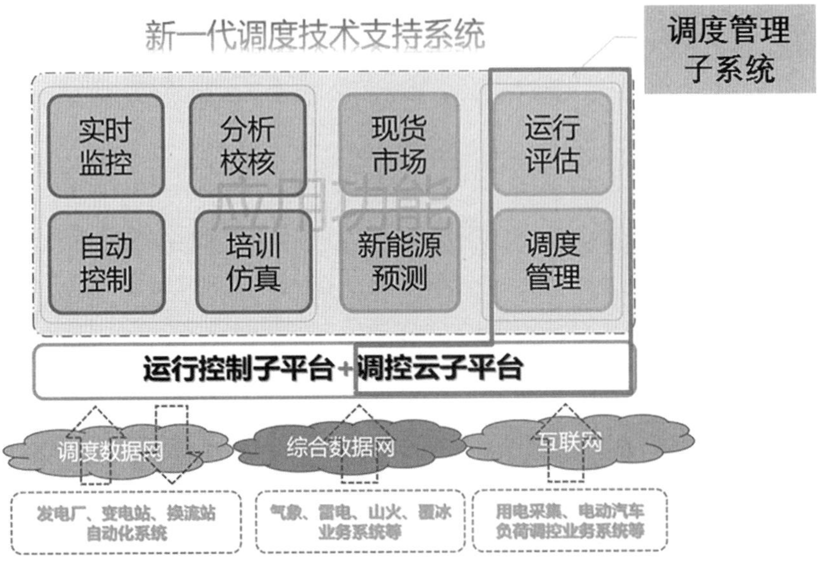

图 8-4　新一代调度技术支持系统功能模块

新一代调度技术支持系统适应新形势下电网运行分析的需求，利用大数据、高性能计算、人工智能等技术，建立多时间尺度电网模型一体化管理体系，实现五年规划 - 两至三年 - 年度 - 月度 - 周计划 - 实时电网模型的一体化高效管控，为不同时间维度电网仿真模型快速构建和高效仿真分析奠定了良好基础。其中，海量运行方式智慧生成、海量运行方式智能计算和海量方式结果智能分析等应用，可实现电网、负荷、新能源发电等高度不确定性场景下电网快速安全校核、风险自动识别、分析结果智能展示等功能，提升大电网运行特性和机理认识水平。另外，智能网络重构高级应用统筹考虑输送能力、短路电流、稳定约束等多重因素，为正常和故障方式下的网络优化提供辅助决策，用于指导电网分析、年度运行方式分析以及调度故障处置等应用场景。以市场化为导向、全网统筹的停电计划管理机制和停电风险闭环管控体系，将风险评估业务与停电检修计划流程融合，可提高停电方式下稳定限额编制、电网风险预警评估、运行方式调整和其他预控措施的自动化程度，并实现年 - 月 - 周 - 日安全校核和风险评估结果一体化管理，实现发电计划、停电计划、安全校核三驾马车有效衔接。新一代调度技术支持系统一体化智能停电管理如图 8-5 所示。

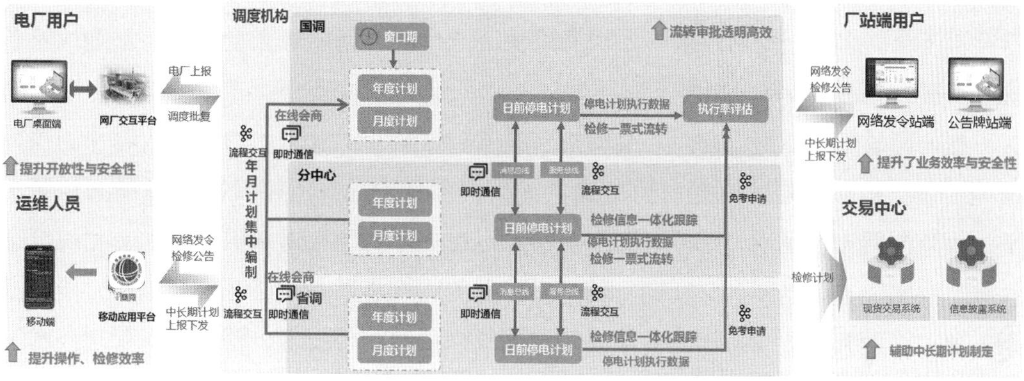

图 8-5　新一代调度技术支持系统一体化智能停电管理

同时，新一代调度技术支持系统打通了调配营专业信息壁垒，实现站 - 线 - 变 - 户一体化全景监视，将电网运行监视范围贯穿至低压 10 千伏配变，并实现运行数据汇聚融合和应用，实现“电网运行一张图”。清洁能源消纳方面，应用“5G 硬切片”等先进技术，打造源网荷储多元信息交互平台，服务整县区域光伏汇集，实现全量分布式电源、可调节负荷、储能等多元终端安全接入，实现可观可测，试点可调可控；引入多源气象数据，应用大数据、人工智能和网格化气象技术，实现分布式电源精准预测。负荷调度方面，实现“以母线为单元节点”的资源聚合，实现各类柔性负荷、有序用电负荷、秒级可控负荷、精准拉闸限电序位负荷等多元异构资源参与负荷调控，提升供电保障服务能力。

8.3 新型电力系统智慧调度体系相关建议

8.3.1 构建多级协同的故障预警及辅助决策系统

夏秋季节电网极易受到强对流、雷电天气等外部气象风险因素侵害，沿海省份输电线路易受台风灾害侵袭，冬季潮湿寒冷又易形成线路覆冰等灾害性风险。相比于单一极端天气，复杂气象引起的电网故障更加多元化和不可预测，已有故障告警及分析方式难以根据复杂气象变化信息对故障进行超前预测预警。同时，新型电力系统下的特高压交流混联电网运行整体呈现一体化特性，复杂气象条件下电网故障易引发全网波动及连锁效应，有可能引起新能源大规模脱网，在电网灾前、抗灾、灾后阶段也缺乏有效的故障处置手段。复杂系统下电网故障对系统安全防线冲击力度大、范围广，涉及上下级、多层级电网，单一层次调度中心全局应对新能源大量接入、复杂气象系统等因素的能力有待进一步提高。

在电网故障预测预警方面，推动构建基于数据与知识双驱动的电网故障预测预警模型，为故障和风险的规避与防范提供支撑，可有效提升电网日前故障预测预警水平，提高电网灾前刚性，保障电网安全稳定运行。可基于数据知识双驱动，利用复杂气象下故障样本和电网多维度运行信息，建立故障样本库和因果逻辑知识库，研究复杂气象灾害下基于数据与知识双驱动的电网故障预测预警技术，基于权限管理技术实现电网运行风险信息多级调度高效共享。

在故障应对预案生成方面，推动实现基于故障预测知识驱动模型和多目标智能优化算法的故障应对预案生成功能，实现电网灾前应对预案生成和日内应对预案的滚动校核及更新，可为故障应对与处置提供判定依据。可基于故障预测知识驱动模型和多目标优化算法，生成故障应对预案，利用迁移学习和在线安全计算等技术，推演校核及更新事前事后预案，并基于滚动优化的故障应对预案进行智能匹配推送。

在故障协同辅助决策方面，推动建立电网故障应对预案多对象语义匹配技术及多级调度预案策略协同共享机制，可为电网灾中级联故障预警以及灾后故障设备供电恢复提供支撑，实现电网灾中级联故障设备恢复策略快速生成和多级调度共享。可基于故障预测知识驱动模型和多目标智能优化方法，构建考虑电力系统安全性、碳排放、弹性、经济性等目标的灾前电网预控调度优化模型，考虑灾中电网故障恢复过程，研究灾中电网极端运行方式下的抗灾调控方法，生成不同故障状态下的最优控制策略。

8.3.2　研究典型调度业务与区块链技术深度融合

与中心化业务不同，区块链所具备的分布式存储、共识机制和智能合约等核心技术将改变现有弹性电网调控和多主体交易互动模式，可能使得部分电力市场主体的职能发生变化。因此，在突破区块链在高弹性电网应用的技术瓶颈的同时，也需要分析多参与主体的业务需求，对现有调控和市场业务管理流程、规则进行适应性调整以实现区块链和业务的深度融合，包括设计区块链技术支撑的电能量交易和调控规则、需求侧响应管理办法、市场监管机制等，使电网互动参与主体达成对区块链技术应用条件下的电网调控和市场运营规则的共识，为区块链技术在高弹性电网互动应用的落地提供规则支持。

利用区块链技术进行调度业务数据上链的校验和筛选研究。分析电力调度机构和调度开展调控运行的运行行为特征，结合具体的调度业务数据，开展关键业务数据上链筛选与校验方法研究。同时，开展基于区块链的上链数据标记技术研究，对筛选后的关键调度业务数据进行数据标记和加密上链操作。最终形成方便事后高效查询的调度标记业务数据。

利用区块链技术进行调度主体身份验证方法研究。分析电力调度机构和调度参与主体的身份特征。根据各主体的身份特征，开展基于区块链的应用系统中对应节点身份认证的方式研究，例如采用公私钥与 Hash 加密相结合的方式进行调度主体身份认证和验证技术研究，通过公私钥与 Hash 加密（包括区块链通用加密方式）进行组合加密，支撑各调度主体身份的可信验证。

利用区块链技术进行调度业务数据上链监管研究。研究调度业务数据监管需求，对调度参与主体业务数据的需求进行分析和分类，形成调度应用的不同主体、业务数据权限管理清单。同时，结合区块链技术的加密（公私钥、Hash 加密算法、区块链通用数据加密）和业务通道设计，构建不同主体对相应数据查询和传播的权限设置，形成可控、可管、防扩散的调度业务数据管理体系。

利用区块链技术进行调度数据分布式存证与建链技术研究。分析各调度参与主体的地理位置和通信情况，并结合各调度参与主体的业务数据需求，开展调度业务区块链建链研究，主要面向调度机构、参与主体以及监管部门，开展建链方案设计。同时，结合之前的研究结果进行分布式数据广播和存储方案研究，从而构建调度业务数据分布式共享，并确保调控敏感数据不扩散。

8.3.3　应用数字孪生技术提升电网智慧运行水平

数字孪生等创新数字化技术在电气领域的落地已成为提升电网智慧运行水平的重

要手段之一。数字孪生技术通过将实际物理系统与数字仿真系统相结合，建立起一个完整的数字孪生模型，实现实时的数字化监控和管理。数字孪生技术的应用领域非常广泛，其中包括智慧电力领域，数字孪生技术可以帮助电力企业实现数字化管理，推动智慧电力快速发展。

数字孪生技术在智慧电力领域的应用主要包括三个方面。第一是通过数字化建模对电力系统进行数字化建模，形成数字孪生模型。数字孪生模型可以实时反映电力系统的各种运行状态和信息，包括电力设备的状态、电网的负荷情况等。数字孪生模型还可以与电力管理系统进行集成，实现电力生产、传输、配送全流程的数字化管理，从而提高生产效率和质量。第二是将数字孪生模型与虚拟仿真模型相结合，实现真实场景的数字化再现。通过数字孪生模型的实时反馈和仿真模拟，电力企业可以快速了解电力生产的情况，及时调整生产策略，提高电力生产的效率和效益。第三是将数字孪生技术与人工智能技术相结合，实现电力系统的智能化运营。数字孪生模型的数字化建模和仿真模拟，可以为人工智能算法提供丰富的数据来源，从而提高电力系统的智能化水平，实现电力生产和传输的自主控制和调节。

数字孪生技术在智慧电网领域中的应用能够形成几个优势。第一，数字孪生技术可以提高电力生产效率，通过数字化建模和仿真模拟，实现对电力生产全流程的数字化管理和控制，从而提高电力生产效率和品质。电力企业可以实时监测电力生产的状态和信息，及时发现问题和优化方案，提高电力生产的效率和效益。第二，数字孪生技术可以优化电力生产过程。数字孪生技术可以帮助电力企业更好地理解电力生产过程，通过数字化建模和仿真模拟，发现生产过程中的瓶颈和问题并及时进行调整和优化。通过数字孪生技术，电力企业可以实现电力生产过程的智能化控制和优化，提高电力生产的效率和质量。第三，数字孪生技术可以降低电力企业的成本。通过数字孪生技术，电力企业可以实现数字化管理和控制，降低生产成本和维护成本。数字孪生技术可以实时监测电力设备的状态和信息，提前发现设备的故障和问题，实现设备的精准维护和管理，从而降低维护成本和设备故障的损失。

应新型电力系统运行控制需要，以新一代调度技术支持系统为抓手，深度应用数字孪生等先进数字技术，可提升电网智慧运行水平。建设全景感知、协同联动的数字孪生电网，实现物理电网到数字电网的精准映射。实现模型和数据双驱动的大电网广域协调控制，提升源网荷储协同联动能力。深化大数据、人工智能等技术在电力保供、清洁能源调度、配电网业务的融合应用，着力提高预测精度，实现预测（发电和负荷）-计划（发电和检修）-市场（省间和省内）生产组织全流程统筹优化。构建多专业协同共享的应用生态，发挥调控数据资源优势。

可应用数字孪生技术构建电碳联动模型，深挖“电 - 能 - 碳”之间的内在联系，支撑电力行业科学、精准减碳，借助数字孪生技术底座，汇聚海量电网全域测量数据。同时依托调控云强大算力，深度融合能源消费数据，打通“电 - 能 - 碳”数据壁垒，建立用电与碳排放联动模型，给电流打上“碳标签”，实现能源系统碳归集的捕捉，实现“电 - 能 - 碳”全数据链条可观、可测、可控，并通过总结形成可复制、可推广、可持续的地市级生态地图模式。

8.4 主网调控机器人和配网虚拟调度员的应用实践

8.4.1 主网调控机器人“悟空”试点建设及应用

将“大数据 + 人工智能”与调控业务相结合，在浙江金华试点研发基于调控云的全能型调控机器人“悟空”，开展数智电网运行管控示范应用建设。基于调度智能技术支持系统、保信子站、调度 OMS 和调控云平台等大数据，利用泛在感知的电网监控事件化技术，以及自然语言处理技术、机器自学习、人机交互等人工智能技术，研究开发了“悟空”调控机器人，可实现智能交互、智能监视、智能故障处置、智能联调、智能操作等高级功能。“悟空”机器人整体框架如图 8-6 所示。

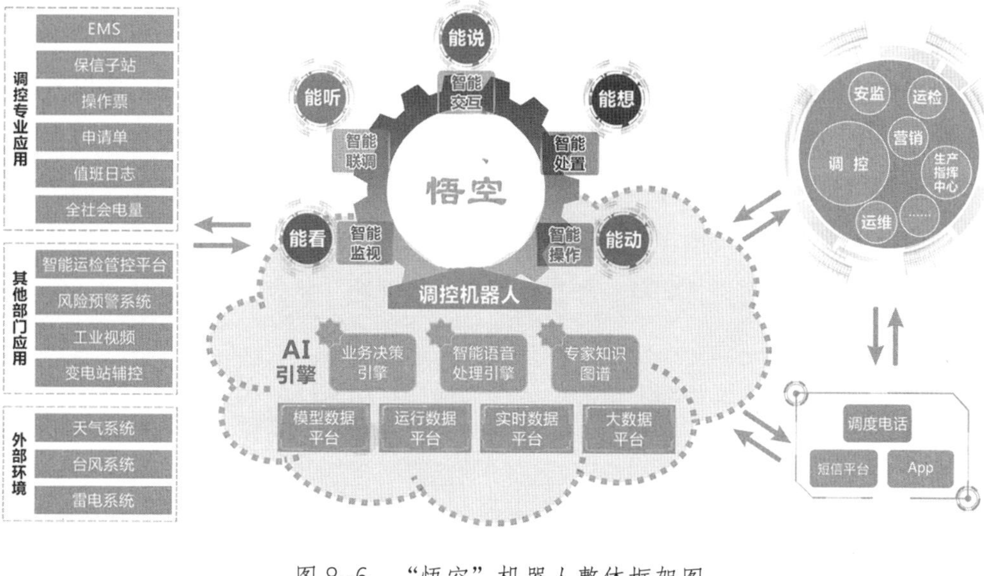

图 8-6 “悟空”机器人整体框架图

智能交互功能指通过自然语言处理和机器自学习技术搭建人工智能交互语音平

台，利用神经网络算法训练生成调度专业声学模型和语音模型，实现与调度员、运行人员、检修人员、管理人员、设备巡检机器人等的智能交互功能。进行信息告知智能交互、操作语音交互、搜索智能交互、工作待办语音提醒等全业务语音处理技术研究，通过通信工具实现与调度员、运行人员、检修人员、管理人员等人员的信息智能交互基本功能，并将交互内容自动填写 OMS 值班日志。

智能监视功能指通过基于泛在感知的电网监控事件化技术，建立信息规则库智能处置原则，利用人工智能决策树算法和强化学习，分析电网异常数据、设备故障数据、量测数据等历史及实时数据，快速准确甄别关键信息，发现电网异常及设备故障的相关指标及信息，按工作流程通知监控、变电运维等人员检查，提高分析效率和工作效率。

智能处置功能指基于已经识别的故障风险，结合历史故障处置经验，形成故障处置预案库，提炼故障处置预案关键词，建立故障处置预案知识图谱，结合故障处置预案库及知识图谱形成智能决策引擎，利用机器学习算法，以电子化预案形式构建故障处置策略，为调控人员事故处置提供辅助决策，有效提升故障处置效率。

智能联调功能指使用机器人替代人工进行信息联调，通过关联设备检修申请单和监控信息表，利用图像识别、智能语音和网络交互等“人机网”智能交互技术，采用移动终端通过文字、语音、图像、视频等手段将主设备监控系统 SOE 信息、上窗信息、光字信息主动推送给运检人员，实现主站端与厂站端多组联调工作同时进行。

智能操作功能指基于调控机器人，打通调度支持技术系统、调度停电智能管控平台的数据传输通道，运用已有的智能语音交互、即时信息推送、电网信息实时监视等技术，建立调度指令－监控任务－远方操作序列智能化、全过程的信息支撑体系。按照倒闸操作规范流程进行拓扑防误、点号核对、遥控检查、通知现场、发送监护、执行指令、设备状态核对、操作归档，构建“两人一机”的远方操作新模式，有效解决跨系统数据查询、误选设备间隔、操作流程烦琐等问题，突破电网弹性瓶颈，实现安全效率双提升。

“悟空”已在浙江金华的地级、县级调度机构广泛实际应用，从源头和手段上充分发挥科技优势，提升电网感知、决策和协同执行能力。以数智为电网赋能，实现部分生产工作冗繁环节机器替代，关键环节人、机结合，有效降低调控人员工作强度，确保生产流程最优化，人员效能最大化，提高了大电网调度的安全管控智能化和数字化水平。

8.4.2　配网虚拟调度员“帕奇”试点建设及应用

利用语音识别、专家系统等人工智能技术，打造了配网虚拟调度员“帕奇”，它能够听懂现场人员汇报电话、看懂调度操作指令票，与现场人员进行语音交互（最大并行数 100）。通过用机器替换人工完成简单事务性工作，把调度员从单一、重复性的工作中解脱了出来。

智能引擎架构作为配网生产指挥虚拟座席的核心，是实现人机多轮对话，业务过程调度决策等的关键支撑。该引擎构建涉及人工智能的多轮对话系统，辅助语音识别和合成、电话系统集成、电力系统集成等多种辅助技术和集成应用。通过研究电网调度语音识别和合成、NLP 和信息抽取技术，提升语音识别模型的识别率。研究电网调度行业知识图谱构建及调度专业决策智能分析技术，提升电力大脑的推理、分析能力。基于电网调度语义理解、意图识别等调度多轮人机对话技术，加深虚拟调度指挥座席的理解能力。通过人工智能引擎与其他信息系统互操作技术，实现虚拟调度指挥座席大脑决策后的执行，从而构建端到端的电网 AI 智能应用。基于人工智能的虚拟配网调度引擎技术架构如图 8-7 所示。

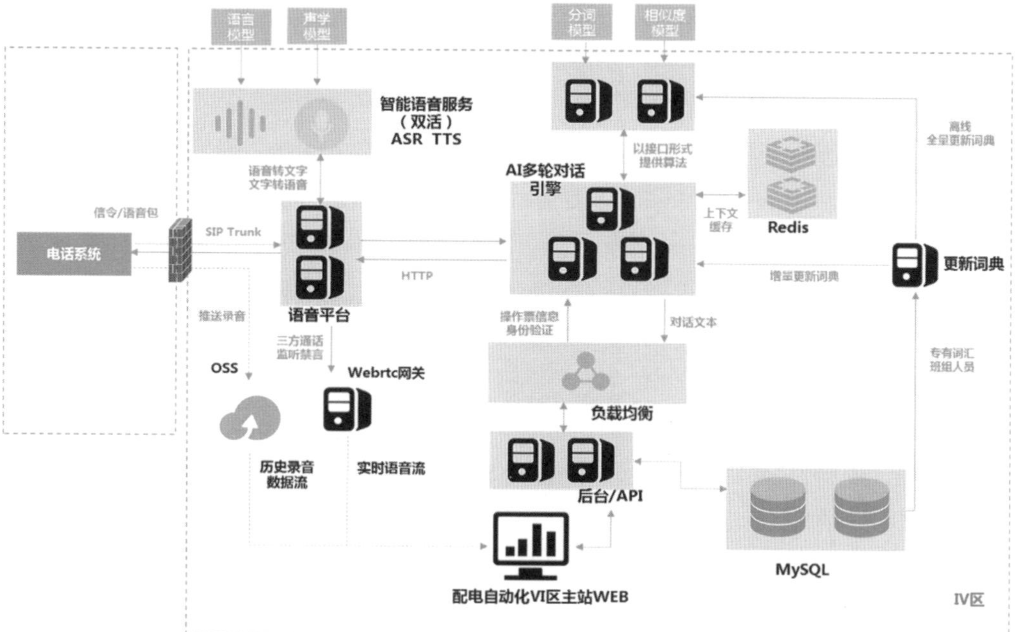

图 8-7　基于人工智能的虚拟配网调度引擎技术架构图

配网智慧生产指挥系统已实现杭州地区电网全覆盖，可以代替调度员进行预令提醒、操作收发令、工作许可、停送电催办等实际工作，能够同时指挥 50 名现场人员进行配电网计划检修工作，在减少人力成本、降低工时、缩短停电时间等方面取得了显著成效。具体功能：一是有效释放了调度员效能，缓解了配网调度“枢纽堵塞”问题，分支线调度业务工作替代率达到80%以上，常规配网调度业务工作替代率达到40%左右；二是大幅减少了现场与调度的电话交互等待时间，现场人员工作等待许可、发令、终结由原来的每次15～20分钟，下降至1分钟以内，累计节约时户数约9000个；三是促进了各县（配）调分支线调度模式统一，通过制定《杭州地区县配调典型操作任务及编写说明》规范调控话术，提升AI识别准确率，在符合调规的原则下，确定了发令许可与状态移交两种调度模式，促进了各县（配）调的调度指令票模式的统一。

【参考资料】

[1] 冯双，崔昊，陈佳宁，等. 人工智能在电力系统宽频振荡中的应用与挑战［J］. 中国电机工程学报，2021，41（23）：7889-7904. DOI：10.13334/j.0258-8013.pcsee.210608.

[2] 杨挺，赵黎媛，王成山. 人工智能在电力系统及综合能源系统中的应用综述［J］. 电力系统自动化，2019，43（1）：13. DOI：10.7500/AEPS20180706005.

[3] 赵洋，王瀚墨，康丽，等. 基于时间卷积网络的短期电力负荷预测［J］. 电工技术学报，2022，37（05）：1242-1251.

[4] Deliparaschos K M，Michail K，Zolotas A C. Facilitating Autonomous Systems with AI-Based Fault Tolerance and Computational Resource Economy［J］. Electronics，2020，9（5）. DOI：10.3390/electronics9050788.

[5] 曾林俊，许加柱，王家禹，等. 考虑区间构造的改进极限学习机短期电力负荷区间预测［J］. 电网技术，2022（007）：046.

[6] 王清亮，杨博，应欣峰，等. 非晴空条件下光伏发电短期功率预测方法［J］. 太阳能学报，2022（003）：043. DOI：10.19912/j.0254-0096.tynxb.2020-0582.

[7] 陈艺璇，张孝顺，郭乐欣，等. 基于多智能体迁移强化学习算法的电力系统最优碳-能复合流求解［J］. 高电压技术，2019（3）：10. DOI：CNKI：SUN：GDYJ.0.2019-03-026.

[8] Tang H，Lv K，Bak-Jensen B，et al. Deep Neural Network-based Hierarchical Learning Method for Dispatch Control of Multi-regional Power Grid［J］. Neural Computing and Applications，2022，34（7）：5063-5079. DOI：10.1007/s00521-021-06008-4.

[9] 庞传军，尚学伟，张波，等. 基于改进梯度提升算法的短期风电功率概率预测［J］. 电力系统自动化，2022，46（16）：9.

[10] Mao D，Ding L，Zhang C，et al. Multi-Agent Reinforcement Learning-based Distributed Economic Dispatch Considering Network Attacks and Uncertain Costs［C］// IEEE Conference on Industrial Electronics

and Applications. IEEE，2021. DOI：10.1109/ICIEA51954.2021.9516143.

[11] 蒙飞，张越，王运，等. 基于生成对抗模仿学习的电力系统动态经济调度系统及方法［J］. 电网技术，2022，46（11）：8.

[12] 刘少午，马新，李春山. 基于大数据的电网调度系统可靠性研究［J］. 信息技术，2021. DOI：10.13274/j.cnki.hdzj.2021.03.010.

[13] Sun J，Qi G，Mazur N，et al. Structural Scheduling of Transient Control Under Energy Storage Systems by Sparse-promoting Reinforcement Learning［J］. IEEE Transactions on Industrial Informatics，2021，18（2）：744-756.

[14] 李鹏，习伟，蔡田田，等. 数字电网的理念，架构与关键技术［J］. 中国电机工程学报，2022（014）：042.

[15] 赵林，张令涛，马仲佳，等. 基于大数据技术调度端电网模型管理和分析架构［J］. 电网技术，2017，41（12）：7. DOI：CNKI：SUN：DWJS.0.2017-12-002.

[16] Zainab A，Ghrayeb A，Syed D，et al. Big Data Management in Smart Grids：Technologies and Challenges［J］. IEEE Access，2021，9：73046-73059.

[17] Perçuku A S，Stankov I S. The Prediction of Weather's Data for Wind，Power System Using Graph Database［C］// 2021 29th National Conference with International Participation（TELECOM）. IEEE，2021：137-140.

[18] 许洪强，姚建国，南贵林，等. 未来电网调度控制系统应用功能的新特征［J］. 电力系统自动化，2018，42（1）：7. DOI：10.7500/AEPS20170518001.

[19] 金鑫，李龙威，季佳男，等. 基于大数据和优化神经网络短期电力负荷预测［J］. 通信学报，2016（S1）：7. DOI：CNKI：SUN：TXXB.0.2016-S1-006.

[20] 闪鑫，陆晓，翟明玉，等. 人工智能应用于电网调控的关键技术分析［J］. 电力系统自动化，2019，43（1）：9. DOI：CNKI：SUN：DLXT.0.2019-01-006.

第9章

适应新型电力系统运行的保护控制体系

9.1 新型电力系统保护控制的背景与现状

电网单一故障若不能及时切除阻断，可能引发特高压直流闭锁并导致巨大暂态能量冲击，引发连锁故障。继电保护作为电力系统安全的第一道防线，其可靠迅速的动作对于遏制事故扩大、维护系统稳定至关重要。在开展新型电力系统运行的保护控制体系研究时面临以下问题。

1. 电网故障特性显著改变

随着大规模清洁能源接入，清洁能源并网容量持续增长，电网电力电子化特征日趋明显。电力系统发展新态势使得系统特征及其故障特性发生显著改变，对继电保护技术提出了新的挑战。一是直流混联网络具有全局化特征，随着特高压直流输电建设的迅速发展，复杂电网的一体化特征日益增强，网络故障的复杂性和全局化特征也日益突出。交直流电网耦合紧密，交流线路故障、重合闸等常见扰动均可能引发交直流系统连锁性故障。电网故障全局化特性对继电保护的速动性与可靠性、直流保护控制系统的抗换相失败能力以及交直流系统保护的协同配合提出了更加严苛的要求。二是电力电子化电力系统暂态特性复杂多变，在新型电力系统下，控制灵活、损耗低、结构简单、功率密度高的电力电子装备得到很大发展，这些电力电子装备渗透在电力系统的电源、电网、负荷各个环节，它们的结构特征与控制方法不同于传统同步机组。其本体保护控制系统在故障期间具有的离散性、非线性动态响应过程，将进一步增加故障暂态过程的复杂性和多变性，导致短路电流与正常负荷电流的差异变小，并包含大量的暂态谐波分量。电力电子设备大规模接入电力系统，改变了电力系统故障特性，随着新能源并网容量的增加，故障特征将变得更加复杂，给电网的安全稳定运行带来巨大挑战，也为保护提出了新的要求。

2. 保护控制技术难以满足新型电力系统需求

继电保护是保障电网安全稳定运行的第一道防线，是保障电网正常运行、设备安全运转的关键技术手段。仅依靠已有的继电保护技术及保护控制体系难以完全满足电网新需求。一是交流保护技术对新型电力系统的适应性亟待提升，针对传统电力系统，交流保护技术已较为成熟，但随着交直流混联电网以及大量分布式新能源接入配电网，交流保护适应性亟待提升。在当前交直流混联电网中，一旦出现全站直流电源消失等极端情况，故障只能依靠远后备保护清除，动作时间长，如果故障发生在直流近区，将引发多回特高压直流同时换相失败，导致系统发生灾难性后果；大量新能源接入改变了原配电网的单机辐射网的性质，导致传统三段式保护无法适配于新能源接入的配电网，传统的交流保护动作性能难以满足新型电力系统需要，传统电磁继电式保护和电子式静态继电保护装置已不再适用于现阶段。二是直流保护控制设计对大电网运行的适应性不足，直流输电系统运行可靠性对系统的安全稳定运行影响重大，直流保护控制系统作为直流输电核心部分，其缺陷可能引起直流系统异常运行或闭锁，严重情况下存在导致系统安全稳定破坏的风险。已有直流保护控制设计仅从自身考虑，未能统筹考虑系统安全稳定的要求，多回直流间缺乏有效相互配合。直流保护控制系统的标准化程度低，功能逻辑不统一，工程差异化大，存在一定安全隐患。直流保护控制系统结构复杂，装置模块之间耦合紧密，单一元件异常有可能造成双极停运等严重故障，直流保护控制装置可靠性和整体技术水平有待进一步提升。

3. 新型保护控制体系构建面临挑战

随着新能源并网装机容量不断攀升，发电占比不断增加，电力系统电源结构发生深刻变化。继电保护维持在较高的运行水平，以智能变电站为代表的新技术也取得了长足进步，已形成相对稳定成熟的智能变电站应用模式，其标准化建设和专业管理也不断加强，发布并落实了多项技术标准，建成了故障信息管理系统和继电保护定值在线校核系统，继电保护全过程标准化管理体系和支撑手段日趋完善。同时也存在诸多问题，新能源机组控制系统结构复杂，控制策略多样，特性与控制响应、强耦合阶段性特征明显，已有故障分析方法无法准确描述新型电力系统故障特性，直流保护也难以满足高比例新能源送出需求；新型电网故障表现出的电磁暂态特性存在显著差别，一些故障量可能无法准确识别隔离，故障特性难以精确解析。因此，面对构建新能源占比逐渐提高的新型电力系统，开展电力系统故障特征分析，加强控制与保护的协同，实现故障的快速保护及可靠隔离阻断，对于构建适应新型电力系统的保护控制体系显得尤为重要。

本章针对上述新型电力系统保护控制面临的问题，首先提出了相关的核心技术；其次给出了三条建议，一是研究考虑新能源特性的电网全过程故障分析方法，二是构建适应新型电力系统的保护控制策略协同机制，三是开发面向新型电力系统故障特性的保护新技术，四是研究继电保护数字孪生构建的关键技术；最后介绍了柔性直流保护控制技术在舟山柔性直流输电工程的实践。本章对继电保护在新型电力系统背景下面临的挑战、关键技术、发展趋势和相关应用进行了初步探讨，期望可以为省域新型电力系统运行的保护控制技术研究和实践提供有益的思考与启发。

9.2 构建适应新型电力系统的继电保护关键技术

9.2.1 新型电力系统故障暂态特征及保护技术分析

1. 新能源并网系统的故障暂态特征及保护技术

（1）新能源场站内部故障的保护技术分析

新能源场站所采用的基于电网电压定向的矢量控制、抑制负序电流以及低电压穿越控制策略，使其故障特性与传统同步发电机存在不同。光伏场站汇集系统复杂的拓扑结构使得基于单端量信息的汇集线路电流保护的整定变得困难。站域保护能利用多端电气量信息，作为解决现有新能源场站汇集线路保护适应性问题的一种思路。然而已有的站域保护无法直接应用于新能源场站，相关应用还有待进一步研究。基于广义差动原理的站域保护由于新能源场站拓扑结构无法形成边界差动区，无法识别汇集线路故障；基于方向比较的站域保护由于新能源场站的故障特性受控制策略的影响，非故障线路的方向元件无法正确判定反方向故障。

（2）新能源接入配电网后故障的保护技术分析

分布式电源的广泛接入改变了传统认知中配电网单一辐射型结构和故障电流的分布，使得配电网成为一个多电源的系统，而传统的断路器和自动重合装置不具备方向性，导致故障出现时，传统的保护系统不具备适用性。光伏发电、风力发电等电源对当下的电网来说仍是不可控源，容量的大小不固定，而且其自身装置许多电力电子设备，无法长时间提供相对稳定的故障电流，可再生能源的间接性和波动性等会进一步加剧系统故障特性的复杂化。

（3）新能源接入输电网后故障的保护技术分析

受并网换流设备自身故障穿越控制策略带来的弱馈效应影响，传统保护原理应用于新能源并网系统线路时存在保护拒动的风险；高比例新能源接入输电网导致输电网波动性增加，电网故障特征发生变化，对输电网重合闸前后加速产生影响，在重合闸前会倒送短路电流，导致线路保护灵敏度降低，重合闸后引起保护不正确动作。

2. 常规直流输电系统的故障暂态特征及保护技术

（1）常规直流输电系统故障的行波保护技术分析

相比于交流系统，直流线路故障产生的行波不受故障初始角的影响；两端换流器波阻抗非常大，行波几乎只在故障点和换流器之间折反射。但当线路故障距离换流站较远时，行波保护中需要线模波与地模波到达线路末端的时间差较大，时间差过大时，会导致保护设备对故障相选相失败。

（2）常规直流输电系统故障的微分欠压保护技术分析

微分欠压保护的动作速度比行波保护略慢，灵敏度和可靠性比行波保护高，但仍然存在躲暂态过程能力差的问题，直流系统交流侧发生不对称故障时，直流线路电压的暂态过程会比较复杂，而直流线路电压突变量保护仅采用电压变化率元件和低电压元件，在某些直流线路电压畸变比较严重的测量点，保护动作判据容易满足，导致直流线路电压突变量保护误动作。微分欠压保护同样存在耐过渡电阻能力差、整定值确定困难等问题。

（3）常规直流输电系统故障的纵联差动保护技术分析

现有差动保护由于没有考虑直流线路电容电流问题，任何导致电压变化的过程，包括区外故障、启动过程，都有可能导致保护误动，尤其是对电压等级高、输电距离远的直流输电系统。为了防误动，判据需要较长的延时，导致电流差动保护在直流系统中无法发挥出其灵敏度高、动作速度快的优势。

3. 柔性直流输电系统的故障暂态特征及保护技术

（1）柔直系统故障的单端量保护技术分析

针对单端量的保护主要依赖于直流系统线路边界特征实现故障识别。单端量保护具有动作速度快、无须通信等优点，一般作为柔性直流输电线路主保护。但是，实际直流输电长距离线路存在高频信号衰减现象，单端保护不仅难以区分整流侧区外故障和直流线路末端故障，而且存在保护死区问题，其可靠性有待检验。

（2）柔直系统故障的双端量保护技术分析

柔性直流输电系统呈现低阻尼特性，直流线路故障发展迅速，而双端量保护所需信号在线路两端之间传输的延时较长，且双端量保护为了防止误动判据自身存在较长的延时，这都导致难以满足柔性直流输电系统对保护速动性的要求。双端量保护需要使用长通信通道进行信息交换，可能会在长距离的信号传输过程中引入噪声，降低了双端量保护的可靠性。

9.2.2　新型电力系统控制与保护的协同机制

1. 新能源并网系统的保护控制协同策略

（1）基于谐波阻抗的保护控制协同策略

通过构建新能源并网系统的特定高频谐波等效阻抗模型，采用故障回路谐波阻抗比较的保护方案。在故障发生后，主动改变系统中换流器的载波频率，使其成为特征谐波源并在新能源并网系统产生谐波扰动。不同位置的直流故障情况下，通过识别谐波扰动流通路径，实现故障区域的可靠判断。例如，直流变压器的工作原理是利用一个频率恒定的 PWM 信号来控制 H 桥中 IGBT 的导通与关断，因此直流变压器最终输出的 U_{dc} 中，非直流成分表现形式是与 PWM 信号形式相同的方波。由于传统的 PWM 信号的开关频率是不随时间变化的，所以可以用傅里叶级数理论对 U_{dc} 中的方波成分进行分析。可得到：

$$f(t)=A_0+\sum_{n=1}^{\infty}[a_n\cos(2\pi nft)+b_n\sin(2\pi nft)] \tag{9-1}$$

式中，A_0、a_n、b_n 是待定系数。PWM 脉冲的频率是由 f 决定的，因此开关频率的改变会引起输出频率的改变，即直流变压器中开关频率决定了输出谐波频率，从而实现了通过改变 PWM 触发脉冲频率，改变直流变压器输出的谐波频率。对于正常运行系统功率骤变以及不同位置的直流故障而言，所施加的谐波扰动流通路径不同，因而回路阻抗存在差异。

（2）基于单端电流量的新能源并网系统保护控制协同策略

针对有新能源并网的直流系统，将直流系统控制方案与电流式单端测距保护方案相配合形成保护控制协同策略。在系统发生故障后，先对换流器以及外加的电力电子器件进行控制，实现直流系统拓扑变换。相较于一般故障测距需在双端安装保护，该测量保护方法仅需单端电流量即可实现精准故障定位与测距。单端电流量测距保护原理如图 9-1 所示。

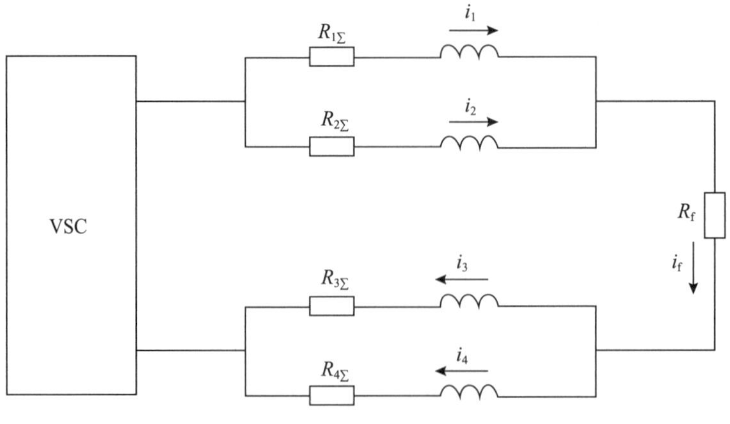

图 9-1 单端电流量测距保护原理示意图

对于 i_1、i_2 所在支路，由于两端电压相等，可得以下关系：

$$L_{1_\Sigma}\frac{di_1}{dt}+i_1R_{1_\Sigma}=L_{2_\Sigma}\frac{di_2}{dt}+i_2R_{2_\Sigma} \tag{9-2}$$

保护启动后，VSC 三相桥臂中的 IGBT 会因自身保护闭锁，此时，撤销晶闸管的导通信号，那么所有晶闸管在自身电流过零后会自然关断，保持闭锁状态，此时系统可以等效为交流侧电源向故障点放电。由于 VSC 中 A 相上桥臂和 B 相下桥臂中二极管的单相导通性，在等效电压源的正半周线路导通，在等效电压源的负半周，二极管续流结束后将处于关断状态，线路电流保持为零，直到等效电压源再次进入正半周期。因此一个周期内，i_1、i_2 初值都为零，可得：

$$\frac{i_1}{i_2}=\frac{L_{2_\Sigma}}{L_{1_\Sigma}} \tag{9-3}$$

在环网中，由于正极线路的电感之和与负极线路的电感之和相等，可以得出

$$\frac{i_1}{i_3}=\frac{L_{2_\Sigma}}{L_{4_\Sigma}} \tag{9-4}$$

$$\frac{i_2}{i_4}=\frac{L_{1_\Sigma}}{L_{3_\Sigma}} \tag{9-5}$$

根据式（9-4）（9-5），通过计算保护安装处正负极电流的比值，即可计算出故障点到 VSC 出口处正负极线路电感的比值，进而可实现对故障距离的精确求解。

（3）基于 DC/DC 变换器的新能源并网汇集系统保护控制协同策略

在新能源汇集系统故障过程期间，启动系统中 DC/DC 变换器进行故障控制，利用变换器件切除故障电流，再控制变换器人为限制在低幅值可控故障电流以提供故障特征，在系统处于安全状态下实现保护的故障区域辨识。当发生故障时，需要对系统中的隔离升压全桥变换器的故障控制，利用光伏的输出特性，使端口电压在开路电压和相对较低的电压值之间连续变化，并通过输入电感对光伏输出电流整形，使 DC/DC 升压变换器输出幅值较低的稳定电流进行故障区域识别。

2. 常规直流输电系统的保护控制协同策略

（1）基于功率协调控制器的保护控制协同策略

针对并联多端直流输电系统中单个换流站发生故障，通过控制和保护功能以及协调控制的配合，降低单站停运的影响。一个四端 LCC 直流电网如图 9-2 所示。当单个整流站或是逆变站紧急停运时，功率协调控制器根据系统情况重新整定各换流站功率或电流定值使整个系统在故障站可靠闭锁后可以在协调控制器作用下继续运行。

当各换流站运行在功率控制模式下时，则需要功率平衡控制器整定每个站的功率参考值，以直流功率作为控制目标能抑制功率变化过程中的暂态扰动。功率平衡控制器原理如图 9-3 所示。其中：P_{r1ord}、P_{r2ord}、P_{i1ord}、P_{i2ord} 分别为 4 个换流站的直流功率最终指令值；P_{r1}、P_{r2}、P_{i1} 和 P_{i2} 分别为 4 个换流站的直流功率。当某个换流站的直流功率变化时，P_R 同时变化，ΔP 不再为 0，经过一个积分环节，与 k 参数控制器算出每个换流站的 k 参数相乘，得出各站功率指令变化量，叠加在原功率指令上，重新整定出各换流站的功率指令值，送至相应换流站完成协调控制。

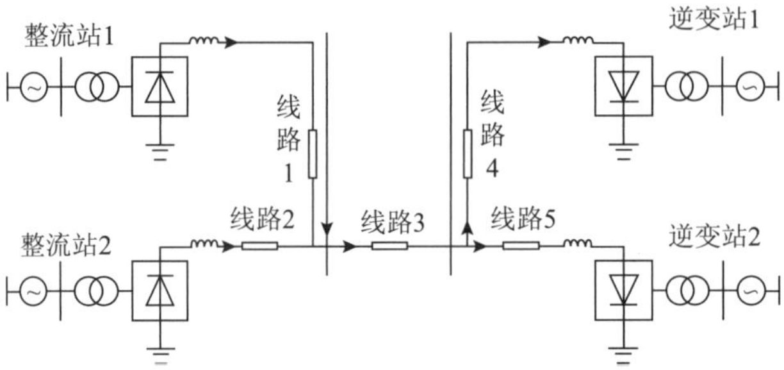

图 9-2　四端 LCC 直流电网

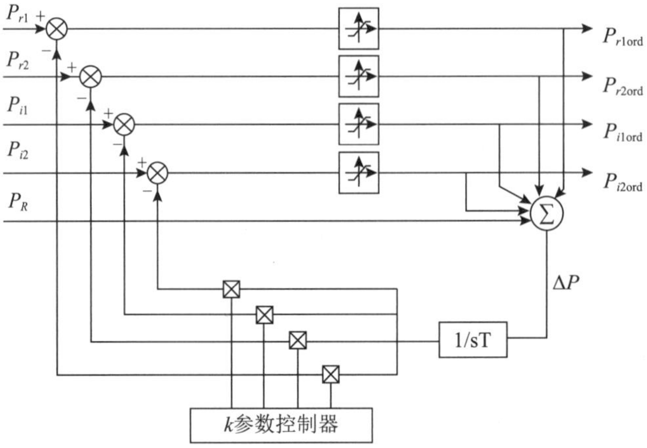

图 9-3　功率平衡控制器

（2）基于换流站稳态运行点的保护控制协同策略

利用换流器运行阶段信息构建基于保护控制协同的暂态量保护。在直流线路故障或线路电流波动较大时，换流站控制系统主要依靠定电流控制来调节直流电流。在直流线路正常运行和发生故障时，定电流控制的特性明显不同，区外故障和区内故障的运行轨迹和稳态运行点存在明显差异，据此可实现基于换流站控制特性稳态运行点的纵联保护。

基于换流站稳态运行点的保护控制协同策略立足于整流侧电流偏差 I_{RE} 逆变侧电流偏差 I_{IE}、电流裕度 I_{marg}。直流系统正常运行且变压无波动时，整流侧维持定电流控制，且得到此时电流偏差均值的特征不等式为：

$$\begin{cases} \bar{I}_{RE} > 0 \\ \bar{I}_{IE} - I_{marg} < 0 \end{cases} \quad (9\text{-}6)$$

直流系统正常运行但电压波动，或逆变侧区外发生故障时，整流侧开始进行电流调节，此时电流偏差均值的特征不等式为：

$$\begin{cases} \bar{I}_{RE} < 0 \\ \bar{I}_{IE} - I_{marg} < 0 \end{cases} \quad (9\text{-}7)$$

直流系统整流侧发生区外故障，整流侧电压下降较大，此时电流偏差均值的特征不等式为：

$$\begin{cases} \bar{I}_{RE} > 0 \\ \bar{I}_{IE} - I_{marg} > 0 \end{cases} \quad (9\text{-}8)$$

直流线路上发生故障时，由于故障电流的存在，整流侧失去对逆变侧电流的调节能力，并且两侧直流同时母线失压，两侧控制系统均进入定电流控制，此时电流偏差均值的特征不等式，即双极直流输电系统的纵联电流保护原理性判据为：

$$\begin{cases} \bar{I}_{RE} > 0 \\ \bar{I}_{IE} - I_{marg} < 0 \end{cases} \quad (9\text{-}9)$$

3. 柔性直流输电系统的保护控制协同策略

（1）源侧调压型故障电流主动控制与保护策略

基于 MMC 有源限流策略将控制和保护相结合，如图 9-4 所示。MMC 主动控制可以将故障电流限制在正常水平，一定程度上降低了对于保护在故障状态速动性的要求，同时保护在线路两端捕获电流特征，用以识别故障线路。避免了短期停电，能够加速系统在故障后状态下的恢复。

发生故障后，换流器通常将 Idc 限制为零，以避免 MMC 中的过电流并确保故障清除。然而在这种情况下，保护检测到的故障电流特征很快消失，这阻碍了故障线路的可靠检测。因此，为了确保在故障后继电保护装置可以检测到明显的故障特征，并且综合考虑系统能够承受的过电流水平，将换流站的故障后直流电流限制为 1.2p.u.，即 I_{dcref} 设置为 1.2p.u.。

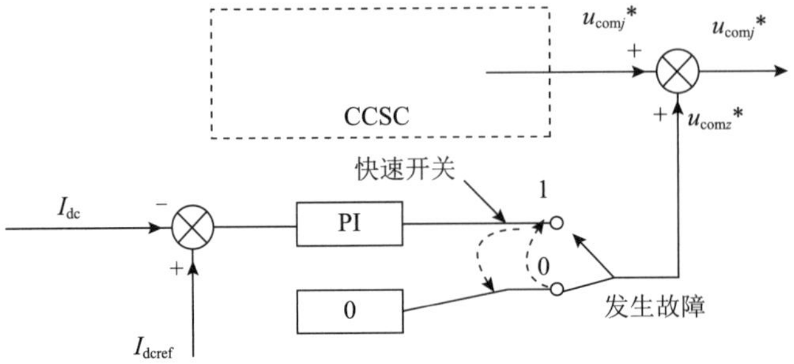

图 9-4　MMC 限流控制策略示意图

（2）网侧增阻型故障电流主动控制与保护策略

将网侧增阻型限流装置与方向纵联保护结合，在发生故障时控制限流器对故障回路进行增阻，抑制出口电容与系统侧的故障电流。限流器装置控制策略如图 9-5 所示。装设于换流站出口处，限流装置与方向纵联保护配合，确保在极间短路故障时方向纵联保护能可靠动作，以限流装置具有方向特征的电流作为保护启动判据，保证方向纵联保护的可靠性和速动性。

限流器通过整流器从交流侧取电，向限流电感提供稳定斜率的电流整流器采用传统的双环控制，对限流电感两侧的电压进行采样，和故障时需要限流器钳位的电压值做差，以实现稳定限流电感电压的作用。

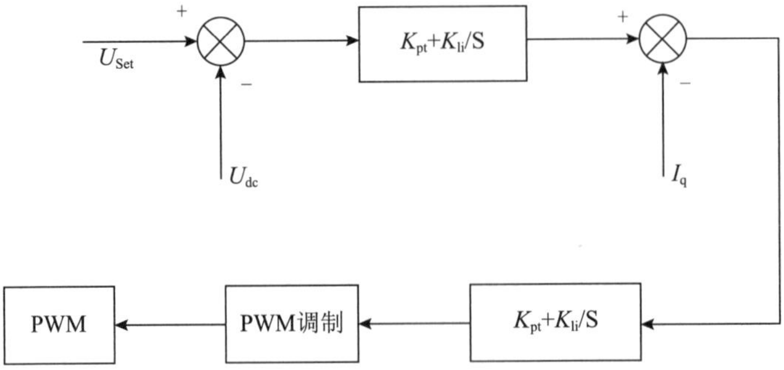

图 9-5　限流装置控制策略图

可以根据实际情况通过改变 U_{set} 的数值来改变限流电感的钳位电压，实现限流器的灵活可控。限流器应与方向纵联保护相配合，在限制电流不会快速超过换流站闭锁阈值的同时，也不影响方向纵联保护启动元件和方向元件的动作。因此，限流器投入运行的判据应和启动元件判据保持一致。当故障电流超过 $1.1I_N$ 时，限流器投入运行，对故障电流进行限制，同时，方向纵联保护的启动元件发信。这一阶段电流进一步升高，同时满足启动元件和方向元件判据，收信元件动作，经过短暂的出口延时，保护动作。

（3）源网配合型故障电流主动控制与保护策略

此策略基于 MMC 和混合直流断路器的协调配合，实现柔性直流电网故障的快速隔离与清除。源网配合型故障电流控制装置原理如图 9-6 所示。利用源侧换流站进行有源控制限制故障电流，将故障隔离与能量耗散互相解耦提升了故障排除速度，缩小了故障波及范围。MMC 和混合直流断路器的配合可显著降低直流故障电流，并有效避免直流保护装置的损坏。

一旦直流电网发生短路故障，可以通过 MMC 主动调压控制自适应减小模块的投入数量。直流断路器一旦收到跳闸信号，LCS 将首先关闭，它将立即阻断故障电流，故障电流流经双向电力电子模块。UFD 在 LCS 动作后数毫秒开通，在此期间，转移支路大量串联中的双向电力电子模块关断后产生分断电压，避雷器触发动作并消耗能量。之后直流故障电流会因避雷器耗能而降低至接近于零，此时可视为断路器完成了故障开断。

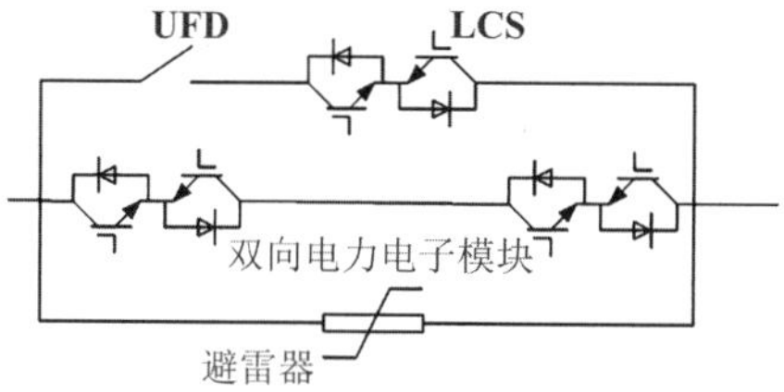

图 9-6　源网配合型故障电流控制装置原理图

9.2.3　故障快速保护新原理及可靠隔离阻断装置

1. 基于宽频带暂态信息的故障快速保护新原理

（1）基于高频电气量的保护新原理

由于高比例电力电子器件渗透，新型电力系统故障会带来丰富的高频电气量信息。依据故障扰动的时频特性分析实现扰动传播降维分析，将电力电子装置化的电力系统模型转化为只与系统参数有关的高频等值模型，据此构建新型电力系统高频等值模型的保护方案。通过故障时各保护测量装置所接受的高频电气信息，实现对含有故障线路侧的识别，可以有效解决新型电力系统中故障等值阻抗易时变的问题。

线路故障时，线路上配置的电压互感器和电流互感器即可判断出故障发生，此时，线路三相信号发射器按照 A，B，C 的顺序依次发出一段长度为 0.01 秒，频率为

3000 赫兹的高频信号，发射间隔为 0.01 秒。若接收到的高频信号只有某一相的本相信号缺失，则判断线路发生了单相接地故障，该相断路器跳闸；反之，则判断发生了除单相接地故障外的其他故障，三相断路器均跳闸。若判断线路发生了单相接地故障，故障后经 0.5 秒延时，由故障相信号发射器持续发出高频信号，若 1.5 秒内故障相信号接收器接收到了本相高频信号，则判定故障为瞬时性单相接地故障且故障已消失，停发高频信号并重合该相断路器；若 1.5 秒内仍未能接收到本相高频信号，则判定故障为永久性单相接地故障，停发高频信号，跳开线路三相断路器并闭锁重合闸。故障后经 0.5 秒延时，三相信号发射器持续循环发出高频信号，若 1.5 秒内对应各相都已接收，则判定故障为瞬时性故障且故障已消失，停发高频信号并重合三相断路器；否则判定故障为永久性故障，停发高频信号并闭锁重合闸。

（2）基于宽频带波形相关性的保护新原理

新型电力系统故障暂态过程包含大量故障信息，通过合理利用故障全过程信息可以大幅度提升继电保护的可靠性。基于宽频带暂态信号的波形，保护方利用暂态信号的时域特征和频域特征等故障信息，不需要具体分析暂态信号的幅值、频率等故障信息，简化了保护整定的难度，提高了暂态保护的可靠性。当电力系统发生故障后，广域电网中将产生宽频带非平稳暂态信号，依据宽频带暂态信号的波形特征可实现暂态保护。提取宽频带暂态信号在不同频率不同时间段的波形特征，采集故障暂态波形特征进行分析，根据相似度来识别区内外故障，实现线路保护。判别区内外故障，实现电力系统的故障快速保护。

在宽频带波形相关性下，构建高频阻抗曲线匹配的纵联保护，利用其正反方向故障的测量阻抗理论高频幅频曲线与计算高频幅频曲线的匹配误差来识别正、反向故障。

$$\begin{cases} K_{t1} = \dfrac{\left\| Z_{t1}(f) - Z_{mR}(f) \right\|_1}{\left\| Z_{t1}(f) \right\|_1 + \left\| Z_{mR}(f) \right\|_1} \\ K_{t1} = \dfrac{\left\| Z_{t2}(f) - Z_{mR}(f) \right\|_1}{\left\| Z_{t2}(f) \right\|_1 + \left\| Z_{mR}(f) \right\|_1} \\ K_t = \dfrac{K_{t1}}{K_{t2}} \end{cases} \tag{9-10}$$

式中，K_{t1} 为保护正方向的匹配误差；K_{t2} 为保护反方向的匹配误差；$\|\ \|_1$ 表示求 1 范数；Z_{t1} 为保护正方向故障时的测量阻抗理论高频幅频曲线，即整流站或逆变站的直流侧等效高频阻抗幅频曲线，Z_{t2} 为保护反方向故障时的测量阻抗理论高频幅频曲线，Z_{mR} 为测量阻抗实测高频幅频曲线。

因此，构造区内、外故障判据如下：

$$\begin{cases} 区内故障 K_{tR} < 1 且 K_{t1} < 1 \\ 区外故障 K_{tR} \geqslant 1 且 K_{t1} \geqslant 1 \end{cases} \tag{9-11}$$

式中，K_{tR} 和 K_{tI} 分别为整流侧匹配和逆变侧匹配误差。

2. 新型电力系统的故障快速隔离阻断装置

（1）基于直流断路器的故障隔离阻断装置

当保护装置检测到某线路发生故障后，对直流断路器发出切除指令，利用直流断路器直接切除故障线路，在数毫秒内将故障线路隔离，且不会中断直流电网其他部分的功率正常传输。直流断路器面临着诸多问题，包括直流电流无过零点使灭弧困难，直流断路器在分闸过程中耗散较大的能量，承受很高的故障电流上升率等。高压、大容量的直流断路器在技术研究和成本投资上都面临着巨大挑战。

直流断路器从技术角度出发可以分为三类，分别是基于常规开关的机械式直流断路器、基于纯固态电力电子器件的固态直流断路器和基于机械开关和全控电力电子开关结合的混合直流断路器。机械式直流断路器主要以传统机械开关为主要的故障电流隔离器件，对故障电流的隔离主要采用机械开关本身的拉弧能力，适合在常规直流输电系统中或者混合直流输电系统中进行快速隔离阻断。固态直流断路器中没有实际的开断触头，在投切时速度快且没有电弧现象，基本上满足了直流断路器的速动性要求。混合直流断路器同时具备机械直流断路器的通流能力和固态直流断路器的断流能力，正常运行时依靠机械开关导通，发生故障时依靠大功率电力电子元件进行开断，其较小的导通损耗和较快的开断速度成为当前直流断路器研究的主要方向。

（2）基于换流器的故障自清除阻断装置

基于换流器的故障自清除阻断装置通过开关器件触发时序的变化以达到自动清除故障电流的目的。其故障隔离机理是利用二极管的单向导通性，将子模块电容引入故障回路，从而提供反电势以迅速地自动阻断故障电流。两种典型具备故障清除能力的 MMC 子模块拓扑如图 9-7 和图 9-8 所示。

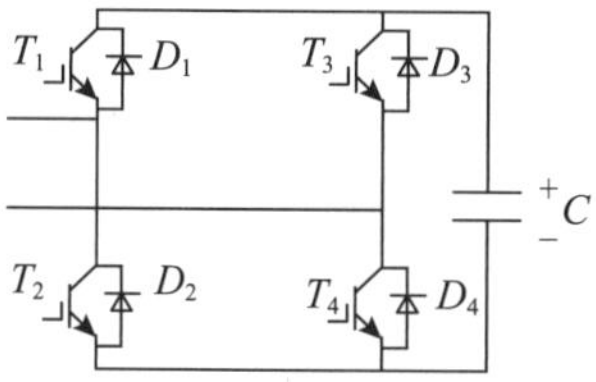

图 9-7　全桥子模块的拓扑结构

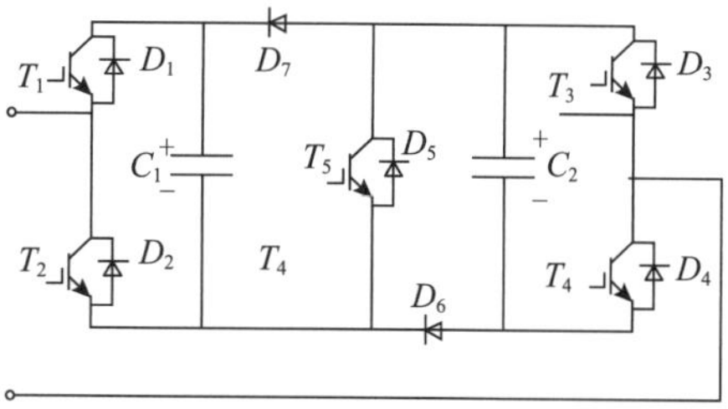

图 9-8　箝位型双子模块的拓扑结构

系统发生直流故障闭锁后对应正负两种电流。从图 9-8 中可看出，两种电流的路径均由二极管和电容串联而成，回路中的二极管会由于承受反向电容电压而关断，进而清除故障电流。故障闭锁时，二极管会在反向电容电压作用下切断电流回路。相比于全桥子模块，在输出相同电平时，虽然箝位型双子模块减少了器件使用量，但在故障闭锁后电流方向不同时，输出电压的绝对值也不同，会影响清除故障电流的速度。并且，由于箝位型双子模块结构复杂且有一定的耦合性，会增大封装和控制的难度。

基于交流断路器的故障隔离阻断装置通过交流侧自带的断路器开断故障电流。发生故障以后，经过一段时间保护，检测到故障的发生，为保护电力系统设备，向特定交流断路器发出跳闸信号，从而阻止交流侧向故障点供给短路电流；断路器跳开后，故障电流衰减到零，再利用隔离开关切除故障线路，从而实现对故障的隔离。如果故障被清除，系统将恢复正常，但如果检测到永久性故障，继电器将锁定断路器。

9.2.4　新型电力系统继电保护智能整定与分析平台

传统电网分析方法难以满足精细化分析计算的要求，面对当前电网发展形势及既有系统存在的技术缺陷，通过引进数据挖掘、云计算等新技术，从计算模型准确性、功能服务化、计算效率提升、功能应用灵活性等方面提升整定计算技术业务的信息化水平，从而提升定值整定计算系统对调控云平台、泛在电力物联网建设的支撑能力。

继电保护智能整定与分析平台遵循调控云总体设计，面向继电保护今后发展的要求，通过一体化整定计算进行微服务设计，通过虚拟化等方式承载上云，运行在如图 9-9 所示的分布式基础架构上。

受益于云计算提供的超级计算、弹性扩展能力，可实现服务的动态灵活订阅，以适应一体化整定计算业务的创新需求。通过对既有规范进行扩展，建立一次模型、二次模型全面的交互规范，增强数据扩展融合；应用数据挖掘技术，提取数据特征，提升数据准确性自主校验，从而在纵向、横向两方面实现数据融合。基于微服务基础架构，构建整定计算系统微服务架构体系；针对整定计算系统各业务环节，将集成化的功能结构拆分为多个松耦合微服务，应用软件功能拆分实现横向扩展。

模型与算法分离设计分别基于云平台研究与搭建分布式计算架构，面向并行计算开发动态分区算法，构建计算参数动态共享服务。充分应用云计算负载均衡及微服务架构，降低负载及系统升级对用户应用的影响，设计面向多级用户的权限管理体系，提升系统应用安全及多用户并发应用适应性，设计服务功能灵活订阅服务，支撑用户自定义应用功能套餐，实现服务动态灵活订阅。

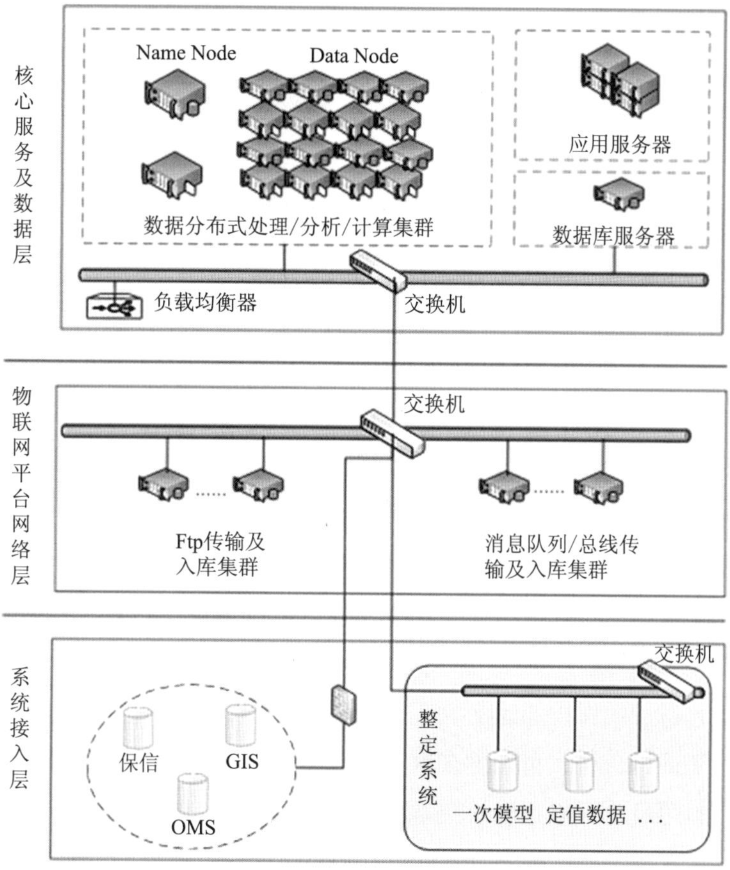

图 9-9　继电保护智能整定与分析平台部署架构图

继电保护智能整定与分析平台带来一系列智能化提升。一是整定业务计算效率大幅提升。基于整定业务拆分及调控云计算资源，采用分布式计算，当云平台开启 8 个并行计算服务时，173 个厂站全网分支系数和全网等值阻抗计算时间均缩短至 10 分钟以内。二是对一二次设备全模型自动建模并自动获取面向未来态的设备参数。以某电网 173 个厂站为例，图形及数据建模时间由 4 小时降至 40 分钟，整体效率提升 83%，且电网图形数据误绘制风险得到有效管控。采用调控云自动获取的电网模型，在快速的基础上，还囊括整条配电线上的全部环网柜和配变信息，配电网整定更加细致、全面、智能。三是基于定值项快速匹配的保护装置实现全站一键整定。采用一体化整定计算系统，仅需对保护设备分类批量配置，一键智能整定生成全部定值单，提高定值计算执行效率，提高人工效率 50%。

9.3 新型电力系统保护控制发展趋势及相关建议

9.3.1 深化考虑新能源特性的电网全过程故障分析

电力系统故障暂态特征分析是故障检测、定位和隔离的基础，也是新型电力系统故障检测、识别、隔离技术的研究难点。故障暂态特性受到包括电力设备类型、系统结构以及系统控制策略等因素的影响。近年来以风电和光伏为代表的新能源发电迅猛发展，电力系统电源结构发生了深刻变化，以传统的电磁暂态、机电暂态划分故障过程的方法显然不再适合新型电力系统，仅利用工频量保护原理已不能满足电力电子设备大规模接入电网后系统安全的要求。

故障全过程指从故障发生到故障稳态的整个阶段，包括故障初始行波、行波折反射产生的暂态高频量、电感电容集中储能元件过渡过程等多种暂态量信息，这些暂态信息与故障点位置、类型等有直接关联关系。充分挖掘和利用故障全过程的暂态信息，实现基于暂态量的保护原理有利于提升保护动作的准确性和快速性。对暂态差动电流的频率特征进行分析，可以发现区内外故障时的故障分量差动电流的频率特征存在明显差异。利用最小二乘拟合法提取差动电流暂态波形的主频率，区内故障时差动电流以工频短路电流为主，差动电流拟合的频率呈低频，近似 50 赫兹；区外故障时各相的差动电流则含有更多的高频分量，远大于 50 赫兹。因此，可以依据暂态差动电流的波动频率识别区内外故障，从而构成线路暂态差动保护原理。

9.3.2 构建适应新型电力系统的保护控制策略协同机制

控制在故障建模、故障特征分析、继电保护适应性分析中都占有重要地位。在新型电力系统中，控制与保护协同成为大势所趋，其协同逻辑关系如图 9-10 所示。建议利用可控装置的调节作用协助继电保护进行故障甄别与故障恢复，采取具备协调能力的控制策略以及相应的保护形态与配合方案，在故障的控制、隔离和恢复方面更贴近电网和用户需求。

构建全网范围的保护控制协同体系，分析电力系统故障特征量采集、故障判别、故障隔离、恢复控制、建立系统电压等过程，提出保护控制策略协同机制。梳理已有保护控制系统架构、控制功能及保护逻辑的实现方式，保护整定值选取和保护动作时间设定，故障电流开断技术及故障限流技术，设备优化配置，控制与保护时序配合过程，研究新型电力系统中系统控制与保护在各环节的协调配合方案。

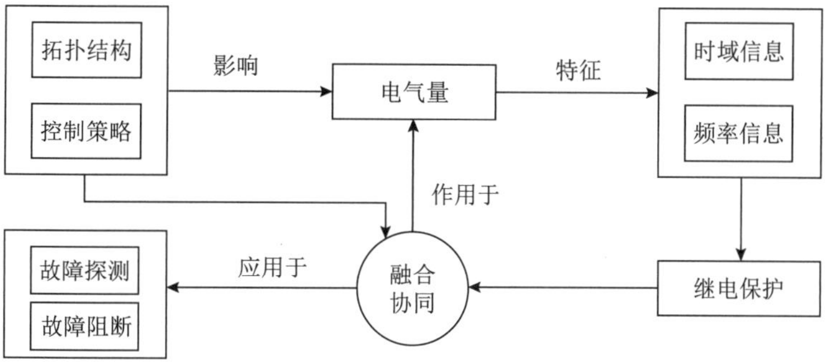

图 9-10　控制与保护协同逻辑关系

构建基于信息融合的继电保护新型工作模式，针对传统定值配合式保护灵敏度不足、难以配合、动作时间长等问题，破除仅利用保护本地信息的局限。信息交互融合是解决现有保护问题的根本出路，探索基于信息交互融合的新型保护工作模式已成为保障电网安全的重大现实需求。应用多点电气量和状态量信息以实现保护的快速性、选择性。例如建立通过基于数据源共享的广域电流差动保护，通过同步数据网络，共享区域内各变电站的电流量、电压量、断路器状态等信息，进行整个区域多端多元件的差动计算，实现各变电站间联络线路的差动保护。同时建议构建与智能化的广域保护体系配套的高效通信系统，实时获取系统中各部分的信息，通过实时监控，对系统运行中的故障做出快速反应，有效降低保护系统的复杂性。

9.3.3　开发适应新型电力系统故障特性的保护新技术

电力电子设备呈现很强的非线性特征，在故障过程中其控制策略甚至拓扑结构快速时变，使新型电力系统的故障特征发生了深刻的变化，原有的故障分析方法也不再适用。新能源及电力电子设备的控制策略与电网保护控制交互影响，系统故障呈现多时空耦合、多尺度级联特征，连锁故障发生的场景更多，路径更复杂。新能源源端不同工况、不同容量、不同类型的机组汇聚，其故障反应差异也很大，如何准确描述源端的集聚效应也是需要重点研究的问题。同时，电力电子设备暂态电热耦合响应及承受故障能力的边界条件尚不清晰，对充分发挥其故障主动抑制能力，并通过与电网保护的协同配合，减少并发性和继发性故障的发生也需要进一步研究。

针对电网可再生能源大规模接入、电力电子化特征日趋凸显的发展趋势，开展基于故障暂态量的故障预警与保护、电力系统广域保护技术等技术研究，不断提升继电保护技术水平，满足未来电网的安全防护需求。将保护利用的信息由稳态工频量扩展至宽频带暂态信息。充分挖掘和综合利用故障全过程信息，充分利用故障蕴含的丰富暂态量信息，实现新型电力系统继电保护性能与故障信息的自适应匹配。提升暂态信号传输的可靠性，加强相关物理实验和现场录波数据验证，推动基于故障暂态分量继电保护实用化进程。在安全裕度范围内，故障时通过电力电子设备调控来提升继电保护故障甄别的可靠性与灵敏度，或者利用控制策略来改变故障特征，特别是针对受控性较强的含新能源电网与柔性直流电网，通过控制与继电保护的协调，起到故障识别与隔离的作用。在故障后通过电力电子设备调控来探测故障存在与否，以提高重合或重启成功率。

9.3.4 攻关继电保护数字孪生构建的相关关键技术

现阶段继电保护数字孪生的相关研究既有针对交流保护的也有针对直流保护的，除了保护原理方面的应用外，在交直流混联大系统的仿真实验研究、直流保护控制关键参数的校核及离线调试方面，也有一些数字孪生的雏形应用。此外，一些继电保护厂家在继电保护功能模块的离线仿真与调试、保护结果输出及展示、虚拟液晶等方面也进行了相关技术研究。现有继电保护领域数字孪生的应用多偏向于满足具体的场景需求，在数据实时交互能力、保护逻辑透明性、接口标准化、人机交互等方面仍处于数字孪生的初步探索阶段。

不过继电保护数字孪生系统原理建模和一次系统建模等方面已有一些相关基础研究，加之继电保护装置现阶段标准化程度高，可为继电保护数字孪生系统的构建及数据接口标准化工作打下基础。实时数字仿真技术随着芯片的进步快速发展，多核并行计算、多硬件单元并行计算、多步长协同计算等技术能够对更大电网、更多新能源元素进行实时仿真计算，这为开展大规模、精细化继电保护孪生提供了支撑，有望在上述继电保护数字孪生关键技术方面实现突破，进一步构建可替代真实保护的继电保护数字孪生系统，从而推动继电保护整体发展。继电保护数字孪生构建关键技术，有助于搭建一二次系统实时闭环仿真试验平台，继而在保护装置系统级测试、保护新原理开发、继保从业人员专业技能培训、智能变电站运维辅助决策以及交直流保护安全稳定运行等方面发挥潜在的应用价值。

9.4 新型电力系统保护控制落地实践

9.4.1 舟山柔性直流系统控制与保护

舟山柔性直流示范工程是目前世界上投运的电压等级最高、端数最多、单端容量最大的多端柔性直流输电工程。工程主要包括五个换流站工程、四段直流电缆工程和配套试验能力建设项目。电缆总长约 281 千米，其中海缆 258 千米，陆缆 22.8 千米。示范工程投产后，舟山电网发展为同时包含多端柔性直流、传统直流和风电场的复杂交直流混联电网，电能可同时通过交流通道和直流通道到达各岛，运行方式灵活多变。

考虑舟山电网网架结构和各换流站一次主接线情况，正常及故障检修方式下，示范工程可运行于五端系统、四端系统、三端系统、两端系统及 STATCOM 五大类，共 26 种典型运行方式。舟山柔直工程同步投产了稳控系统，采用“一主六子”模式建设。稳控装置与保护控制装置通过硬接点交叉互联。主要策略为检测到交流系统故障后，主站根据各换流站运行状态和控制模式计算各换流站功率回降档位。随着技术的进步，为了充分利用柔直的快速可控性，考虑采用光纤接口方式，这样稳控能够采集到更多信息，装置动作指令也可以更丰富和精确，实现换流站有功和无功功率按需提升（非分档），有功和无功功率调制、控制模式切换等。

舟山柔直孤岛控制策略是一个如图 9-11 所示的闭环控制策略，要求孤岛方式下必须具备故障穿越能力。其外环为采用基于交流电压 dq 分量的定交流电压控制，PI 控制器用来减小稳态误差，输出电流参考值用于电流内环控制；电流内环快速跟踪参考电流值；故障穿越主要通过电压 / 电流限制环节来实现。

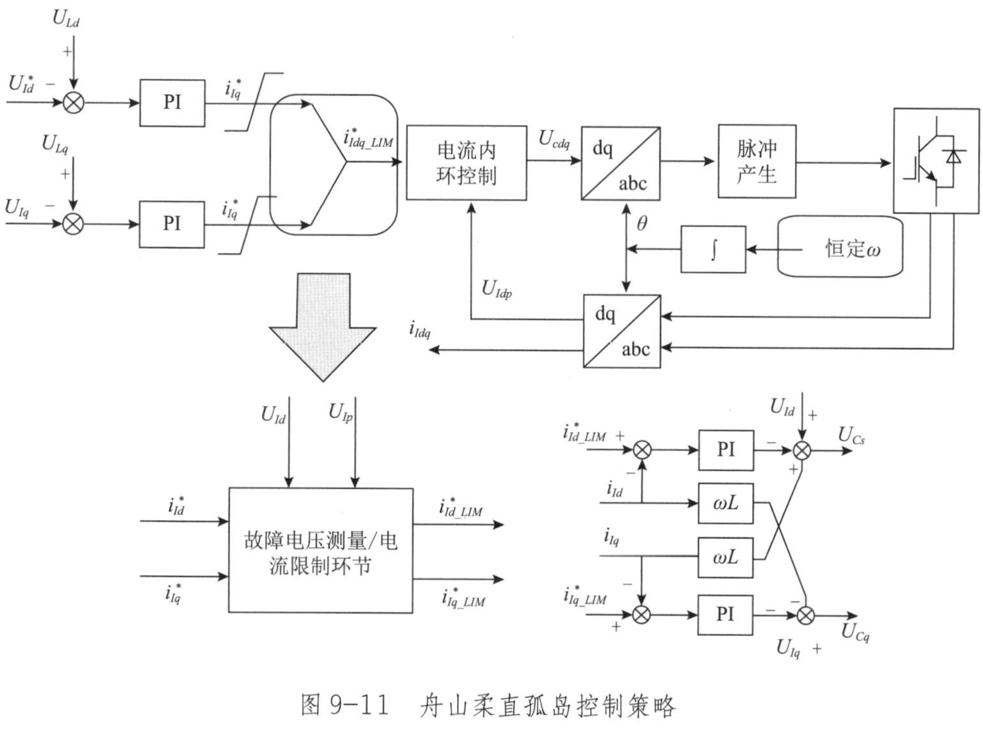

图 9-11　舟山柔直孤岛控制策略

柔直系统联网孤岛平缓转换具有两大难点，分别为电网解列点变化多端和解列点开关的状态信息无法全部接入直流保护控制系统。随着电网的发展，导致局部电网成为孤岛的解列点会不断发生变化。如何设计一套不依赖于解列点开关相关信息就能判别电网处于联网状态还是孤岛状态的自动判别机制，并能够实现两种模式之间的平滑转换，是当前新型电力系统建设的一个重难点。

舟山柔直工程基于频率变化量的联网转孤岛逻辑和基于桥臂电流的孤岛至联网方式判别逻辑，提出一个可行方法：当换流站检测到交流侧电压频率变化量 f ＞ fset 时，判断进入孤岛状态。一旦判定单个或多个换流站进入孤岛运行模式，则按照事先设定的优先级顺序，自动由某个换流站独立承担局部电网的调压和调频任务，控制输出交流电压幅值为指定值，并维持系统频率为 50 赫兹。在孤岛运行方式下，直流保护控制系统检测桥臂电流等模拟量的实时变化，当桥臂电流值超过模式切换定值 Iset 时，直流保护控制系统首先短时闭锁换流器。在换流器短时闭锁期间，换流器无法独立在局部电网建立电压，若此时换流器同步锁相环检测到换流器出口母线电压已经建立，则意味着局部电网已恢复与外部交流电网并列运行，此时直流保护控制系统自动切换到联网方式。否则，直流保护控制系统继续认为换流站尚处于孤岛方式，重新解锁。模式切换定值 Iset 一般要大于局部孤岛电网负荷。

直流电压接管控制是舟山柔性直流系统的另一个重要的控制逻辑，通过理论分析结合仿真试验研究，舟山提出了优化的直流电压无损接管策略。当站间通信有效时，选择无偏顺序差接管策略，将直流电压控制在额定值，接管顺序为舟定→舟岱→舟衢→舟洋→舟泗；当站间通信失效时，通过检测电压偏差顺序接管，并恢复额定电压运行，偏差由小到大设定为舟定→舟岱→舟衢→舟洋→舟泗。任何一个站检测到直流电压当前偏差超过自身偏差以及超过检测延时，就立即接管直流电压控制，控制直流电压为额定值后，其他站检测直流电压波动在偏差范围内，不再切换控制模式。

舟山柔性直流系统在舟定 - 舟岱线路舟定侧正负极装设了 2 个直流断路器（全桥级联混合式）。直流断路器包括 3 条并联支路，分别为主支路、转移支路和耗能支路。主支路用于导通系统负荷电流，由快速机械开关和少量全桥模块串联构成，通态损耗低；转移支路用于导通系统短路故障电流，由多级全桥模块串联构成；耗能支路由避雷器组构成，用于吸收系统短路电流并抑制分断过电压。舟山柔直系统的直流断路器额定电压为 200 千伏，额定电流 2 千安，分断电流 15 千安，分断时间 3 毫秒。

9.4.2 基于 5G 的多源配网智能自愈建设

10 千伏胡宅 207、五丈 204 线路供电线路较长、故障多、故障后停电用户较多，受地理条件限制，运维人员到达现场处置故障时间往往较长，导致用户较长时间停电。10 千伏黄公 202 和尖宅 210 线路因小水电 / 新能源电站未能及时解列，故障线路检无压重合失败的情况偶有发生，严重影响供电可靠性，降低了小水电 / 新能源电站发电效率。

配网架空线路呈现辐射状分布，差动保护难以适应，不适用架空线路的故障处置。为解决架空线路故障隔离和恢复供电问题，馈线自动化技术应运而生。配网馈线自动化主要分为三类：集中型、重合器式、智能分布式。集中型馈线自动化全自动模式故障处理时间在 1 分钟以上，半自动化模式故障处理时间在 15 分钟以上，适用于常规配电设备下的自动化功能适度提升；重合器式馈线自动化自动恢复供电典型时间 45 秒以上，并有转供于故障风险，人工恢复需 1 小时以上，且用户会感受到多次停电，典型适用于架空线路的保护功能提升；智能分布式馈线自动化可以通过配电终端之间横向通信自主快速完成故障处理，最大限度缩小停电范围，并减少停电时间，故障隔离典型时间 120 毫秒，供电恢复典型时间 500 毫秒，具有较好的保护效果，适用于断路器网架下的配电线路。但以上几种馈线自动化方式在分布式电源接入下的多源配网均存在判断不准、设备和电网冲击大、灵敏度降低等问题。

智能分布式馈线自动化具有故障隔离供电恢复速度快等特点，但基本利用光纤实现通信组网，需要供电公司单独铺设光纤网络，成本高、建设实施难度大。磐安已经实现了 5G 覆盖，10 千伏胡宅 207、五丈 204 线路供电线路具备 5G 利用条件。5G 组网结构如图 9-12 所示。

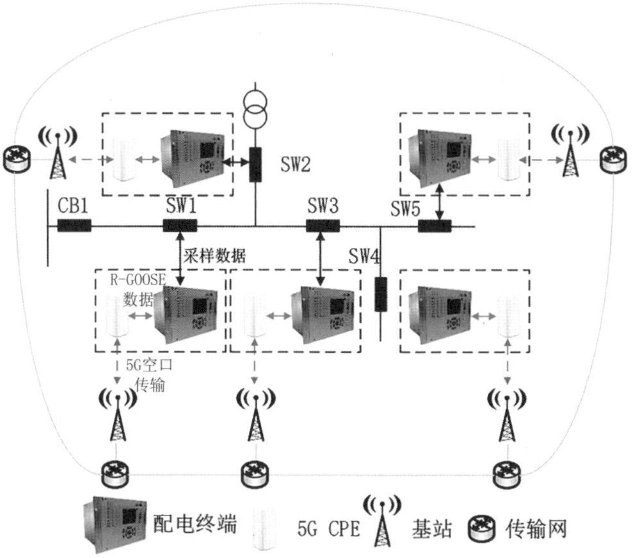

图 9-12　5G 组网结构图

5G 网络比较稳定，但相比于光纤，5G 网络抖动延迟稍大，存在丢帧、乱序的问题，可靠性稍差，所以不适用于实现采样值原理的差动保护，而非常适合状态量差动原理的智能分布式馈线自动化。另外 10 千伏胡宅 207 线路基本为架空线路，呈现辐射状分布式，差动保护难以适应。

结合磐安山区线路实际情况，特别是 10 千伏胡宅 207、五丈 204 线路，工程采用基于 5G 的多源配网智能分布式馈线自动化，主要特征是在智能分布式馈线自动化的基础上，采用 5G 实现配电终端设备间信息交互，同时在新能源并网点或分布式电源集中并网点配置相应的保护装置，实现与配电线路终端的互动和联动，进而将配网保护扩展到多电源配电系统应用。

工程在 10 千伏胡宅 207、五丈 204 线路部署多源配网智能分布式馈线自动化系统装置 2 套，包括智能分布式配电终端系统（含定制 FTU）24 套，另配置磁控断路器 24 台，配置方案如图 9-13 所示。

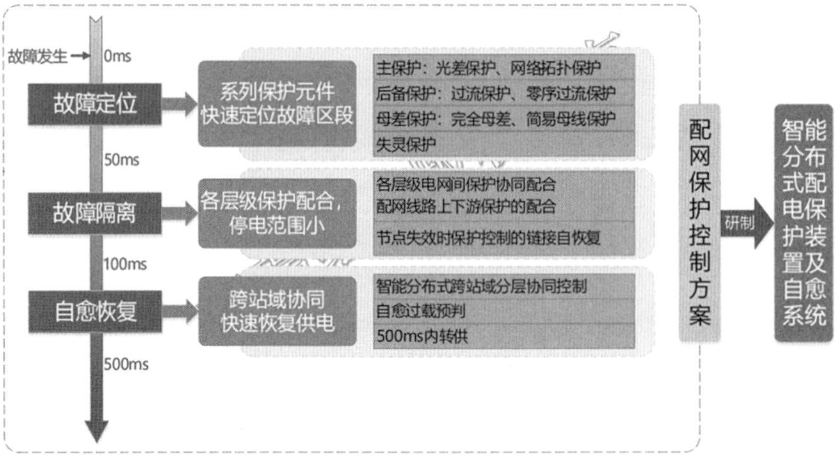

图 9-13　配网保护控制方案

10 千伏胡宅 207、五丈 204 线路供电线路较长、故障多、故障后停电用户较多，受地理条件限制，运维人员到达现场处置故障时间较长，导致用户较长时间停电，严重影响供电可靠性。智能分布式馈线自动化是在配电终端间传输过流和方向标识，通过比较过流信号和相位进行区内、区外故障判别，对于精度要求不高，有效弥补了 5G 网络“抖动延迟稍大，可靠性逊于光纤”的缺点。利用“5G 网络 + 智能分布式”可快速有效实现故障定位和隔离。基于 5G 的智能分布式配网保护自愈技术，利用 5G 网络实现配电终端在确定故障定位、隔离成功后，选择最优策略自投联络开关，实现秒级恢复供电，极大增强了电网自愈能力。预期试点线路年均停电时户数降低 80%，有效提升了供电可靠性与供电服务水平。基于 5G 的多源配网智能分布式馈线自动化架构如图 9-14 所示。

在胡宅 207 和五丈 204 两条线路均配置有不同规模的小水电或光伏发电，进而构成了双电源或多电源的供电网络。当配电网发生故障时，短路潮流因为新能源的参与产生了较大的变化，且短路时故障特征会因新能源发电工作状态存在一定的差异，给配网保护的灵敏、可靠带来了明显的挑战。同时，当配网系统侧出线失压或配网区域内发生故障时，新能源会在局部区域构成暂态离网型微电网运行，既影响系统侧保护动作行为也给微电网区域内供电安全带来威胁。

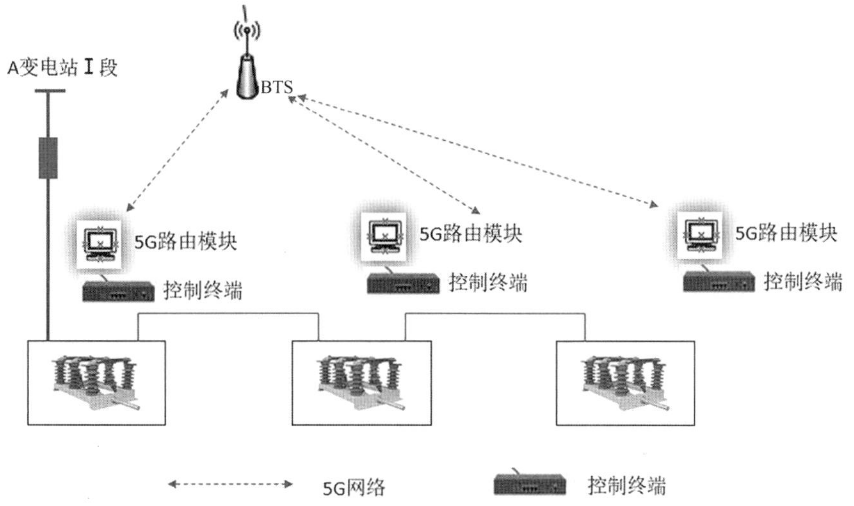

图 9-14　基于 5G 的多源配网智能分布式馈线自动化架构图

工程采用面向多源的智能分布式馈线自动化系统，通过在线路干线、支线及新能源并网点开关配置基于 5G 对等通信的配电终端，当电网发生故障或异常时，线路内所有节点的配电终端进行本地的实时数据交互，结合系统拓扑和故障电流特性，准确判断故障发生区域，进而采取统一协同的动作行为，最大限度地保障线路供电可靠性。

【参考资料】

[1] 宋国兵，陶然，李斌，等. 含大规模电力电子装备的电力系统故障分析与保护综述［J］. 电力系统自动化，2017，41（12）：2-12.

[2] 谢民，王同文，徐靖东，等. 分布式电源对配网继电保护影响及综合改进保护方案［J］. 电力系统

保护与控制，2019，47（19）：78-84.

[3] 褚旭，孙锦琛. 直流输电线路单极故障不平衡电流分析及差动保护改进方案［J］. 电力系统保护与控制，2021，49（2）：47-56.

[4] 雷霄，王华伟，曾南超，等. 并联型多端高压直流输电系统的控制与保护策略及仿真［J］. 电网技术，2012，36（2）：244-249.

[5] 刘琪，宋国兵. 基于电流偏差均值控制特性的高压直流输电线路纵联保护新原理［J］. 中国电机工程学报，2016，36（8）：2159-2167.

[6] 李泽文，郭田田，曾祥君，等. 基于波形相关性分析的输电线路暂态保护方法［J］. 电力系统及其自动化学报，2018，30（8）：44-50.

[7] 官二勇，董新洲，王豪. 直流电网组合式故障限流装置及其运行策略研究［J］. 中国电机工程学报，2019，39（11）：3222-3231.

[8] 郑博文，王增平，吕哲，等. 基于暂态量的继电保护研究［J］. 电力系统保护与控制，2020，48（22）：18-25.

[9] Ke Jia，Tianshu Bi，Bohan Liu，Edward Christopher，et al. High Frequency Impedance Based Fault Location in Distribution System With DGs［J］. IEEE Transactions on Power Delivery，2015，30（2）：818-826.

[10] Ke Jia，Tao Feng，Qijuan Zhao，et al. Tianshu BiHigh Frequency Transient Sparse Measurement-Based Fault Location for Complex DC Distribution Networks［J］. IEEE Transactions on Smart Grid，2020，11（1）：323-333.

[11] 王灿，杜船，徐杰雄. 中高压直流断路器拓扑综述［J］. 电力系统自动化，2020，44（09）：187-199.

[12] 徐旖旎，刘海涛，熊雄，等. 低压配电台区柔性互联关键技术与发展模式［J］. 中国电机工程学报，2022，42（11）：3986-4001.

[13] 余修勇，肖立业，林良真，等. 基于单端量的柔性直流电网故障识别方案［J］. 高电压技术，2018，44（2）：440-447.

[14] 李泽文，贺子凝，郭田田，等. 基于时频矩阵相似度的输电线路暂态保护方法［J］. 电力系统自动化，2019，43（5）：121-128.

[15] 薛士敏，刘存甲，李蒸，等. 基于控保协同的环形直流微网测距式保护［J］. 高电压技术，2019，45（10）：3059-3067.

[16] 宋国兵，陶然，李斌，等. 含大规模电力电子装备的电力系统故障分析与保护综述［J］. 电力系统自动化，2017，41（12）：2-12.

[17] 贾科，施志明，朱瑞，等. 基于边界谐振识别的光伏直流升压汇集系统的故障处理［J］. 中国电机工程学报，2021，41（06）：2144-2156.

[18] Ke Jia，Rui Zhu，Tianshu Bi，et al. Fuzzy-Logic-Based Active Protection for Photovoltaic DC Power Plant［J］. IEEE Transactions on Power Delivery，2020，35（2）：312-322.

[19] 薛士敏，刘存甲，李蒸，等. 基于控保协同的环形直流微网单端测距保护技术［J］. 电力系统自动化，2020，44（05）：122-129.

[20] 蓝童琨，任师铎，李银红，等. 基于阻抗角差异性的柔性直流电网耐过渡电阻快速保护方案［J］. 中国电机工程学报，2020，40（11）：3537-3548.

[21] 宁连营，邰能灵，郑晓冬，等. 基于单端暂态电流的MMC-HVDC输电线路保护方案研究［J］. 中国电机工程学报，2017，37（17）：5010-5017+5220.

[22] 高本锋，董沛毅，刘辛晔，等. 高压直流输电线路微分欠压保护特性与定值整定［J］. 电网技术，2015，39（08）：2303-2311.

[23] 韩海娟，牟龙华，郭文明. 基于故障分量的微电网保护适用性［J］. 电力系统自动化，2016，40（03）：90-96.

[24] 章耀耀，侯勇，叶海，等. 继电保护数字孪生技术应用展望［J］. 电力系统保护与控制，2023，51（12）：178-187.

[25] 王增平，林一峰，王彤，等. 电力系统继电保护与安全控制面临的挑战与应对措施［J］. 电力系统保护与控制，2023，51（06）：10-20.

第 10 章

适应分散资源发展的广域调度通信网

10.1 当前电力通信网建设情况及面临问题

电力通信网指用于电力系统内部通信和控制的专用通信网络，它是电力系统中各设备、站点和控制中心之间进行信息交换和数据传输的基础设施。电力通信网的主要功能包括实时监测电力设备状态、传输保护和自动化控制命令、实现电力系统通信和数据管理等。以浙江省电力通信网为例，该电力通信网按层级分为骨干网和接入网，各级通信网互联互通，形成了“光纤通信为主、无线通信为辅”的通信传输网络。尽管电力通信网已实现了较大程度的数字化、网络化和智能化，但随着电力需求日益增长、电网网架规模不断扩大，灵活调节资源由单一集中的发电侧向多元分散的负荷侧发展，电力通信网建设仍有较大的发展空间。

新型电力系统建设过程中，为提高电网的灵活性、可调控性与可观测性，传感器、自动化、通信等先进技术被应用到电网的发电、输电、变电、配电和用电等各环节。发用电双侧大量电力智能终端设备的接入使电网结构发生了根本性变化。传统的电力通信业务发生了较大转变，如新增电力业务类型多、交互数量大、实时突发性强等通信指标，进一步增大了电力通信网的承载压力。同时，分布式光伏、新能源汽车产业链等涉控业务也给通信接入网的综合承载能力、可靠性、安全性带来了严峻挑战。分布式新能源的快速发展带来了大量点多面广、分布散乱的通信终端。如何有效实现对海量分布终端的高效、准确互联互通成为当前电力通信网络建设面临的重大课题。

为应对高比例新能源接入和大规模电力电子设备应用带来的电力电量平衡不确定性增大、系统惯量水平下降、分布式终端规模不断扩大等挑战，需要进一步构建坚强、弹性、多业务承载的电力通信网，实现各类分布式新能源全面感知。在“可观、可测、可调、可控、可追溯”基础上，有效支撑生产作业、运行管理、运营管控，才能为新型电力系统安全稳定运行奠定坚实基础。以浙江电网为例，有上百万的电力终端设备分布在10.5万平方千米范围内，其中大量为控制类终端，对通信接入安全要求很高。浙江电网1.2万余套存量“二遥”智能开关需进行“三遥”升级改造工作，若全部使用光纤通信，需新铺设数万千米管缆，成本极高。而利用4G公网，不能满足电网公司对控制类业务的安全要求，同时也缺乏有效的产业链支撑自建无线专网。在此背景下，建设5G公网电力应用示范成为适应分散资源发展的广域调度通信网建设进程中必不可少的探索和突破。为保证电力应用在5G公网中满足海量终端通信的交互需求，需要构建能有效结合电力专网和无线公网的网络部署模式，能为电力生产控制大区提供“专属通道”，并利用无线公网提升信息交互效率，确保各类生产控制类业务在数据采集、传输和处理全流程的安全高效。

本章针对上述海量分布式资源互联通信面临的问题，首先提出相关的核心技术；其次给出三条相关建议，一是提升通信专网与电网数据共享支撑能力，二是强化适应灵活资源接入的 5G 电力专网建设，三是提高无线公网的统一管理运维水平；最后介绍基于 5G 技术的电力通信网络在浙江电网的落地实践。本章通过对电力通信关键技术、发展建议和实践应用的初步探讨，期望可以为省域新型电力系统下电力通信网络的发展建设提供思路和启发。

10.2 面向分散资源互联互通的电力通信网络关键技术

10.2.1 适应分布式新能源广泛接入的专网通信技术

1. 面向新能源接入的弹性光网络技术

为解决固定波长导致新能源接入资源利用率低的问题，采用弹性光网络技术，它是一种支持网络建立速率可变光通路的技术。同时支持单载波和多载波调制，并利用动态网络分配和网络规划技术，实现新能源场站通信接入数量的大幅提升。弹性光网络架构利用数字信号处理、并行信号检测和灵活的新能源资源管理方案为子波长提供复用和流量疏导，有效提高了网络性能，这种新的光网络体系架构相对于波分复用网络有很大的改变（如图 10-1 所示）。

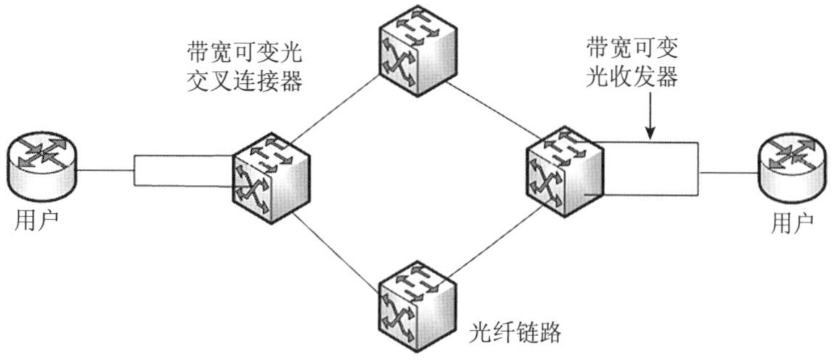

图 10-1　弹性光网络的基础架构图

弹性光网络主要有两类器件。一类是靠近网络的边缘，连接用户端和中心网络的带宽可变光收发器（Bandwidth Variable Transceivers，BVT），它的主要功能是产生一系列连续的正交子载波来配置传输带宽，同时根据用户业务的不同需求选择适合的调制方式对用户的业务信号进行调制。另一类是处在网络中间，连接 BVT 的带宽可变光交叉连接器，它的主要功能是实现信号的复用和解复用，在其中起关键作用的是带宽可变的波长选择开关对波长进行选择，处理多种颗粒度的交换，可实现对连续频谱信号的任意分割。

2. 基于软件定义的电力通信专网构建技术

针对面向新能源接入的复杂电力通信专网的网络结构，将软件定义技术引入电力通信专网中，改善其网络构架。软件定义的核心就是利用传统形式下的网络设备的紧耦合方式，对其网络架构实现解耦，以此实现应用、控制、转发的三层分离结构方式，采用标准化方式后就可以很好地实现电力通信专网的集中管控。

在基于软件定义的电力通信专网架构中，中心数据定期同步传输，即基于电力业务的全面性需求，周期性地进行带宽的调整与分析。在电网实时通信业务中，不仅需要较高的数据容量，还需要高稳定性的信息传输，以保障在实际的信息传输过程中，始终都可以进行全面的带宽调整，通过动态带宽调整极大地满足智能弹性光网的运行带宽控制需求。

3. 新能源通信业务均衡技术

新能源通信业务均衡技术是一种动态协调电力通信资源与调控任务需求的匹配机制，具体过程包括：建立新能源通信业务和调度控制任务之间的一一映射关联关系，确定业务实际连接在执行相应调度控制任务过程中所需承载的通信资源；设计业务通信资源均衡模型，逐次规划每个新能源通信业务，实现业务的均衡最优，满足对各类通信业务的及时响应。通常情况下，某一调度控制业务对应的新能源主体规模越大意味着相对应的通信业务更加重要，因此可以计算得到电力通信网下的通信业务平均风险度 L_1 及各新能源主体调度控制业务的风险均衡度 L_2，相关计算式分别为：

$$L_1=\frac{\sum_{(i,j)\in E}H(i,j)}{|E|} \tag{10-1}$$

$$L_2=\frac{\sqrt{\sum_{(i,j)\in E}\left[H(i-j)L_1\right]^2}}{|E|} \tag{10-2}$$

式中，L_2 数值越小，说明当前电力通信网中的通信业务分布越分散，全网调度控制业务越均衡越合理。L_2 满足式 10-3 的约束条件，可保证全网业务按照负荷量合理分散化，达到调度控制业务均衡的目的。

$$
\begin{cases} \min L_2 \\ s.t.\begin{cases} W_m \neq \varphi, P_m \neq \varphi, \forall_m \in M \\ W_m \cap B \neq \varphi, P_m \cap B \neq \varphi, \forall_m \in M \end{cases} \end{cases} \tag{10-3}
$$

式中，约束条件 $W_m \neq \varphi$，$P_m \neq \varphi$ 说明工作路径与备用保护路径 W_m、P_m 均能寻得，且空闲带宽 B 足以给每个业务的工作路径与备用保护路径分配充足的带宽，最终达到 $W_m \cap B \neq \varphi$，$P_m \cap B \neq \varphi$ 的约束。

4. 适应分布式新能源负控的电力通信无线专网技术

适应新能源负控的无线专网可用于海量分布式新能源站的通信交互与集群控制，其核心组件包括少数基站（或称中继站）和成百上千的远程终端。其中，一个基站可以支持多个终端，一个终端也可以在几个基站中挑选最适合的基站通信。该无线专网的整体构架设计首先定义协议栈；进而对网络中的设备进行协议层面的划分，并根据所属的协议层，对基站和终端的功能重新定义；最后对整个数据流进行梳理。电力无线专网架构包括主站系统、核心网和终端设备，如图 10-2 所示。

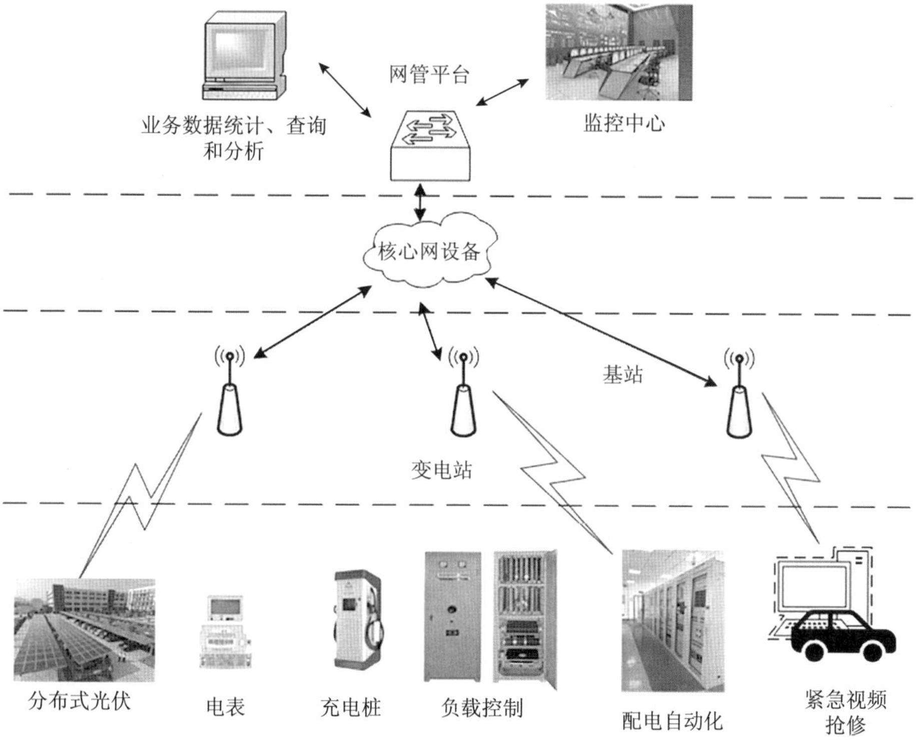

图 10-2　电力无线专网架构图

主站系统一般位于供电大楼，包括网络管理平台、监控中心、数据中心等。其中网络管理平台主要负责网络状态监控、故障诊断和报警、设备管理等，同时，它能够对现有的电力信息管理进行融合，并可在各种多媒体手段、地理信息系统技术的基础上，形成统一的调度指挥系统。核心网与主站直接相连，主要为用户提供连接、对用户管理以及对业务完成承载，具体包括终端认证、终端地址管理、移动性管理等。电力无线专网系统的核心网可以提供的基本业务包括配电自动化、负荷管理、用电信息采集、应急抢修检修、调度指挥及移动资产可视化管理等。终端设备模块是用户数据采集、电力监控调度、电力视频传输等远端终端模块的统称，它是能源物联网终端信息采集和监控调度的执行单元，包括采集器、集中器、控制开关等。无线终端与基站是提供终端设备与主站通信的空中接口。

10.2.2 支撑灵活资源精准控制的5G关键技术

1. 基于5G的切片资源管理技术

5G网络切片指在公共物理网络之上创建多个相互隔离的虚拟网络，在提供定制化能力以满足行业要求的同时，还提供一定的隔离能力，它们相互独立运行，可独立生命周期管理。网络切片按资源占用形式的不同，可分为硬切片和软切片两种。硬切片指单独占用部分5G网络资源，适用于对网络时延、安全性、可靠性要求高的业务。软切片指不单独占用5G网络资源，按照设置的优先级分配资源，适用于对网络时延、安全性、可靠性有要求但要求不是特别高的业务。利用深度Q学习（Deep Q-learning，DQN）可使电力系统调度运行控制的时延和可靠性得到保障。基于DQN的5G切片管理方法，其基本原理是DQN智能体与5G切片网络环境不断交互，同时获取环境的当前状态，智能体完成一次切片资源分配，进而得到该计算任务能耗，从而反馈给智能体一个奖励或惩罚，网络环境更新至下一个状态。通过不断重复上述过程，智能体调整策略尽可能多地获得来自环境的资源奖励，实现最小化计算通信的能耗。基于DQN的5G切片资源管理方法如图10-3所示。

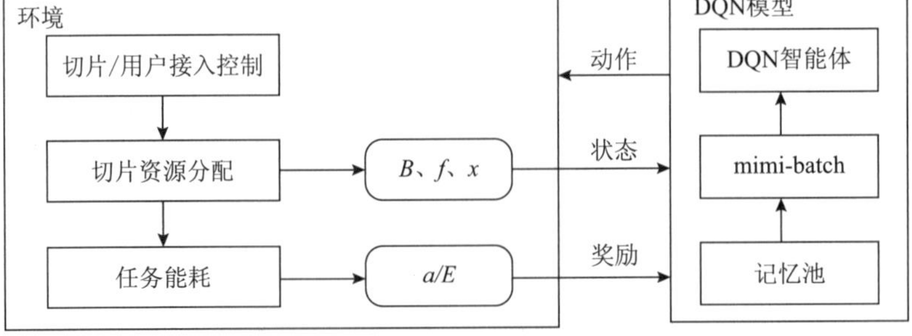

图10-3　基于DQN的切片资源管理方法框架图

2. 基于 5G 的移动边缘计算技术

5G 移动边缘计算将边缘计算与 5G 网络的高速率、低延迟和大连接数的特点相结合，可以有效地处理大量的实时数据，并及时响应用户需求。5G 移动边缘计算可用于实现计算电力系统任务的就近处理，并将电力系统长期能耗约束与业务优先级考虑在内，将其中的电力任务卸载问题建模为长期时延优化问题。利用李雅普诺夫优化方法将其转化为一系列短期的确定性优化问题，并对其理论上界加以分析，利用基于梯度价格的拍卖算法，实现电力系统的通信、能量及计算资源的联合分配与优化。

融合 5G 移动边缘计算的电力通信系统模型包括通信、能耗、计算三种模型。

通信模型：

$$R_{m,n}(t)=B_n\log_2\left(1+\frac{P_m^{tra}\delta_{m,n}(t)^{-\alpha}}{N_0+EMI_{m,n}(t)}\right) \tag{10-4}$$

式中，B_n 表示信道 n 的传输带宽，P_m^{tra} 表示终端的上行链路发射功率，α 表示信道的路径损耗参数，N_0 表示加性高斯白噪声功率，$EMI_{m,n}(t)$ 表示电网环境下的时变电磁干扰。则此时计算任务的传输时延可以表示为：

$$d_{m,n}^{tra}(t)=\frac{A_m(t)}{R_{m,n}(t)} \tag{10-5}$$

能耗模型，长期能耗约束表示为：

$$\sum_{t=1}^{T}\sum_{n=1}^{N}x_{m,n}(t)E_{m,n}(t)\leqslant E_{m,\max} \tag{10-6}$$

式中，$E_{m,\max}$ 表示终端 m 用于数据传输的最大能量预算。

计算模型包括任务数据量大小 $A_m(t)$，任务的计算复杂度 γ_m 表示计算 1bit 任务数据所需要的 CPU 频率，则第 t 个时隙时，终端 m 选择计算资源块 k 进行任务卸载的计算时延可以表示为：

$$d_{m,k}^{com}(t)=\frac{A_m(t)\gamma_m}{f_k(t)} \tag{10-7}$$

10.2.3　面向海量终端互联通信的无线公网管理技术

1. 多能数据的无线公网管理技术

无线公网管理技术主要包括构建无线公网管理平台的应用架构、数据架构以及网络架构。电力无线公网管理平台采用全业务全流程全数据形式，在功能设计上主要有业务管理、统计分析、综合展示、报表管理、系统自管理、流程管理和人员角色及权限管理等七大功能模块，实现通信业务线上申请、审核、审批的管理，并在通信业务资费、应用、运行、规模和安全防护等方面开展智能分析及展示。

无线公网管理平台的数据架构如图 10-4 所示。无线公网数据管理的具体流程为通过数据透传前置服务采集运营商物联网平台的无线公网业务台账数据和运行数据，创建安全隧道与数据透传通信服务进行数据通信，将互联网中的数据摆渡到信息内网。数据透传通信服务接收数据透传前置服务回传的公网业务台账数据、运行数据和采集第三方业务系统的相关数据，并根据业务逻辑将数据送到全业务数据中心或者放到关系型数据库、内存数据库进行数据固化。平台服务层从持久层获取数据并经过逻辑处理后再通过展现层进行展示。

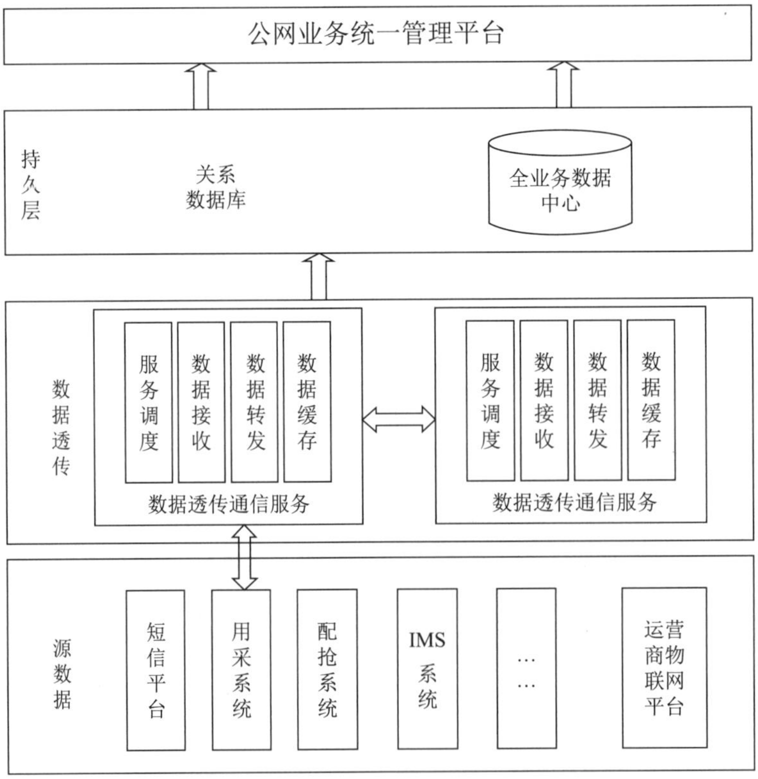

图 10-4　无线公网平台数据架构图

无线公网管理平台的网络架构如图 10-5 所示，其综合考虑系统的安全、性能以及数据存储等系统关键因素，隔绝来自互联网的恶意攻击。由于信息内网和信息外网物理隔绝的特殊性，在确保信息内网安全的前提下，通过安全接入装置建立内外网数据通信隧道。

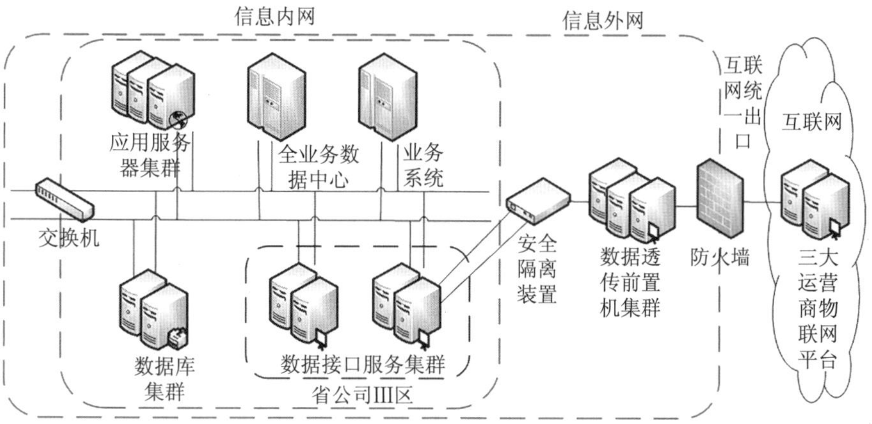

图 10-5　无线公网平台网络架构图

2. 电力无线公网通信业务综合管理技术

无线公网通信业务综合管理技术包括通信业务闭环管理机制、通信运营商沟通协调工作机制以及信息化手段机制。运用该技术可以快速完成组织体系建设、运营商合作机制构建、管理平台开发及无线公网业务管控工作，从而实现持续降本、提速、增效，能够使管理效率显著提升、通信资费大幅缩减和业务运行安全稳定。

电力无线公网通信业务闭环管理机制以电力公网全业务全流程全数据管理平台为依托，建立业务申报等七项流程机制，形成归口管理、专业协同、分级服务、纵向联动的一体化公网通信业务管控体系。各部门严格履行统管职责，执行统管流程，加强各专业横向协同、省市县纵向联动机制。

电力无线公网通信运营商沟通协调工作机制可以强化与运营商的沟通协调，优化租用管理流程，落实优惠条款，降低电网运行成本，提升服务保障水平，强化安全防护策略，满足各类业务发展需要。统谈合作协议，运营商针对租费折扣、套餐等级调整、模组更新换代补贴等，实现以规模效应促进费用成本的降低，节约国网公司的运营成本，实现集约化管控。同时，优化服务沟通机制，与电信运营商分级明确省市县公司公网通信业务对口负责人，建立客户服务响应、业务保障以及数据共享三重机制。

引入电力无线公网信息化手段机制，可进一步深化信息化手段应用，构建归口管理、专业协同、分级服务的一体化公网租赁管控体系。按照“增量统一管控、存量逐步规范”原则，实施公网通信业务统租管理“三步走”（做准备、试运行、全管控）工作计划，通过预算统一管控、业务统一分配、状态统一监测、服务统一响应、对外统一出口，确保公网通信业务统租管理成本持续降低、效益持续提升。理顺公网通信费用列支渠道和流程，规范公网通信费用计划申报流程，理顺列支渠道，合理编制预算，规范资费标准，理顺通信费用相关专项、归口费用的列支流程。进一步明确费用渠道，建立专项费用的预算、审查、使用、监督等归口管理机制，业务从原先各业务部门分散开展的方式，变为统一确认资费及套餐标准的模式，实现公网通信业务管理的全面集约化、精益化、专业化。

3. 无线公网通信多能数据安全监测技术

随着电力系统业务领域不断扩大，电网的服务范围也在不断扩大，相应不断产生各种业务数据，主要的通信路径是无线公网，其他外部业务数据也通过公网传输，因而有必要引入无线公网通信多能数据安全监测技术。

新型电力系统无线公网安全体系构建如图 10-6 所示，该体系由多能数据管理安全、接入安全和业务安全三部分组成。无线通信多能业务数据直接接入公司信息内网时，主要采取数据加密、口令和指纹技术、终端加固及身份认证等终端安全措施，通道加密和数字证书等通道安全措施，以及部署信息内网安全接入平台等接入安全措施，保障业务数据的安全、可靠传输。

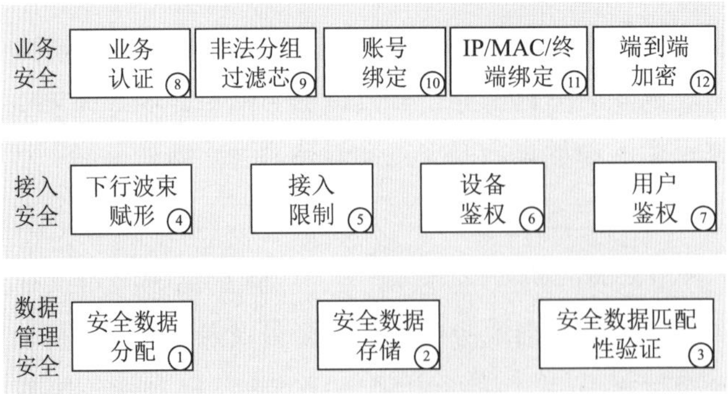

图 10-6　无线公网安全体系

新型电力系统无线公网网络环境认知攻击检测的主要实现方法是在网络运行过程中，随着节点随环境的变化随时根据需要插入新的攻击检测代码。无线公网攻击监测技术采用人工智能的“认知”思想，设计灵活的环境认知攻击检测模型。该模型按照“感知 - 判断 - 行动”的认知过程进行无线自组织网络的攻击检测代码更新，用基于规则的知识表示环境信息，通过规则推理分析环境的变化，进而决定与当前环境相匹配的攻击检测代码。

针对多能数据的无线公网通信网络中物理层的信道阻塞干扰入侵、链路层的数据碰撞入侵、网络层的泛洪入侵以及应用层的感知数据篡改入侵的核心特征，公网安全体系采用一种基于相似度计算的攻击检测模型，通过相似度算法来衡量特征向量之间的相似程度。同时为了降低检测的误检率和漏检率，提出等级判别标准，对可疑行为与实时数据的联系进行趋势判别。基于相似度计算的检测方法如图 10-7 所示。

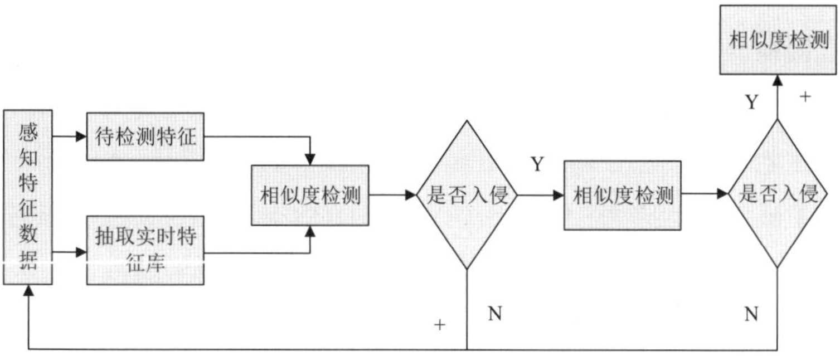

图 10-7　基于相似度的攻击检测算法结构图

基于相似度的攻击检测模型分为数值感知中心和检测中心，如图 10-8 所示。

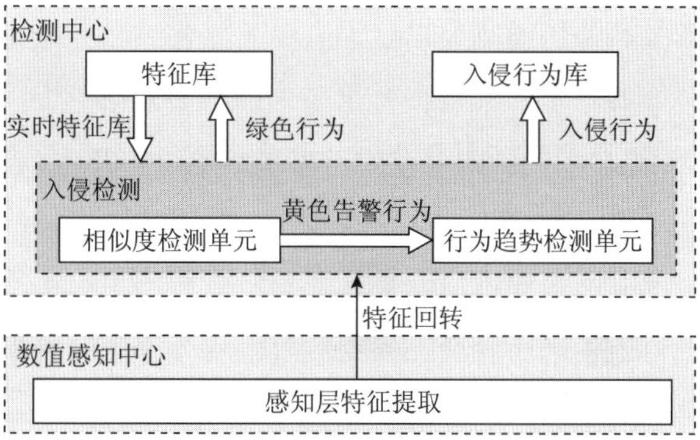

图 10-8　基于相似度的攻击检测算法模型

数值感知中心由感知层特征提取模块组成，检测中心主要由特征库模块、入侵检测（包括相似度检测单元和行为趋势检测单元）和入侵行为库模块组成。检测途径为，感知层特征提取模块主要负责对各网络节点进行数据采集，对采集回来的网络数据进行数据分析，经过特征提取处理后传输给检测中心进行下一步分析。

10.2.4　基于电力业务特性的量子加密通信技术

1. 面向电力场景的量子加密通信技术

传统加密算法的安全性取决于数学计算的复杂度。随着计算能力的不断进步和各类密码破解算法的不断发展，特别是量子计算机的出现，经典加密算法被破解的风险与日俱增。量子加密通信技术利用量子不确定性原理与量子态不可复制的特性进行安全密钥分发，攻击者无法测量和复制密钥（量子态），且一旦进行窃听即会被发现。量子加密通信技术具有比传统密钥分发机制更高的安全性，也是目前实用化程度最高的量子技术。因此，综合考虑电力场景下的数据传输安全性、保密性与快捷性需求，进行电力业务数据传输需求及安全分析，探索融合量子保密通信与无线网络技术，可提升无线网络在电力系统应用中的安全等级，实现电力数据更安全可靠的加密传输。

量子密钥生成系统生成两种量子密钥源分别作为会话密钥和保护密钥，会话密钥是 QKD 设备基于 BB84 协议生成的量子密钥；保护密钥是量子随机数发生器生成的量子随机数密钥。

量子随机数发生器生成量子密钥后储存在交换密码机中，量子密钥充注系统通过充注操作员身份认证后，可向密钥服务平台系统申请充注一定量的密钥。密钥服务平台系统控制交换密码机将量子随机数发生器生成的量子密钥以数字信封的方式传输给量子密钥充注系统，由量子密钥充注系统的充注服务模块完成对 U 盾 / TF 卡的密钥充注。量子密钥充注流程如图 10-9 所示。

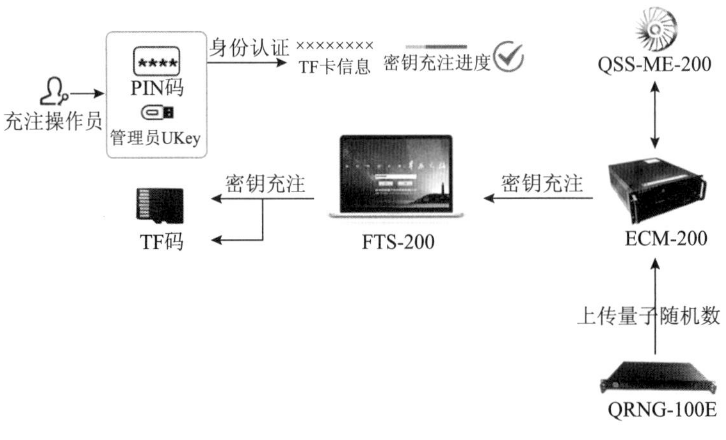

图 10-9　量子密钥充注流程

量子应用设备中均采用 U 盾 / TF 卡的方式预先充注了量子密钥。在进行申请会话密钥对电力业务数据加解密之前，量子应用设备需向量子安全服务平台进行入网认证，认证通过后，才能进行会话密钥的申请。

量子安全网关和量子 CPE 使用解密后的会话密钥通过 IPSec+SM4 建立量子安全加密通道，量子安全加密通道建立后，业务数据可通过量子安全加密通道进行传送。量子加解密过程如图 10-10 所示。

图 10-10　量子加解密过程

2. 量子保密通信与电力业务安全策略融合技术

电网业务的安全策略是“安全分区、网络专用、横向隔离、纵向认证”。量子加密有两种实现方式，一种基于量子密钥分发网，一种基于量子密码服务平台（如图 10-11 所示）。量子加密与传统加密均可采用国密或传统加密算法，本质区别在于密钥，量子密钥具有真随机特性，加密方式采用量子密钥 + 国密（传统）加密算法。传统加密采用伪随机密钥 + 国密（传统）加密算法。量子密钥分发网产生对称的真随机量子密钥，量子密钥存储在量子密钥管理终端中，量子加解密设备从量子密钥管理终端获取量子密钥，结合密码卡中采用的加密算法（国密或传统加密算法），对数据进行加密。

分布式终端设备数量不断增加带来电力业务几何式增长，通信及信息安全面临的问题也越来越多。其中，架空线路光纤敷设成本高、运维难度大，5G 无线通信的接入方式，使电力系统的安全性面临极大挑战。量子保密 +5G 通信解决方案在结合已有系统结构、运行方式、管理模式的基础上，选择“通道加密”技术路线，具备高兼容、广适用、易维护、收效快等优势，终端产品完成硬件接口即可使用，已有主站侧系统仅需完成通信参数配置即可建立无线量子安全信道，提升 5G 无线通信安全性的同时实现“无线遥控”功能。

基于 5G 无线通道的量子密钥分发技术通过“一次一密”及离线密钥充注等技术实现量子密钥的安全分发，保证量子保密通信的安全性。采用通道加密，量子安全网关的位置最合适置于防火墙与电网安全网关之间，对已有的无线通道做加密，发挥量子真随机、一次一密等整体特性，提升无线通信安全性，实现遥控的使用价值，降低系统运营成本。量子加密技术结合国密算法的安全芯片在电网终端的应用，使信息交互过程的安全性进一步提升。将该技术应用于电网终端、信息传输通道以及网关平台安全等方面，完善安全设计方案，可使电力系统的安全性不断提升，形成多级保护和完善的信息防护体系。

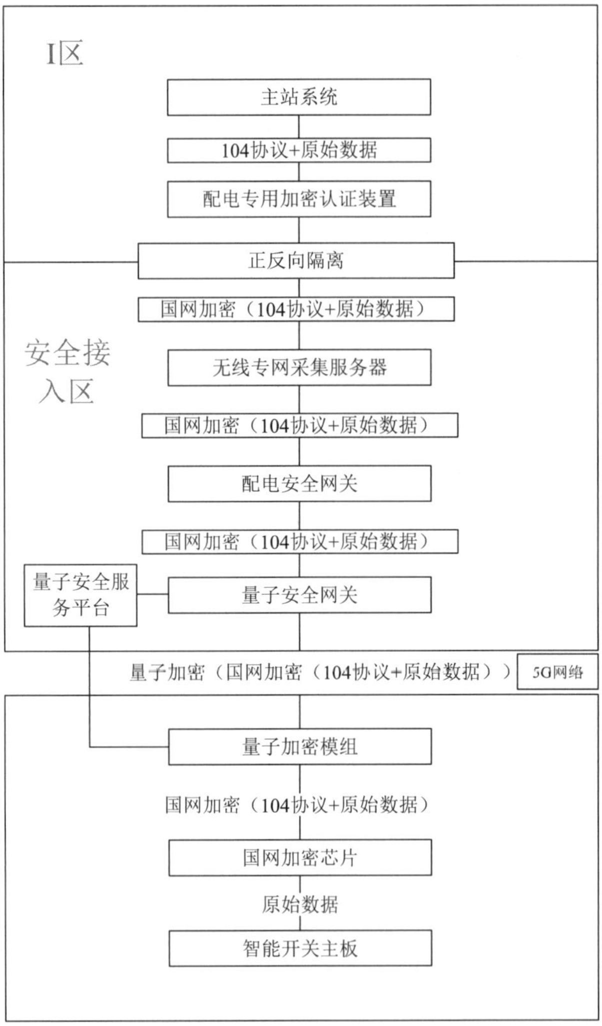

图 10-11　量子安全服务平台融合方案

10.3 促进电力通信网络适应分散资源发展的相关建议

10.3.1 提升通信专网与电网数据共享支撑能力

在海量分布式能源互联通信的背景下，分散资源互联通信频次的不断提升使得电网安全运行对电力通信专网的依赖程度不断提升，高效可靠的电力通信专网成为支撑和保障电网稳定运行的重要基础。同时，通信专网也需要基于电网网架特征和运行方式的变化进行动态演进，提升支撑电网高效运行的能力。因此，需要构建新一代通信数字化运营支撑体系，通过完善数据中台通信域共享通信数据，强化通信网与电网的耦合分析，提升通信专网与电网数据共享支撑能力。

首先，通过开展统一通信模型设计，实现通信“数据一个源”，依托调控云、企业云等云架构，为各类通信应用提供按需申请、动态扩展的基础服务与能力建设。为能够更好地支持弹性电网建设，在通信方面需要实现通信设备状态的全面掌控和日常运维的精细化管理。通信资源数据的汇集是开展上述工作的基础，也是通信数字化运营业务中台重点工作。数据从业务系统产生，汇集到通信数字化运营业务中台，一方面为支持弹性电网和通信网全模型浏览与管理奠定数据基础，另一方面为各业务系统提供数据加工工具和海量数据分析引擎。以浙江电网为例，调控云平台采用微服务、微应用的架构设计，试点上线集中监控、网络分析、作业管控等应用。通信数字化运营业务中心的定位是对电网调度和通信核心业务提供共享服务，将通信专业各核心业务（调、运、检）中共性的内容进行整合，形成微服务清单，以微服务形式供前端应用调用，实现业务应用的快速、灵活构建。

其次，在电力通信网与电网间构建耦合调控系统，对接调度自动化系统、调控云、电网资源业务中台等系统平台，开展通信资源和保护、自动化关联维护，并将实时运行状态或故障告警上云，开发检修、故障等状态下的融合分析应用，强化电力通信与电网协同监控调度。通过全景监视和评估实时控制策略智能调整，完成电网运行自校正，实现电网“自动巡航”。通过源－网－荷精细化调控，电力电量的全局平衡和超前部署，电网事故预想、预判、预控等，主动防范电网故障，实现电网主动调度。

最后，通过构建数据中台通信域，汇集可对外共享的通信资源数据、告警数据和运行数据，合并通信检修票与变电二种工作票两种票面填写等重复内容，推动面向通信检修管理、变电检修管理跨专业应用的数据和审批流程融通，考虑其他公司各专业对通信数据融合应用需求，促进通信数据开放、共享、融合和安全的有机统一与协调发展。

10.3.2　强化适应灵活资源接入的5G电力专网建设

5G网络高速、低时延和大容量的特性，为电力灵活资源接入和智能化提供了广泛的应用场景。在灵活资源接入呈现点多面广特征的背景下，结合电力通信的安全性与高效性的需要，可进一步强化5G接入网无线通信适配手段，优化5G通信终端部署选型，通过构建5G无线通信安全防护体系，建立面向灵活资源广泛接入的5G电力专网。

首先，需要基于当前5G运营商的建设情况及电力实际业务需求，进一步建设5G电力虚拟专网，用于承载不同类型业务，根据承载电力不同网络分区业务的情况，分为5G硬切片应用模式和5G软切片应用模式。硬切片用于承载生产控制类业务，达到近似于物理隔离的网络专用程度，通过下沉式部署的专用用户面功能（User Plane Function，UPF）设备，从电力企业省地5G硬切片生产控制大区安全接入设备就近接入。软切片用于承载管理信息类和其他业务，业务之间采用逻辑隔离，通过运营商集中部署的共用UPF设备，经专线送至电力企业省集中安全接入设备，进入企业信息内网等相应业务系统。

其次，优化5G通信终端部署选型。通信终端应采用模块化、可扩展、低功耗、免维护的设计标准，可适应复杂运行环境，具有高可靠性和稳定性。通信终端应可内嵌于业务终端或微型纵向加密装置，并支持根据电力应用规则进行电力自定义切片选择。通信终端宜支持5G标准信令授时，并支持通信终端标识及参数预置管理、远程软件下载与升级管理、网络状态监测和管理等。通信终端应支持安装经纬度、安装地点、设备厂商、设备类型等信息查询，具有一定安全可靠性、耐用性，故障率低，数据的存储与传输应采用加密方式处理。

最后，在5G通道安全方面，要求运营商通道达到等保三级，并采取加强设备访问控制、加固网元安全、分配终端固定IP地址等措施。开放5G无线接入网/承载网/核心网等切片监视权限。在终端安全方面，推荐业务终端与通信模块一体设计，通信模块应支持5G SA模式，并采用嵌入式SIM卡、机卡绑定、SIM卡二次鉴权等措施。终端设备应具有国网认证的数据加密功能，对传输数据进行加密，在接收主站下发的指令等关键业务报文时，进行验签。在业务安全方面，针对不同大区的电力业务终端，应设立各自独立的安全接入区。生产控制大区与安全接入区之间应部署电力专用隔离装置，安全接入区内应部署网络安全监测装置，并采用加密认证技术实现与终端通信的加密传输和安全认证，采用国密算法，采用签名验签技术实现控制指令的完整性保护。部署可信验证模块和安全操作系统加强重要服务器及终端的安全防护。采用安全监测手段，实现对主站、终端的业务行为和安全事件的监测。

10.3.3 提高无线公网的统一管理运维水平

在海量电力终端接入的大背景下，需要提升无线公网的可视可管能力，为全省电网业务承载提供更好的安全保障，按照省集中、分区分域管理的原则，可通过建设面向无线公网的通信监测平台、构建无线公网统一资源管理体系等方式加强对无线公网的统一运维管理，实现对业务终端运行状态的在线管控和对无线公网运行状态的集中监视。

首先，以补强公网无线通信业务“自管理”“自运维”能力为目标，构建电力SIM卡运营监测能力，实现5G SIM卡管理，包括SIM卡开卡、注销、流量查询、状态监测、位置信息等功能，解决SIM卡管理烦琐、缺少对卡流量监控及预警干预机制等问题。提升通信运行管理单位的 5G 通信网络资源的运营能力，实现智能工单功能，提升 5G 运维的标准化和效率。通过与运营商物联网卡平台接口对接，实现对电力物联网卡的状态、流量的实时监测，构建与运营商联动的物联网卡申请、流量变更、停复机等业务流程，推动建立基于平台的物联网卡管理流程体系，实现电力物联网卡线上全生命周期管理。同时，为提升无线公网通信终端在线监测能力，需要协同主要厂商做好终端模组适配，实现对无线公网通信终端所处无线网络环境、通信时延、硬件性能的监管及异常告警，重点实现对通信终端运行状态的在线管控。

其次，制定 5G 网络资源统一标准管理规范，实现对电力 5G 终端设备、电力用户面设备、边缘计算设备等的全生命周期管理和监测功能，解决不同运营商和不同 5G 设备厂商规范和开放接口不一致、面向电力架构及各部分单元功能不明确等问题，实现网络资源标准化管理和端到端全链路可视，提高电网安全运行水平和全景可视化程度，提升通信运行管理单位的网络资源的可管可控能力。

最后，基于运营商 5G 开放能力，实现对 5G 切片的管理，包括切片业务监控、切片业务办理和切片业务保障等。切片业务监控主要包括切片业务信息状态查询、切片账单查询、套餐业务查询、群组信息查询等。切片业务办理主要包括切片业务自助办理，如业务的开通、调整和申请暂停 / 停止等；业务自动化策略管理，如业务自助处理的消息通知、业务变更、数据采集设置等；业务诊断，如实时诊断、非实时诊断等。通过进行 5G 切片管理，实现对电力设备的精确控制、运行监控及业务信息交互，满足电力设备的定制化通信需求。

10.4 适应分散资源发展的电力通信网络相关建设实践

10.4.1 义乌国际商贸城 5.8GHz 电力无线专网

以浙江义乌国际商贸城电力通信网络建设为例，考虑不影响商贸城正常运营，大规模开展光纤布线以实施全链路光纤工程通信方案存在实际施工困难。全链路采用 5G 存在以下问题，一是地下两层及部分楼道信号无法覆盖，二是由于商贸城的业务涉及控制，必须用 5G 硬切片，费用较高。基于以上分析，远程采用光纤通信，探索本地“最后一千米”大带宽无线通信技术，开展本地 5.8GHz 本地无线专网建设试点探索。

无线网数据通过 5.8GHz 可信 Wi-Fi 终端上传到 5.8GHz 微基站，再通过安全接入网关接入电力内网，实现有线和无线融合，在不改变电网物理形态的前提下，为新型电力系统赋能，提升电网智能化管理水平。5.8GHz 本地无线专网主要包括三个网元——控制和认证服务器（包括控制和认证两部分）、微基站、终端，控制和认证系统主要实现终端和微基站集中配置、监控、证书的签发、鉴别等功能；微基站主要实现无线数据的收发功能，是终端接入控制的实施点；终端主要是支撑业务接入 5.8GHz 本地无线网络。终端发起认证流程如图 10-12 所示。

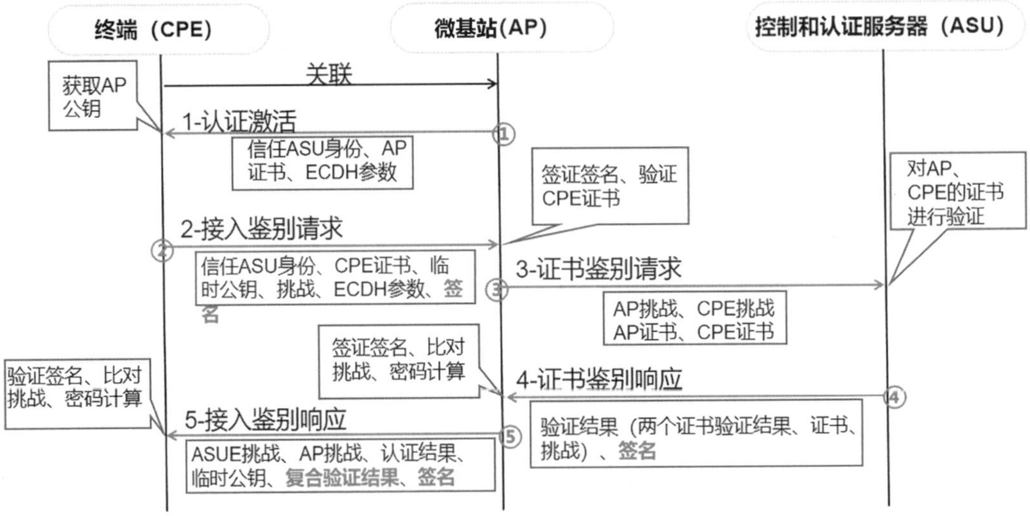

图 10-12　可信 Wi-Fi 网元认证流程图

微网 EMS 主站通过已有光缆接入就近接入站 110kV 福田变，与新一代调度技术支持系统主配协同平台进行数据交互。数据网接入示意如图 10-13 所示。

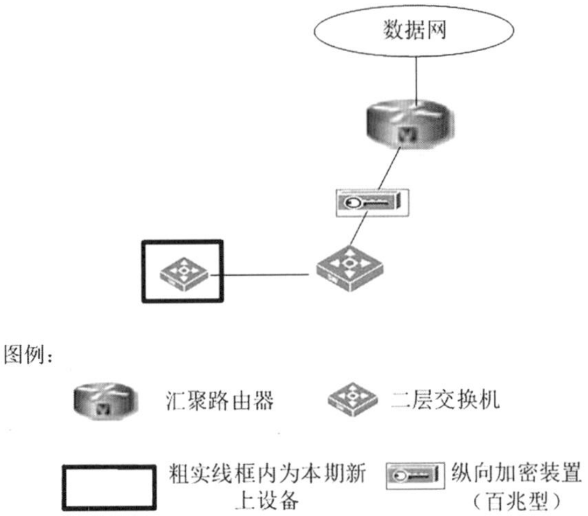

图 10-13　数据网接入示意图

商贸城各楼层接入资源点主要包括无线照明、有线照明、光伏、充电桩、嵌入式微网 EMS、储能、空调等多应用场景，5.8G 通信组网拓扑图结构设计如图 10-14 所示。

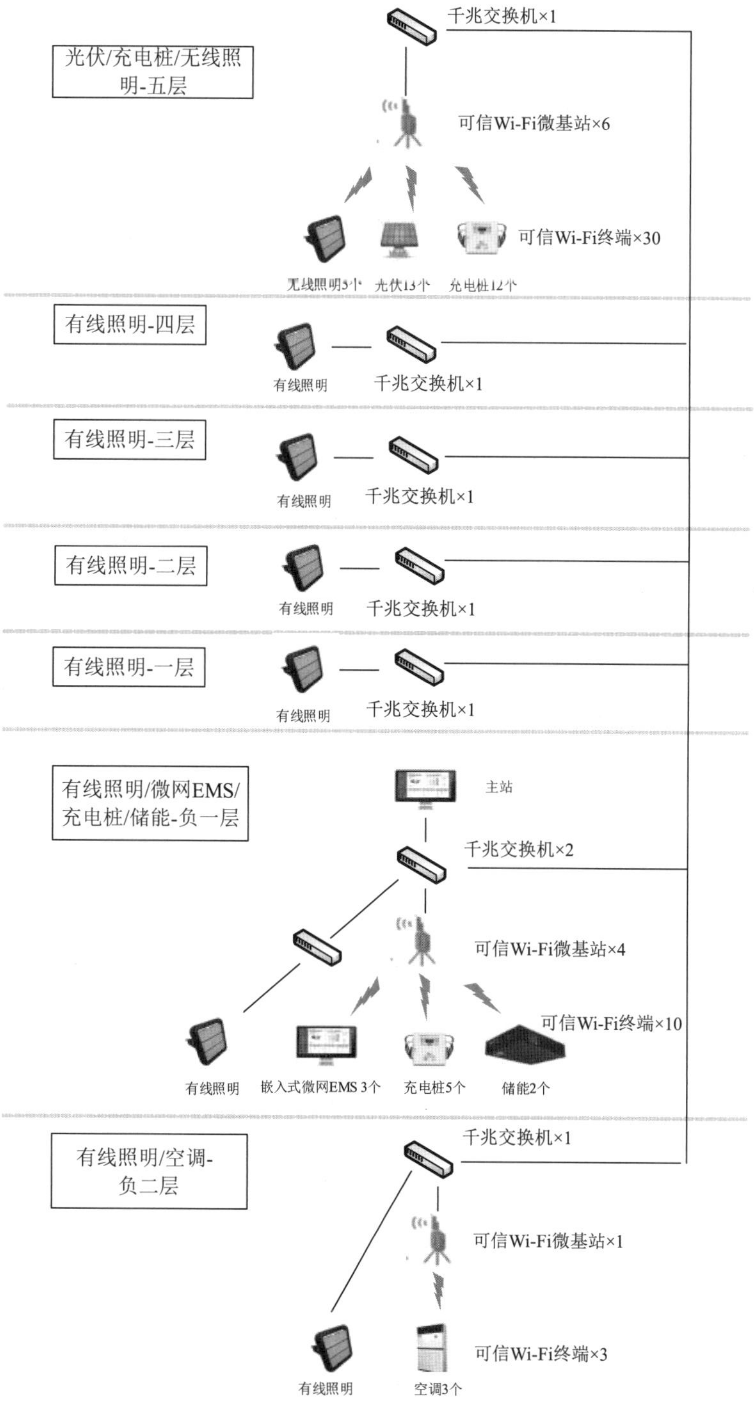

图 10-14　5.8G 通信组网拓扑图结构设计图

10.4.2 5G 硬切片秒级可中断负荷控制系统

挖掘社会海量资源参与电网平衡，电力领域已有的有线通信专网无法做到全覆盖，利用 5G 硬切片技术构建 5G 电力虚拟专网拥有得天独厚的安全优势，能为电力生产控制大区提供“专属通道”，确保生产控制类业务在 5G 专网中完成数据采集、传输和处理全流程，建设 5G 硬切片承载的秒级可中断负荷控制系统可保障电力控制类业务的安全稳定运行。

在系统架构方面，秒级可中断负荷控制系统采用分层结构设计，分为省侧主站层、地市侧子站层和用户接入层三个层级，三个层级之间实现负荷模型、实时数据、调节策略的交互，共同完成事故情况下对可切负荷的快速精准切除。

在通信链路方面，负荷调节子站与负控终端间通信链路由 5G 电力虚拟专网组成，可中断负荷终端采用微型纵向加密装置方式进行安全接入，负荷调节子站与省侧主站的通信链路由电力调度数据网组成。

秒级可中断负荷快速响应系统总体架构如图 10-15 所示。

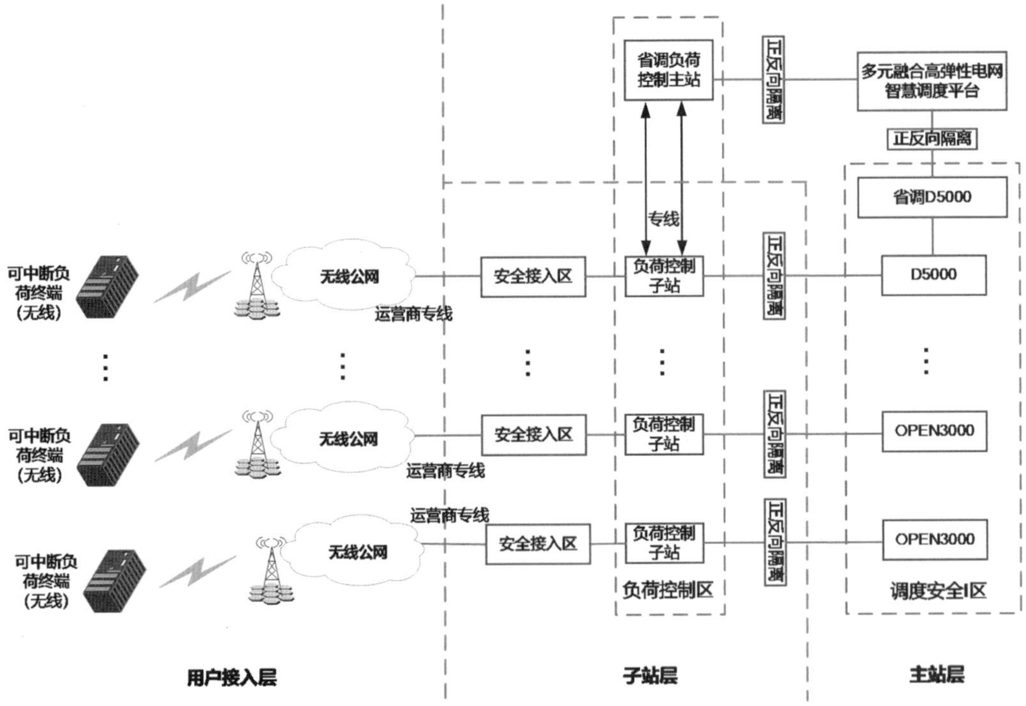

图 10-15　秒级可中断负荷快速响应系统总体架构图

可中断负荷终端与电力通信专网之间的通道属于运营商 5G 公网范畴，具体可分为空口侧、承载网侧、核心网侧及安全接入平台四个部分。由于秒级可中断负荷系统总体安全防护需遵循《电力监控系统安全防护规定》中“安全分区、网络专用、横向隔离、纵向认证”的安全防护方针，在 5G 公网通信通道中采用具有近似物理隔离强度的端到端切片方案。

在空口侧，秒级可中断负荷快速响应系统采用 RB 资源预留切片方式，控制类电力数据信息均在最小 RB 资源预留内，满足电力控制类业务无线资源需物理隔离的要求。根据业务带宽需求，采用 1%RB 资源预留（上、下行分别 2 个 RB 资源块），实现理论上行 1.5Mbps、下行 10Mbps 的传输速率；在终端 SIM 卡侧配置电力统一规划的静态 IP 地址，避免 IP 地址冲突。

在承载网侧，秒级可中断负荷快速响应系统采用 FlexE 切片，在时域预留独享时间片，提供通道化隔离和多端口绑定，确保电力控制类业务通信通道的物理隔离。

在核心网侧，秒级可中断负荷快速响应系统的通信数据分为电力业务数据和信令，电力业务数据利用运营商开通的端到端切片通道传输。从基站经过运营商承载网，传输到电力机房的用户面功能（User Plane Function，UPF），再通过安全接入区进入电力内部网络。信令交互方面，5G 链路的控制信令流向运营商 5G 核心网，通过会话管理功能（Session Management Function，SMF）网元与电力机房部署的 UPF 实现控制层交互。

安全接入区为承载在 5G 电力虚拟专网上的电力业务提供端到端加密隧道、网络隔离等安全服务。在 11 个地市公司分别部署安全接入区，实现地市子站和可中断负荷终端信息的安全交互。负荷调节子站对下通过地市数据接入装置（数据隔离装置提供 5G 公网与生产控制大区的隔离，阻断网络连接，实现 5G 公网通信终端与公司生产控制大区网络之间的裸数据交换），经纵向加密认证装置进行数据加解密，再通过无线公网方式接入用户接入层。

截至 2022 年 7 月，浙江电网已通过两期秒级可中断负荷建设，累计建成超过 1200 个点位的精准负控点位终端、超两百万千瓦的秒级可中断负荷资源池，并多次成功实现响应系统需求，应用 5G 硬切片技术有力保障了浙江电网安全稳定运行。百万千瓦秒级负荷控制系统运行界面如图 10-16 所示。

基于 5G 电力虚拟专网的秒级可中断负荷快速响应系统，充分利用运营商 5G 公网基站、承载网基础设施，在满足电网控制类业务安全的前提下，利用无线替代有线的方式，解决电网“最后一千米”终端接入难题，降低电力光缆建设投资及施工难度，为用户在短时间内实现海量负荷控制终端低成本接入提供了可能。

秒级负荷控制建设的推广，很大程度上规避了因某些特高压局部故障造成大面积停电的风险，这部分负荷被切除后，客户关键的、不可中断的生产和安全保障用电不受任何影响，可最大程度保障企业产能和电网设备安全。与传统粗放式直接切除整条线路负荷相比，秒级负荷控制系统最大程度地降低了对居民和重要用户的影响，同时可确保快速恢复电网供需平衡，保障电网稳定运行，为建设新型电力系统提供了关键支撑。

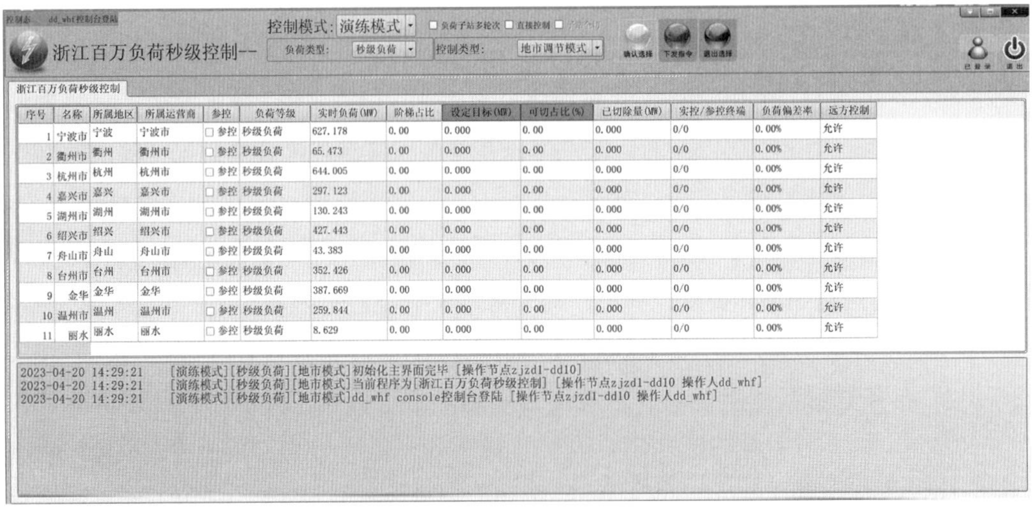

图 10-16　浙江电网百万千瓦秒级负荷控制系统运行界面

10.4.3 基于 5G 电力虚拟专网的综合管理平台

基于与三大运营商 5G 网络能力开放接口，浙江电网研发国内首个面向 5G 的无线通信综合管理服务平台并投入运行，实现浙江广域 5G 电力虚拟专网中各类 5G 通信资源的接入和统一管理，帮助电力用户对 5G 虚拟专网资源开展自主、高效的运行管理。截至 2022 年 5 月，平台已初步具备管理信息大区、生产控制大区 5G 终端可视化管控能力，具备全省电力 5G 线上开卡功能，累计接入 5G 终端 1400 余个，可实时采集设备运行的网络状态及物理状态；累计接入专网卡 440 万张，可实时监测包括卡状态、套餐及流量资费等情况；实现 5G MEC 性能监测功能对接，可实时监测 MEC 设备状态情况等。

基于 5G 电力虚拟专网的综合管理平台主要包括资源管理、运营监测、系统管理、切片服务四个部分，主要围绕 SIM 卡、5G 终端、5G 切片、无线基站、UPF/MEC、5G 核心网等资源构建相关功能，平台具体功能如图 10-17 所示。

资源管理部分依托 5G 设备能力开放，制定 5G 网络资源统一标准管理规范，实现对电力 5G 终端设备、电力用户面设备、边缘计算设备等的全生命周期管理和监测功能，解决不同运营商和不同 5G 设备厂商规范和开放接口不一致、面向电力架构及各部分单元功能不明确问题，实现 5G 网络资源标准化管理和端到端全链路可视，提高电网安全运行水平和全景可视化程度，提升通信运行管理单位的 5G 通信网络资源的可管可控能力。

图 10-17 5G 电力虚拟专网能力开放平台

运营监测部分依托运营商 5G 运营管理平台开放能力，实现 5G 切片管理，包括切片订购、基站位置、切片流量控制、切片流量分析等，解决 5G 核心网开放能力不足问题，加快推动 5G 切片在电力行业应用；实现 SIM 卡管理，包括 SIM 卡开卡、注销、流量查询、状态监测等功能，解决 SIM 卡管理烦琐、缺少对卡流量监控以及预警干预机制等问题；提升通信运行管理单位的 5G 通信网络资源的运营能力。

10.4.4 基于量子保密通信技术的电力系统应用

浙江省金华市东阳电网量子通信示范工程，从量子保密通信技术与 5G 技术融合和雅门环网柜的重要业务两个层面考虑，依托量子保密通信安全服务平台，给出“基于量子保密通信技术与 5G 技术融合的电力安全防护方案”，形成面向区县级电网已有建设和未来发展的量子保密通信与 5G 融合防护的一体化应用体系。

工程通过采用运营商的 5G 基站资源，具备 5G 接入功能量子 CPE 以及量子安全网关等设备资源，在雅门环网柜、柱上开关构建基于 5G 信道的量子安全加密信道，用于雅门环网柜应用系统数据传输。融合量子保密通信技术与已有 5G 网络安全防护技术，在东阳公司搭建真实应用场景的试验环境，通信侧部署运营商微型站，利用运营商边缘计算技术，在试验场景中实现 5G 信号覆盖，主站和厂站端通过量子安全服务平台建立了量子加密隧道，系统通过 5G 无线实现对电力环网柜和柱上开关实现远程控制。通过将量子保密技术与 5G 通信技术有机结合，在 5G 超低时延、虚拟专网等特点基础上，实现电力无线信号传输的无法窃取破解，提升电力无线信号传输的安全等级。

工程内部搭建了雅门环网柜（配置 DTU）、柱上开关（配置 FTU）场景，东阳调度主站增加一套单独的监控主机，雅门环网柜 DTU、柱上开关 FTU 与东阳调度主站（独立监控主机）通过 5G 专网建立 104 通道上传自动化信息。

量子安全服务平台主要包括量子密钥生成系统、量子密钥调度系统和量子密钥应用系统，各部分功能如图 10-18 所示。

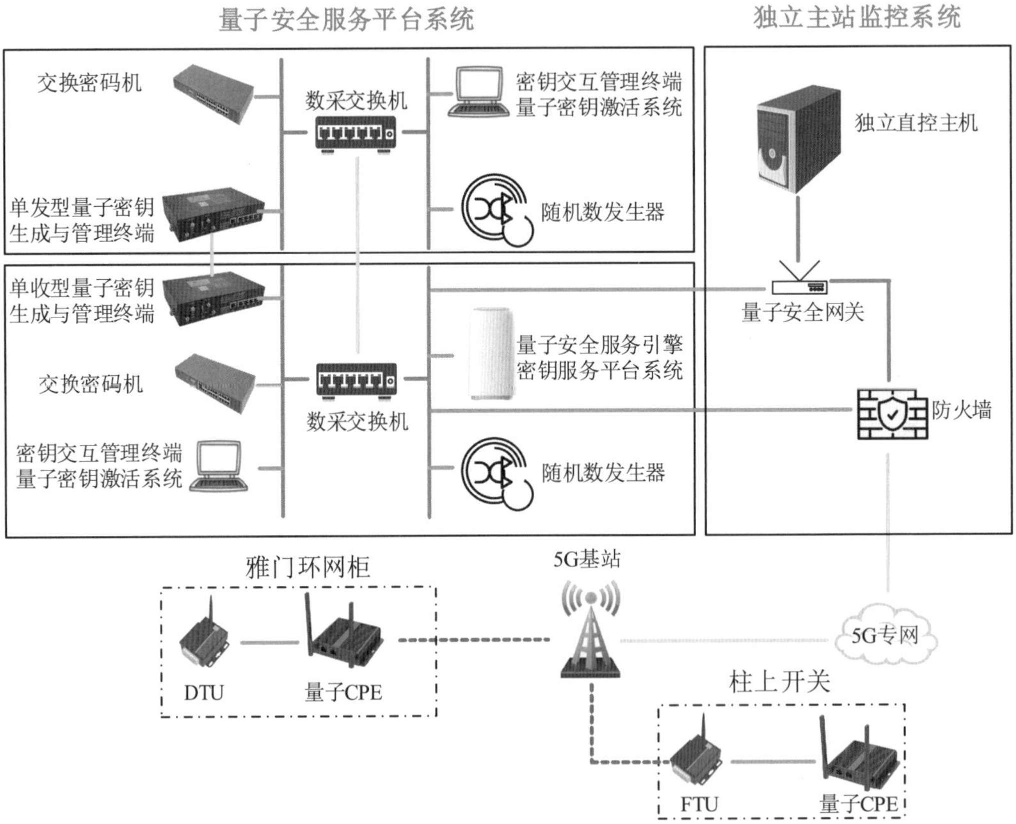

图 10-18 独立监控系统 5G 通道传输方案系统图

①量子密钥生成系统，包括量子密钥生成与管理终端、量子随机数发生器。主要功能为利用量子特性生成量子密钥，为前端系统提供量子密钥支撑。

②量子密钥调度系统，包括交换密码机、量子密码服务平台系统、量子密钥充注系统。主要功能为交换密码机负责量子密钥存储及输出；量子密码服务平台系统负责实现量子密钥的调度和协商，确保量子密钥可以安全有序地分发至量子密钥应用系统；量子密钥充注系统负责将量子密钥通过 U 盾 / TF 卡等方式充注，并在量子密钥应用终端使用。

③量子密钥应用系统，包括量子安全网关和量子 CPE。主要功能为利用量子密钥

构建量子安全加密传输通道，提升 5G 传输通道的安全等级，确保业务系统数据可以安全地传输至东阳市供电公司。应用系统侧采用量子 + 5G 模式替代现有的安全接入区，进行创新试点。

如图 10-19 所示，量子保密通信基础网络平台系统生成量子密钥后，通过量子安全服务引擎，终端密钥分发系统分发至量子安全网关、量子 CPE。由于量子 CPE 在远端，所以量子安全服务引擎通过一次一密的方式分下至 CPE，CPE 通过量子安全 TF 卡的充注密钥对会话密钥解密后，与量子安全网关获取的量子密钥构建量子 CPE 与量子安全网关量子加密通道，确保雅门环网柜 DTU、柱上开关 FTU 业务数据通过量子进入电力内网，并传输至东阳独立监控主机系统。

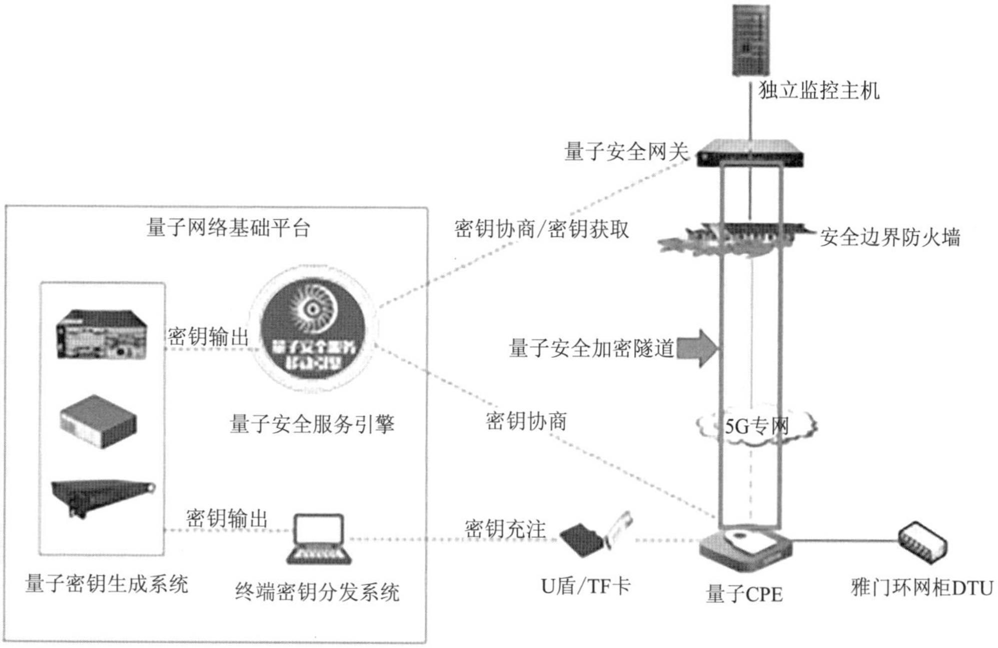

图 10-19　量子安全防护逻辑架构图（FTU 相同）

通过本工程的实际应用，量子安全服务平台将量子密钥生成与管理终端基于 BB84 协议生成的量子密钥脱离有线网络实现基于 5G 网络的在线安全分发，实现了将量子密钥生成与管理终端（QKD）、量子随机数两种量子技术的密钥生成系统融合，并由安全服务平台统一调度、分发，实现了量子密钥分发系统的云化部署。通过在东阳市搭建亚门环网柜、柱上开关场景，电力量子安全服务平台投入后仅需购置 1 套 CPE 设备，投资 2.3 万元，相比传统模式节约了 12.8 万元。根据金华市三年建设计划，计划新增 DTU 1207 套，新增配电光缆 1800 千米，变电站 OLT 设备 82 台，以环网柜 DTU

为例，传统模式下 OLT、ONU、分光器及光缆等需投资 5514 万元，而“5G + 量子”模式下只需投资 3304 万元（含已建平台），可节约费用 2210 万元。本工程在节约光缆、通信传输设备等基础设施周期性投资和运行维护费用的同时提高了电网的网络安全水平，有效支撑了新型电力系统建设。

【参考资料】

[1] 赵子岩，刘建明. 基于业务风险均衡度的电力通信网可靠性评估算法［J］. 电网技术，2011，35（10）：5.

[2] 黄彦钦，余浩，尹钧毅，等. 电力物联网数据传输方案：现状与基于5G技术的展望［J］. 电工技术学报，2021，36（17）：3581-3593.

[3] 赵宏大，王哲，朱铭霞，等. 5G通信技术在泛在电力物联网的应用［J］. 南方电网技术，2020，14（08）：9-17.

[4] 朱校汲，翟明岳，卢文冰. 基于软件定义网络的5G电力通信网业务编排自主决策方法［J］. 全球能源互联网，2023，6（03）：289-296.

[5] 冯春柳，罗芳. 跨层多域电力通信网的弹性光网络架构研究［J］. 电气应用，2019，38（08）：111-115.

[6] 于佳，马平，刘锐，等. 电力无线专网业务支撑能力研究［J］. 广东电力，2018，31（12）：49-56.

[7] 熊轲，张锐晨，王蕊，等. 5G助力电力物联网：网络架构与关键技术［J］. 中国电力，2021，54（03）：99-108.

[8] 张宁，杨经纬，王毅，等. 面向泛在电力物联网的5G通信：技术原理与典型应用［J］. 中国电机工程学报，2019，39（14）：4015-4025.

[9] 陈俊，黄飞宇，黎作明. 基于DQN的电力物联网5G边缘切片资源管理研究［J/OL］. 电测与仪表：1-8［2021-11-14］

[10] 雍培，张宁，慈松，等. 5G通信基站参与需求响应：关键技术与前景展望［J］. 中国电机工程学报，2021，41（16）：5540-5552.

[11] 樊冰，曾瑛，唐良瑞. 基于信息熵的电力通信网脆弱性评价方法［J］. 电子与信息学报，2014，36（09）：2138-2144.

[12] 王毅，陈启鑫，张宁，等. 5G通信与泛在电力物联网的融合：应用分析与研究展望［J］. 电网技术，2019，43（05）：1575-1585.

[13] 曹一家，张宇栋，包哲静. 电力系统和通信网络交互影响下的连锁故障分析［J］. 电力自动化设备，2013，33（01）：7-11.

[14] 陈宝仁，吴赞红. 电力公网通信资源在线监测技术方案探讨［J］. 电力勘测设计，2012，（06）：63-69.

[15] 刘林，祁兵，李彬，等. 面向电力物联网新业务的电力通信网需求及发展趋势［J］. 电网技术，2020，44（08）：3114-3130.

第11章

面向新型电力系统的监控网络安全

11.1 电力监控网络安全发展背景与现状

电力监控系统实时监视并控制着电力系统中各生产单位设备的运行状态，保证了电力系统的安全运行和可靠供电。随着智能化、信息化技术的不断发展，越来越多的新兴技术被应用于电力系统，使得电力监控系统涉及的技术、工作量、工作难度均大幅增长。此外，现代电力监控系统使用计算机网络技术取代了传统分布式厂站自动化设备技术，其带来便携的同时也让电力监控系统暴露在多重网络威胁中。2015 年 12 月 23 日，从当地时间 15：35 开始，乌克兰普里卡帕亚（Prykarpattya）、切尔尼夫齐（Chernivtsi）和基辅（Kyiv）三家区域电网配电公司在 30 分钟内接连遭到恶意代码 BlackEnergy 的高级持续性威胁攻击，导致 7 座 110 千伏和 23 座 35 千伏变电站误动跳闸，SCADA 监测系统致盲，电话服务系统阻塞，停电时间 3 至 6 小时，损失负荷约 73 兆瓦。

针对网络安全问题，世界各国纷纷出台政策。2020 年 12 月，欧盟委员会发布了最新的《网络安全战略》。2021 年 12 月，美国政府问责局（Government Accountability Office，GAO）发布《联邦政府迫切需要采取行动，更好地保护国家关键基础设施》报告。我国国家发展改革委颁布的《电力监控系统安全防护规定》（发改委 2014 年 14 号令），国家能源局发布的《关于印发电力监控系统安全防护总体方案等安全防护方案和评估规范的通知》（国能安全〔2015〕36 号）等文件对电力监控系统的网络安全防护做了明确规定。2017 年 6 月，我国正式实施《中华人民共和国网络安全法》，关键信息基础设施安全保护成为我国网络安全工作的重中之重。2021 年 7 月，国务院发布的《关键信息基础设施安全保护条例》更是聚焦信息基础设施的网络安全防护问题。

电力监控系统实时监控电力系统的运行情况并及时作出调整控制，保障了电力系统的安全稳定运行。降低电力监控系统中网络安全风险并提高电力监控系统可靠性是工作的重中之重。

新型电力系统发展过程中，云计算、大数据、物联网、5G 等新技术在与新型电力系统的融合应用中也产生了新的风险。移动终端和 App 等平台为电网调度指挥提供了更为方便、高效的管理方式，但同时也使电力系统不得不面对病毒及其他网络攻击，这些攻击相较于物理攻击手段具有隐蔽性、破坏性、传染性等特性。一旦调度数据网络受到攻击，将严重影响电力系统数据及资料的安全性，甚至会导致整个生产网络瘫瘓，造成巨大损失。现阶段仍缺乏针对新兴技术广泛应用带来的网络安全威胁进行有效安全管控的措施。在新型电力系统发展过程中，应提前研究可能出现的攻击手段，有针对性地建立健全电力网络安全基础设施，强化网络安全态势感知能力。在已有基础上研究适应新型电力系统的网络安全防护策略，应对新技术造成的网络安全内生隐患。

另一方面，随着分布式新能源的不断发展，不同投资主体的接入电网，新能源、电力电子装备将出现爆炸式增长，调度系统对底层配电网、风电、光伏及电动汽车充电设施等设备的可观、可测、可控要求逐步迫切，电力监控系统安全边界模糊不清，电动充电桩、智能楼宇、虚拟电厂、储能集成等新能源可调节负荷多样化接入，新型电力系统网络空间将变得更加庞大和复杂。分布式设备多处于无人值守的开放物理环境中，容易遭受物理利用、固件篡改等攻击，网络暴露面日益扩大，攻击跳板增多。新型分布式终端类型繁多，数据传输方式尚未标准化，接入以无线公网为主，缺乏统一的安全防护技术标准，存在带病入网等问题。不同业务的分布式终端给电网基于分区隔离的安全防护架构带来冲击，管理难度进一步增大。针对以上问题，灵活性强、经济性好的电力网络安全无线接入技术正在受到越来越广泛的研究与应用。

本章针对上述电力网络安全面临的风险和问题，提出了态势感知、防护策略、无线接入三方面核心技术，并给出了三条相关建议，一是完善电力监控网络安全基础设施建设；二是提升网络安全态势感知和应急处置能力；三是支持网络安全自主创新与安全可控。本章还介绍了分布式新能源、虚拟电厂、可中断负荷等灵活资源接入新型电力系统的安全防护应用实践案例。通过分析已知风险、综述已投入应用的各类网络安全技术，佐以相关案例，期望可以为省域新型电力系统在电力网络安全防护方面提供整体思路。

11.2 新型电力系统监控网络安全关键技术

11.2.1 电力监控系统安全态势感知与脆弱性评估

态势感知是一种基于环境的、动态的、系统的洞悉安全风险的能力，可以全面地发现、识别安全威胁，并能准确分析、及时处理安全威胁，具体包括指标体系建设、态势感知与态势预测三个方面。

1. 电力监控系统安全态势评估指标

在电力监控系统安全态势感知中，安全态势评估和安全态势预测实质上都是对评估指标数据的综合分析。因此评估指标体系的建立是整个安全态势感知的基础，也是影响分析结果的关键所在。

影响电力监控系统安全的主要因素有三：第一，攻击电力监控系统，主要表现在有组织的黑客对智能电力监控系统网络的入侵；第二，攻击调度数据网络，黑客通过直接攻击调度数据网的网络设备造成个别设备停止服务，影响电力调度业务正常开展；第三，窃取关键敏感数据，包括电力设备名称和位置、客户个人信息及用电信息等。

在电力监控系统中，对安全威胁最大就是网络攻击。网络攻击事件可直接对电力监控系统造成破坏，是影响电力监控系统安全的主要因素。常见的网络攻击类型有浏览器攻击、DDoS、恶意攻击、扫描攻击等。这些网络攻击大部分都能够被部署在网络边界的入侵检测系统（IDS）或设备上的病毒防御系统检测到。检测到的攻击将作为标记，可以帮助学习电力监控系统受到安全威胁时安全态势评估指标的变化特征，为安全态势评估提供可靠的依据。通过日志异常检测，可以区分正常数据与异常数据，将异常数据孤立，使网络安全管理平台能够灵敏地从海量数据中发现异常日志及告警信息。

因此，一般从攻击记录、数据流量特征、设备运行状态和系统日志等方面构建电力监控系统安全态势评估的候选指标。首先对安全评估的候选指标集进行相关性分析；然后计算两个指标之间的冗余度，去除冗余特征；最后通过最优特征子集选择最优的指标集，建立电力监控系统安全评估指标体系。

2. 电力监控系统安全态势评估方法

主流的电力监控系统安全态势评估方法主要基于层次分析、博弈论及机器学习，三者的特点及主要应用场景如表 11-1 所示。

表 11-1　主流电力监控系统安全态势评估方法比较

评估方法	特点与主要应用场景
基于层次分析的方法	评估因素难以量化的安全性评估问题，有效性、科学性较强，适用于系统整体安全态势评估
基于博弈论的方法	对不同类型的威胁区别对待，适用于衡量面向特定攻击手段的安全态势及制定网络安全主动防御策略
基于机器学习的法	普适性较强，适用于大数据、复杂网络下的网络安全态势评估及网络环境动态变化较快的场景

基于层次分析的安全态势评估方法通常针对当前电力监控系统中信息的可生存性评估指标，这类指标具有一定的复杂性，同时还存在只能进行定性概念评价的问题，

建立多层次评价指标体系，可以同时求解不同层级指标权重，开发量化模糊评价法。

电力监控系统中多层次评估指标权重计算步骤如下。

步骤 1：根据电力监控系统的多层次可生存性评估指标体系建立判断矩阵。

步骤 2：计算判断矩阵中的最大特征根，同时求解特征向量。

步骤 3：对判断矩阵进行一致性检验，判断矩阵是否存在不一致性。

步骤 4：在判断满意与一致性要求相符的情况下，归一化处理特征向量，即指标权重向量。

步骤 5：求解组合权重向量，即在系统内不同层次的排序权重，同时进行组合一致性检验。

基于层次分析的安全态势评估方法可以获取定性评价结果。在复杂评价体系情况中，可采用模糊量化评价的方法，此方法在计算有效性、科学性方面性能突出。

基于博弈论的安全态势评估方法通常通过在网络攻防实验结构中使用随机博弈模型，同时将输入数据（例如脆弱性信息等）向攻防博弈模型传输，快速建立模型。这一攻防模型能够对网络攻击成功概率进行监控，掌握平均攻击时间，获取脆弱性信息，从而全方位评价分析这一网络。

基于博弈论的安全态势评估方法，其工作主要可以概括为以下几个方面。第一，探究电力监控网络安全模型，这一模型包括很多方面，其中有组合模型法、以状态为依托的随机模型法和以模型为依托的高级随机模型法。第二，网络攻击模型，攻击指攻击人员在系统中实施的相应行为，这种行为会导致系统安全受到影响，网络攻击模型主要有三种类型，分别为攻击者模型、攻击行为模型和攻击影响模型。第三，攻防博弈模型，在前两个模型的基础上对电力监控系统的安全态势做出整体评估。

基于机器学习的安全态势评估方法通常利用机器学习方法建立电力监控系统安全状态与警报信息之间的概率函数，根据警报质量获取的观测序列，可改进数据源的有效性。基于安全事件和防护措施的博弈过程结合攻击成功的概率进行修正，使重新生成的风险值对电力监控系统安全态势的量化更加合理。

在具体的网络中，网络安全情况是无法预见的，然而，安全状态形成的警报信息是可以预见的，不同安全状态与形成的警报信息间有着概率函数关系，通过警报序列可以体现安全状态变化情况。基于机器学习的方法是网络安全态势预测技术的重点研究方向，可以详细划分为三个方向，即人工神经网络、深度学习和集成学习。

其中人工神经网络因为存在多个稳定的平衡状态，所以能够描述系统的多样性，应用在网络安全态势预测方面，取得了较好的效果。但是人工神经网络结构不完善，存在有速度慢、模拟度欠缺、局部最优等不足。深度学习作为神经网络的延伸，含有多个隐藏层的多层感知器，可以融合低维特征将其组成抽象的高维特征，然后再用高维特征来表示类别，从而找到数据的分布式特征。运用以卷积运算的神经网络、多层神经元的自编码神经网络、深度置信网络为例的一些深度学习方法，可以有效解决网络安全态势评估问题，但是其算法性能不高，自我学习性差，适应性不强。最常用的是集成学习方法，通过构建并结合多个机器学习来完成单个神经网络难以完成的任务。集成学习比单一神经网络具有更为显著的泛化功能，在进行安全态势评估时，单一神经网络出现问题，其他神经网络也可以将其纠正过来，从而提高态势评估的准确性。

3. 电力监控系统安全态势预测

电力监控系统安全态势预测指利用当前的状态信息和安全态势的历史信息对电力监控系统将来的安全态势发展趋势进行预测。通常有以下两种思路。

对功能相互嵌合较多，结构较为复杂的系统，一般将其视为一个整体进行安全态势预测。常用的方法是依据最终电力监控系统的整体安全态势评估值序列对未来安全态势的发展趋势进行预测。根据电力监控系统内的不同设备的重要性，安全态势评估应侧重于系统中重要设备的安全态势，电力监控系统层的安全态势需要根据系统中所有设备安全态势值及其重要性进行加权求和，进而对整体进行安全态势预测。

对设备种类较为单一、架构较为简单的系统，通常基于设备的安全态势评估值序列完成对设备的安全态势预测，之后再根据设备的安全态势预测结果对电力监控系统的未来安全态势进行计算。在挖掘电力监控系统设备安全态势的同时考虑评估指标数据的特征。要对训练样本数据进行预处理，针对处理后的数据设置模型结构，依据循环神经网络搭建基于设备的安全态势预测模型，构建用于模型训练的数据集，从而提高安全态势的预测精度。

与态势评估相同，神经网络在基于设备的电力监控系统安全态势预测中也有着很好的表现，但用于预测的神经网络与传统神经网络通常有所区别。传统的神经网络模型的输入、输出层之间是全连接，但是前一时刻的相关信息不能通过网络结构传递到下一时刻。在图 11-1 所示的循环神经网络中，前一时刻隐藏层中的信息会返回给下一时刻的隐藏层，即隐藏层输入有两个，包括现时刻输入层输出和上一时刻隐藏层输出。图 11-1 中 *W* 代表的是前一时刻向下一时刻隐藏层传输信息的权重向量，*U* 代表的是输入层至隐藏层的权重向量，*V* 代表的是隐藏层向输出层传输的权重向量。在建立预测模型的过程中，循环神经网络中的权重矩阵均是共享的，这是循环神经网络较传统神经网络最为突出的优势。

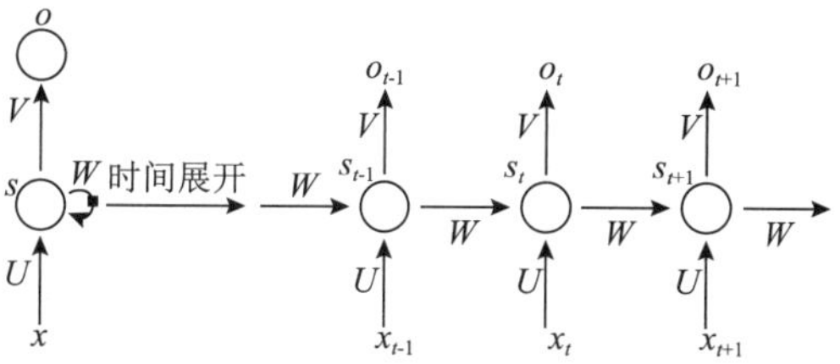

图 11-1　典型的循环神经网络模型示意图

态势感知是一种基于环境的，动态、整体地洞悉安全风险的能力，是以安全大数据为基础，从全局视角提升对安全威胁的发现识别、理解分析、响应处置能力的一种方式。利用人工操作情境下的态势感知，能够通过对应的信息，对现在和将来威胁系统运行的态势因素进行有效预警，妥善解决电力监控系统缺乏人员操作行为监控手段、内部业务网络数据监控不足等问题，进一步保障电力监控系统的持续安全稳定运行，并使电力监控系统安全防护进行更加行之有效的闭环管理。

11.2.2　面向电力监控系统网络的安全防护策略

电力监控系统安全防护的总体原则为“安全分区、网络专用、横向隔离、纵向认证”，重点强化边界防护，同时加强内部的物理、网络、主机、应用和数据安全，加强安全管理制度、机构、人员安全、系统建设、系统运维的管理，提高系统整体安全防护能力，保证电力监控控制系统及重要数据的安全。电力监控系统安全防护总体架构如图 11-2 所示。

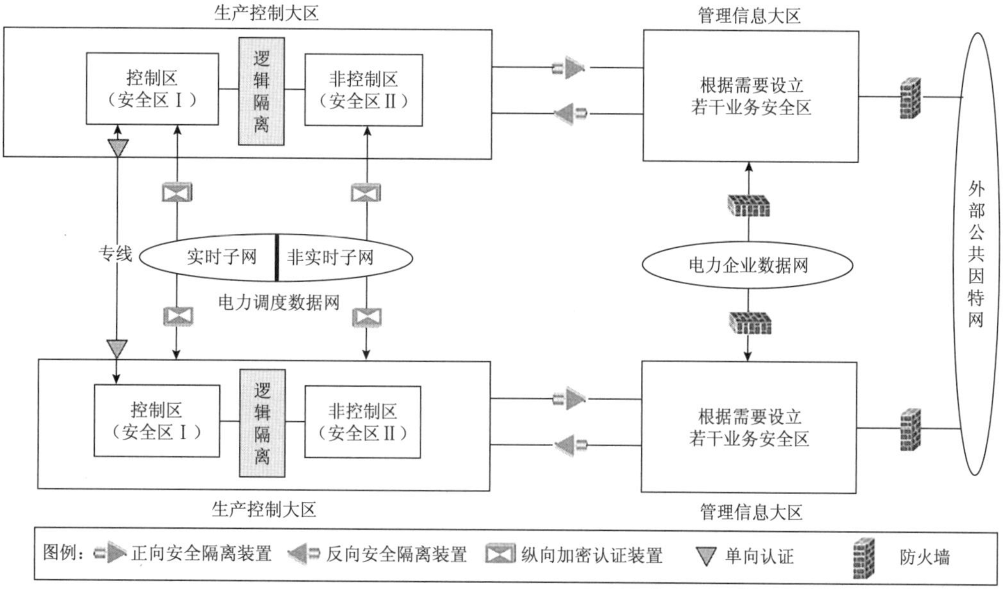

图 11-2　电力监控系统安全防护总体架构示意图

1. 电力监控系统安全区划分

同原架构相似，新型电力系统背景下，电力监控系统原则上仍划分为生产控制大区和管理信息大区。生产控制大区可以分为控制区（又称安全区Ⅰ）和非控制区（又称安全区Ⅱ）。应当避免通过广域网形成不同安全区的纵向交叉连接。

安全区Ⅰ是实时控制区，是安全保护的重点与核心。控制区中的业务系统或功能模块的典型特征为：是电力生产的重要环节、安全防护的重点与核心，直接实现对一次系统运行的实时监控，纵向使用电力调度数据网络或专用通道。控制区的典型系统包括电力数据采集和监控系统、能量管理系统、广域相量测量系统、配电网自动化系统、变电站自动化系统、发电厂自动监控系统等，其主要使用者为调度员和运行操作人员，数据传输实时性为毫秒级或秒级，数据通信使用电力调度数据网的实时子网或专用通道。该区内还包括采用专用通道的控制系统，如继电保护、安全自动控制系统、低频（或低压）自动减负荷系统、负荷管理系统等，这类系统对数据传输的实时性要求多为毫秒级或秒级，负荷管理系统为分钟级。

安全区Ⅱ是非控制区，非控制区中的业务系统或功能模块的典型特征为：所实现的功能为电力生产的必要环节；在线运行，但不具备控制功能；使用电力调度数据网络，与控制区中的系统或功能模块联系紧密。非控制区的典型系统包括调度员培训模拟系统、水库调度自动化系统、继电保护及故障录波信息管理系统、电能量计量系统、电力市场运营系统等。其主要使用者为电力调度员、水电调度员、继电保护人员及电力市场交易员等。在厂站端还包括电能量远方终端、故障录波装置及发电厂的报价系统等。非控制区的数据采集频率为分钟级或小时级，与数据通信使用电力调度数据网的非实时子网。

如果生产控制大区内个别业务系统或其功能模块（或子系统）需使用公用有线通信网络、无线通信网络以及处于非可控状态下的网络设备与终端等进行通信，其安全防护水平低于生产控制大区内其他系统时，允许设立安全接入区，典型业务系统或功能模块包括配电网自动化系统的前置采集模块（终端）、负荷管理系统、某些分布式电源控制系统等。

管理信息大区指生产控制大区以外的电力企业管理信息系统的集合，典型业务系统包括调度管理系统、行政电话网管理系统、综合数据网等。

电力企业可根据具体情况划分安全区，但不能影响生产控制大区的安全。电力监控系统安全区划分如图 11-3 所示。

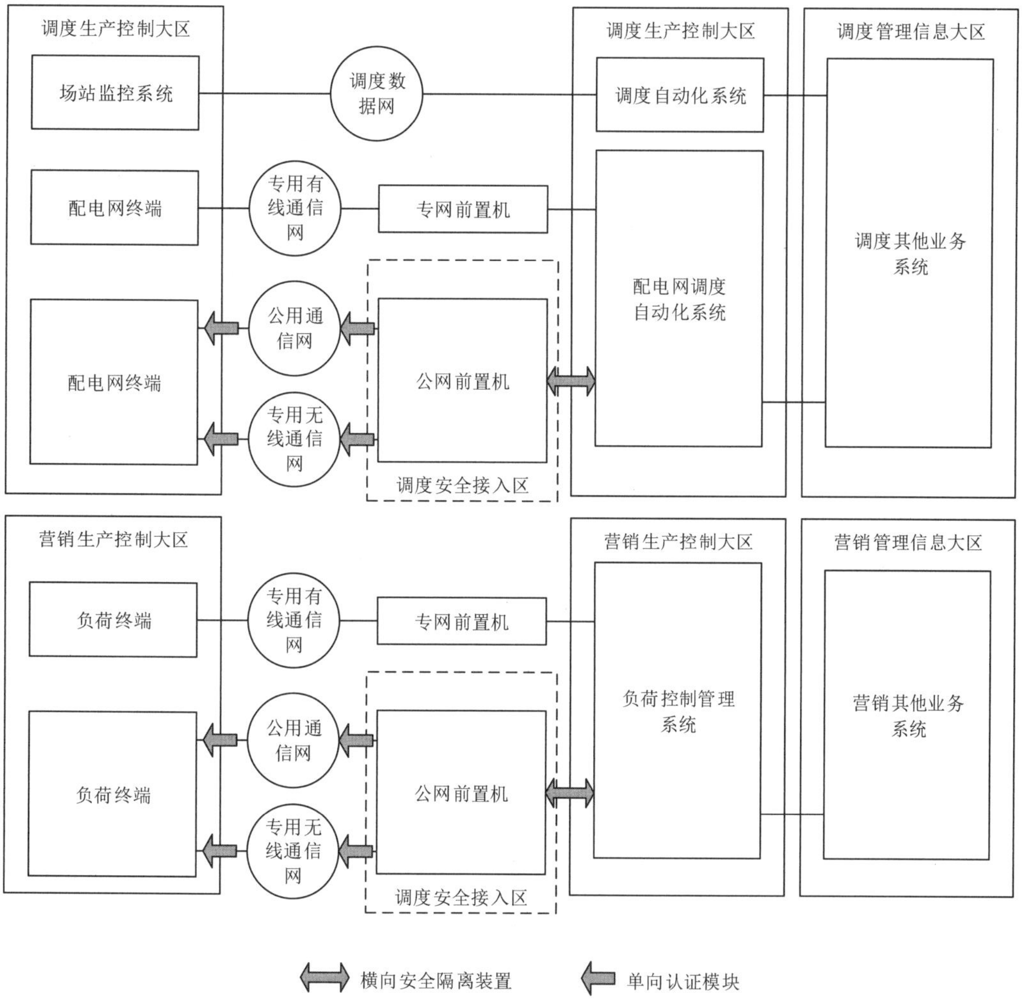

图 11-3　电力监控系统安全区划分示意图

2. 电力监控系统网络专用机制

电力调度数据网应当在专用通道上使用独立的网络设备组网，采用基于 SDH/PDH 不同通道、不同光波长、不同纤芯等方式，在物理层面上实现与电力企业其他数据网及外部公共信息网的安全隔离。当采用 EPON、GPON 或光以太网络等技术时应使用独立纤芯或波长。对应的安全防护措施包括网络路由防护、网络边界防护、网络设备的安全配置与数据网络安全的分层分区设置四个方面。

网络路由防护指将电力调度数据网分割为逻辑上相对独立的实时子网和非实时子网，分别对应控制业务和非控制生产业务。

网络边界防护指采用严格的接入控制措施，保证业务系统接入的可信性。数据网络与业务系统边界采用必要的访问控制措施。在生产控制大区与电力调度数据网的纵向交接处应当采取相应的安全隔离、加密、认证等防护措施。对于实时控制等重要业务，应该通过纵向加密认证装置或加密认证网关接入调度数据网。

网络设备的安全配置指关闭或限定网络服务、避免使用默认路由、网络边界关闭 OSPF 路由功能、采用安全增强的 SNMPv2 及以上版本的网管协议、使用安全的管理方式、设置受信任的网络地址范围、记录设备日志、设置高强度的密码、开启访问控制列表、封闭空闲的网络端口等。

数据网络安全的分层分区指电力调度数据网采用安全分层分区设置的原则。调度数据网由骨干网和接入网组成，地级以上调度中心节点构成调度数据网骨干网（简称骨干网）。各级调度的业务节点及直调厂站节点构成分层接入网，各厂站按照调度关系接入两层接入网。

调度数据网未覆盖的监控系统（如配网自动化、负荷管理、分布式能源接入等）的数据通信优先采用电力专用通信网络。不具备条件的也可采用公用通信网络（不包括因特网）、无线公网（GPRS、CDMA、230MHz、Wi-Fi 等）等通信方式。使用上述通信方式时应当设立安全接入区，并采用安全隔离、访问控制、单向认证、加密等安全措施。

各层面的数据网络之间应该通过路由限制措施进行安全隔离。当县调或配调内部采用公用通信网时，禁止与调度数据网互联，保证网络故障和安全事件限制在局部区域之内。

3. 电力监控系统横向隔离机制

采用不同强度的安全设备隔离各安全区，在生产控制大区与管理信息大区之间必须设置经国家指定部门检测认证的电力专用横向单向安全隔离装置，隔离强度应接近或达到物理隔离。电力专用横向单向安全隔离装置作为生产控制大区与管理信息大区之间的必备边界防护措施，是横向防护的关键设备。生产控制大区内部的安全区之间应当采用具有访问控制功能的网络设备、防火墙或者相当功能的设施，实现逻辑隔离。安全接入区与生产控制大区内其他部分相连时，应采用电力专用横向单向安全隔离装置进行集中互联。

电力专用横向单向安全隔离装置分为正向型和反向型。正向安全隔离装置用于生产控制大区到管理信息大区的非网络方式的单向数据传输。反向安全隔离装置用于从管理信息大区到生产控制大区的非网络方式的单向数据传输。反向安全隔离装置集中接收管理信息大区发向生产控制大区的数据，进行签名验证、内容过滤、有效性检查等处理后，转发给生产控制大区内部的接收程序。

严格禁止 E-Mail、Web、Telnet、Rlogin、FTP 等通用网络服务和以 B/S 或 C/S 方式的数据库访问穿越专用横向单向安全隔离装置，仅允许纯数据的单向安全传输。禁止安全风险高的通用网络服务穿越该边界。

4. 电力监控系统纵向认证机制

对重点防护的调度中心、发电厂、变电站在生产控制大区与广域网的纵向连接处应当设置经过国家指定部门检测认证的电力专用纵向加密认证装置或者加密认证网关及相应设施，实现双向身份认证、数据加密和访问控制。安全接入区内纵向通信应采用基于非对称密钥技术的单向认证等安全措施，重要业务可采用双向认证。

纵向加密认证装置及加密认证网关用于生产控制大区的广域网边界防护。纵向加密认证装置为广域网通信提供认证与加密功能，实现数据传输的机密性、完整性保护，同时具有类似防火墙的安全过滤功能。对处于外部网络边界的其他通信网关，应进行操作系统的安全加固，防止被黑客接管而形成向内攻击的跳板，对Ⅰ、Ⅱ区的外部通信网关建议配置数字证书。

调度中心和重要厂站两侧均应当配置纵向加密认证装置或纵向加密认证网关，小型厂站至少应实现单向认证、数据加密和安全过滤功能。传统的基于专用通道的数据通信可逐步采用加密、身份认证等技术保护关键厂站及关键业务。对具有远方遥控功能的业务应采用加密、身份认证等技术进行安全防护。

5. 电力监控系统末端防护机制

针对统一管理集中式电厂，其网络安全防护架构应与前文所述的各类防护机制紧密结合，因此网安工作推进的重点就是制定科学的管理制度，与所属调度机构配合制定科学的安防措施。以火电厂为例，其监控系统防护策略如图 11-4 所示。

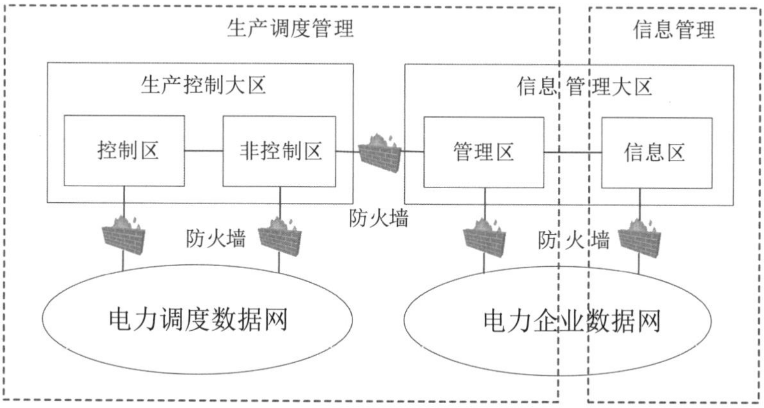

图 11-4　火电厂电力监控系统安全防护总体策略

对于火电厂来说，要结合规定建设网络安全防护系统，从而全方位监管网络数据。对于新能源电厂，主要工作是科学规划三个系统——发电机监控系统、升压站监控系统、功率控制系统，并对其划分不同安全区，使监控系统安全运行得以确保。对发电机监控系统而言，在网络安全保护时，必须采集发电机实时数据并分析数据。对升压站监控系统而言，应将纵向加密认证与数据加密有机结合起来并将数据传输至上级调度环节。对功率控制系统而言，安全防护有四个方面，即有功控制、无功控制、电压控制及功率因素控制。针对新型电力系统建设过程中大量接入的分布式资源，其网络安全防护主要依托无线网络环境下电力监控系统的安全接入技术。

11.2.3 无线网络环境下电力监控系统的安全接入技术

新型电力系统背景下，国家电网有限公司提出开展配网“全景感知、主配一体、弹性可控、故障自愈、协同互动”五方面能力建设，其中三个方面都对分布式电源的信息采集工作提出了更高的要求。从“直采直送、可观、可测”的调度数据采集要求，提升至“可调、可控”，要求加强分布式电源运行数据采集，将分布式电源纳入发输电计划统一管理，对非统调小水电、小火电及分布式电源实施闭环控制，提升配电网电压合格率及经济运行水平。由于分布式资源处地零散，采用传统调度数据网方式接入建设时间长、投资大，充分利用无线接入手段十分必要。

1. 无线安全接入区接入方式

国家发展改革委颁布的《电力监控系统安全防护规定》及系列配套安全防护方案提出了建设安全接入区的要求。具体要求为“生产控制大区的业务系统在与其终端的纵向连接中使用无线通信网、电力企业其他数据网（非电力调度数据网）或者外部公用数据网的虚拟专用网络方式（VPN）等进行通信的，应当设立安全接入区。”

在调度主站侧建设安全接入区。按照“统一规划、统一建设、分批接入”的原则，分布式光伏通过专用运营商 APN 接入，再经省调接入路由器转发至各调度中心。

厂站侧部署硬件依次为无线通信模块、纵向加密认证装置、厂站前置、正向隔离装置和厂站采集。北京科东、南瑞信通等厂家已经有多合一装置，集无线通信模块、纵向加密、横向隔离、采集等功能于一体的终端。厂站侧典型的拓扑如图 11-5 所示。

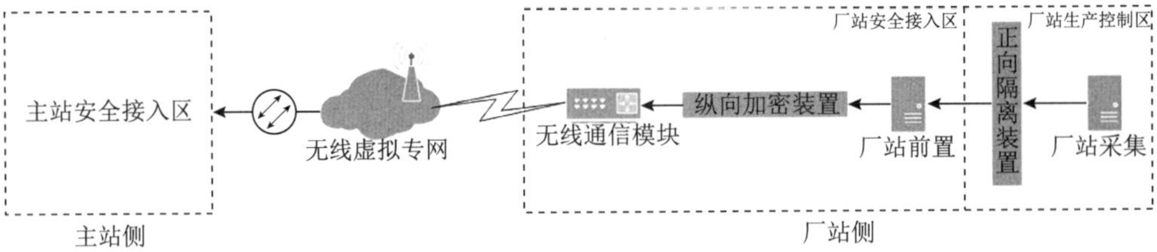

图 11-5 无线公网安全接入区接入方式

无线通信模块是工业物联网通信模块，兼容 4G/3G/2G 网络，提供以太网 LAN，支持数据透明传输、路由功能、NAT 功能。无线通信模块采用移动、电信、联通运营商 SIM 卡，SIM 卡的虚拟专网 IP 地址固定。

纵向加密认证装置提供纵向边界安全防护功能，支持电力专用加密算法，实现通信双方的身份认证及数据加密和过滤。厂站前置需配置主站侧的 IP 地址端口等信息，厂站侧使用的规约、点表及厂站的逻辑地址需与主站侧一致，实现对厂站数据的上送工作。正向隔离装置，实现厂站侧生产控制大区与无线虚拟专网的物理隔离，起到对厂站生产控制大区的安全防护作用。厂站采集负责进行厂站内部各项数据的信息采集工作，包括电量、遥测、遥信等，采集完成后以 E 文本的方式通过正向隔离装置传输至厂站前置上。

2. 新能源集控站（虚拟电厂）接入方式

采用新能源集控站接入模式，多个分布式电源数据先汇集至虚拟电厂，由虚拟电厂汇总后统一通过调度数据网方式发送至调度主站自动化系统。虚拟电厂主站需建设安全接入区与运营商对接。（如图 11-6 所示）

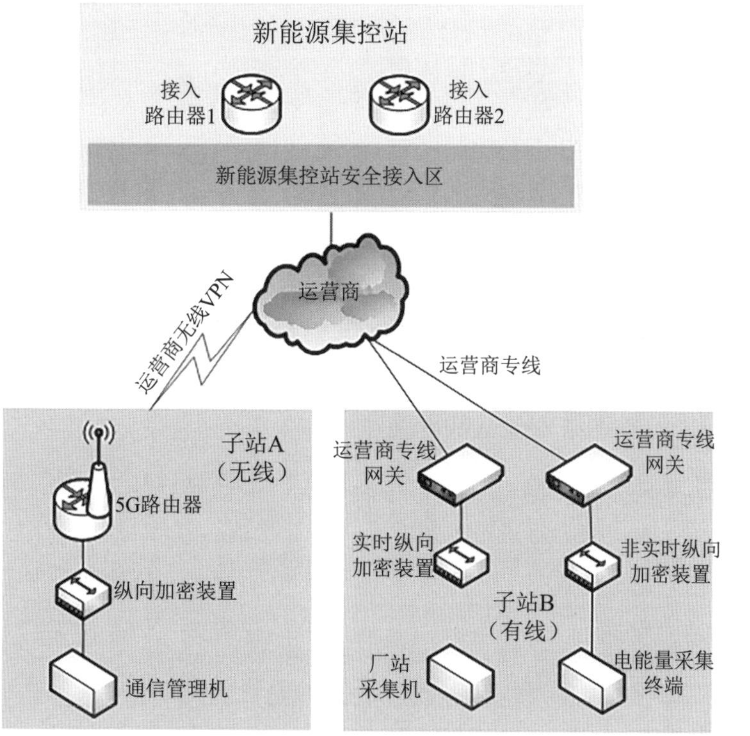

图 11-6　新能源集控站接入

3. "无线公网 + 量子加密"接入方式

量子加密通信技术作为物理上保证绝对安全的加密技术，具有密钥随机、一次一密等安全特征，能有效解决数据传输安全性不足的问题，为无线通信在电力监控系统应用的探索提供了可能性。在调度主站侧部署一套量子安全服务平台，在厂站侧应用量子 CPE。（如图 11-7 所示）

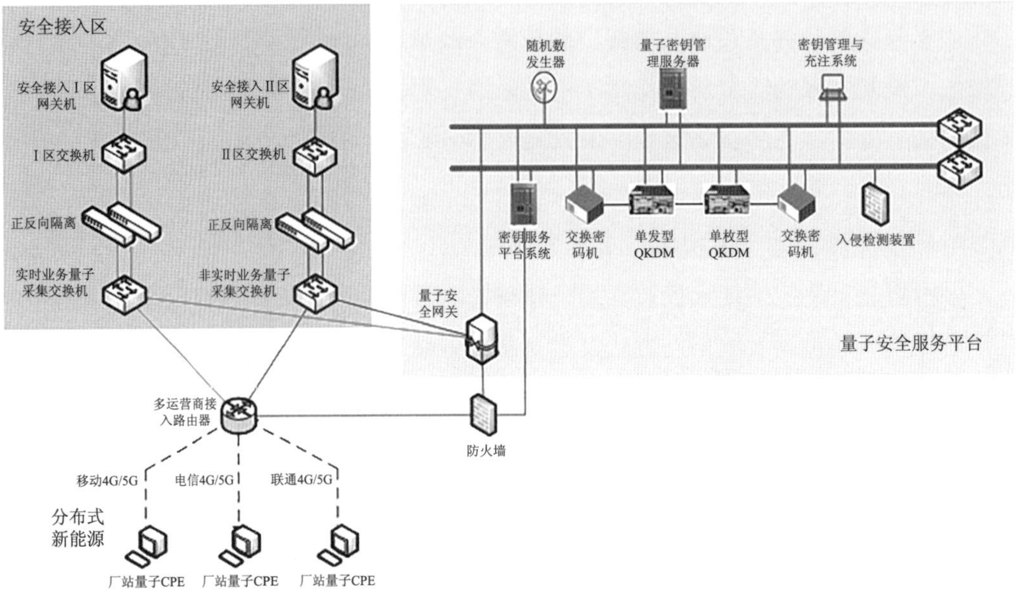

图 11-7 "无线公网 + 量子加密"接入

11.3 电力监控系统网络安全发展趋势及相关建议

11.3.1 完善电力监控网络安全基础设施建设

改进与调整系统网络结构，确保安全接入区更加完善、健全，推广 5G 技术应用，支撑新型电力系统源网荷储海量资源的安全、可靠接入，具体有以下四个方向。

一是加快密码基础设施建设，在重要业务、重要领域实施密码保护，完善电力行业密码支撑体系，实现电力行业密码基础设施一体化管理。健全电力行业密码检测手段，开展密码应用安全性评估。深化商用密码在电力行业中的应用，促进密码技术与电力应用融合发展。

二是建设网络安全仿真验证环境，适应电力行业网络安全研究、测试、演练等应用需求，整合现有资源，建立覆盖发、输、变、配、用、调度全环节的网络安全仿真验证环境。开展重大网络安全事件模拟验证、漏洞挖掘、攻防演练、业务培训等工作。建设行业网络安全重点实验室。

三是建立行业网络安全信息资源共享机制，整合行业漏洞挖掘与研究资源，开展漏洞分析、安全加密研究，建立行业漏洞库。完善与国家信息安全漏洞共享平台的沟通、协调和通报机制，加强漏洞填补能力建设，引导企业及时开展漏洞消缺工作，提升企业处置安全漏洞能力。

四是强化网络安全检测与服务，强化安全检测机构能力建设，严格执行国家及行业网络安全检测标准，鼓励自主研发检测工具，丰富安全检测技术手段。完善行业网络安全服务体系，开展网络安全认证、检测、风险评估等安全服务。

11.3.2　提升网络安全态势感知和应急处置能力

利用大数据、人工智能等新技术，建设网络安全威胁自动识别、网络安全事件追踪溯源、网络攻击路径智能研判、网络风险智能分析、网络隐患辅助评估等功能，多层次多维度展现网络安全纵深防御态势，具体有以下四个方向。

一是推进网络安全态势感知、预警能力建设。建立行业、企业网络安全态势感知预警平台，加强电力监控系统、重要管理信息系统、互联网出口的全面监测，加强网络安全信息的汇集、研判建立健全网络安全信息共享和通报机制，健全完善政企联动、上下协同的通报预警机制。

二是加强网络安全应急处置能力建设。建立电力行业网络安全应急指挥平台，完善网络安全应急预案。加强网络安全应急队伍、应急资源库建设，组织开展网络安全应急演练，提升网络安全事件应急快速响应能力。完善网络安全应急预案和现场处置方案，增加分布式电源和可调节负荷遭受网络攻击相应内容。督促建立并修订分布式电源和可调节负荷网络安全应急预案和现场处置方案。开展分布式电源和可调节负荷网络应急演练培训并按要求开展应急演练。

三是健全重大活动网络安全保障机制。建立分级网络安全保障机制，统筹行业资源，强化协调指挥。针对国家重大活动，制定保障工作方案，落实保障措施。

四是推进终端风险智能感知技术研究，推进终端技术研发，纳入网络安全管理平台统一监视。开发分析功能，实现自动识别异常终端、阻断风险终端。推进终端、隔离、纵密及无线模块多合一装置应用，提高业务接入安全性和经济性。

11.3.3　支持网络安全自主创新与安全可控

坚持关键领域安全可控，推动电力专用安全防护设备升级换代，加快推进专用系统与装备、通用软硬件产品安全可控替代及应用。坚持新能源、配电网及负荷管理等领域智能终端、智能单元安全可控，加强安全可控产品的研制与应用，鼓励开展前沿性技术应用研究。

一是加速推进核心技术攻关与应用。加强体系化技术布局，完善制度、市场环境，推进电力系统网络安全核心技术突破。重点在电力系统关键系统、重大装备、防护体系、专用芯片、密码应用、攻防对抗和检测技术等领域，加强自主创新与应用突破。支持电力专用芯片研发和使用。

二是推进电力监控系统网络安全数字化建设。依托网络安全智能分析结果，提出风险管控建议措施方案，为实现策略、保护、监测和响应等全过程闭环管控提供智能化决策支撑。研究基于人工智能的电力监控系统脆弱性分析技术，推动网络安全防护模式向主动型和智能型转变。

三是做好新技术、新业务网络安全保障。关注能源生产、经营、消费等领域发展带来的网络安全问题，加强对“大云物移智”等新技术，以及微电网、充电基础设施、车联网、“互联网 +”等新业务的网络安全风险研究，为行业发展提供网络安全保障。

四是加强公共管控平台网络安全管理。新型电力系统背景下，已有的电力系统将与热气管网、天然气管网、交通网络等能源链进行互联互通，形成多领域综合能源网络，由于公共设施平台数据共享和交互的需要，电力市场交易数据、用户隐私数据等敏感数据保护困难，其他能源链缺乏有效的网络安全防护措施，存在安全隐患，因而需要加强网络安全管理。

11.4 源荷储灵活资源接入安全防护应用实践

11.4.1 灵活资源接入安全防护架构

基于电网差异化防护需求，浙江电网积极开展可中断负荷、分布式电源、虚拟电厂等业务安全经济接入工作，实现灵活资源的可观、可测、可调、可控。分布式电源、可中断负荷等灵活资源的接入主要存在三方面的问题，一是缺乏完善、成熟的安全防护方案；二是分布式电源和负荷资源等缺乏适用的接入方式，难以实现安全灵活接入；三是缺乏有效的管控措施，新型电力系统各类资源接入，点多面广、设备厂商多，基于传统电厂的管控与监督模式实施难度大、效能低。

源荷储灵活资源接入安全防护工作总体架构如图 11-8 所示。一是针对各类资源三遥、两遥、AGC 实时调节等不同调控需求，构建差异化防护方案，实现安全经济接入。二是依托在线流程化管理、传输通道集中管控和安全统一监视等数字化支撑手段，提高管理效能。三是通过加强组织保障、开展日常监督和提供主动服务确保技术监督工作常态化开展，提升新业务防护水平。

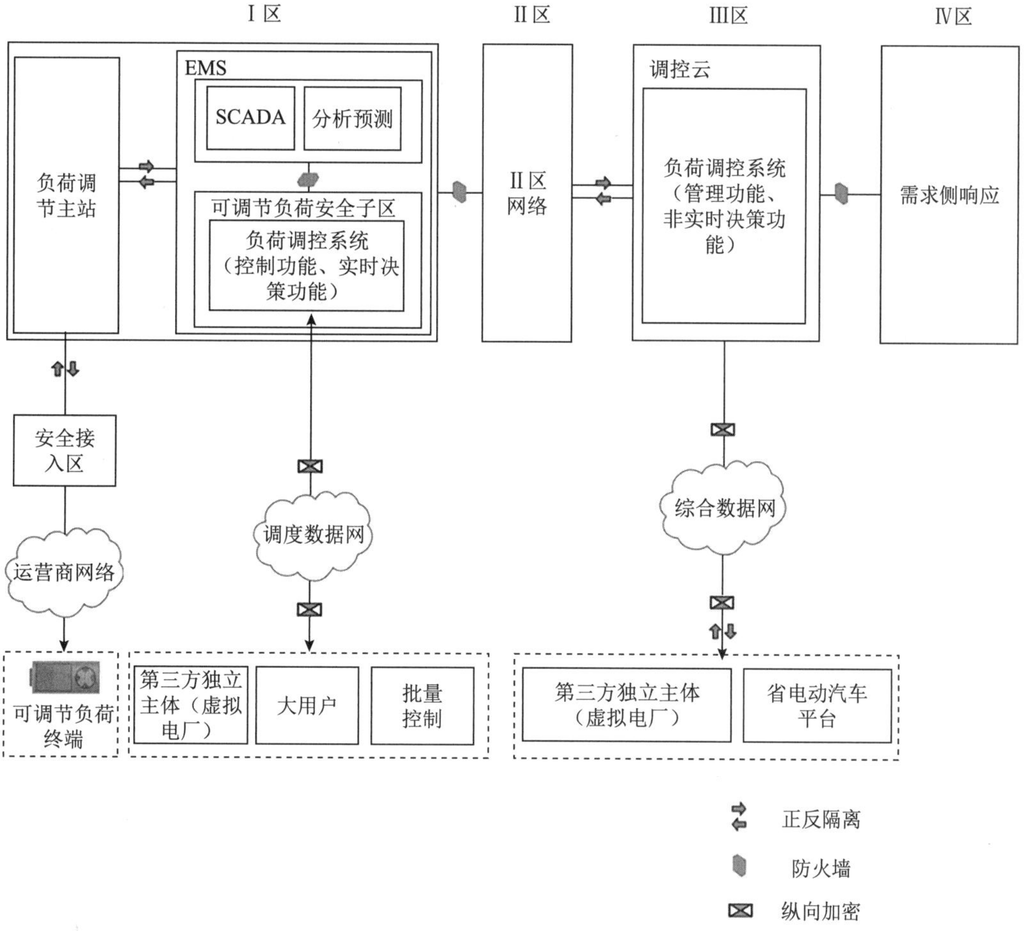

图 11-8 源荷储灵活资源接入安全防护工作总体架构图

11.4.2 灵活资源接入安全防护案例

1. 可中断负荷接入安全防护

针对可中断负荷点多面广，需要无线通信、可调可控等情况，在地调侧设立独立的 5G 安全接入区，提升资源接入的安全性、灵活性。在地调主站生产控制大区，设置独立的“负荷调节子区”，与 D5000 系统之间部署物理隔离装置，强化分区分域控制。可中断负荷负荷调节子区示意如图 11-9 所示。

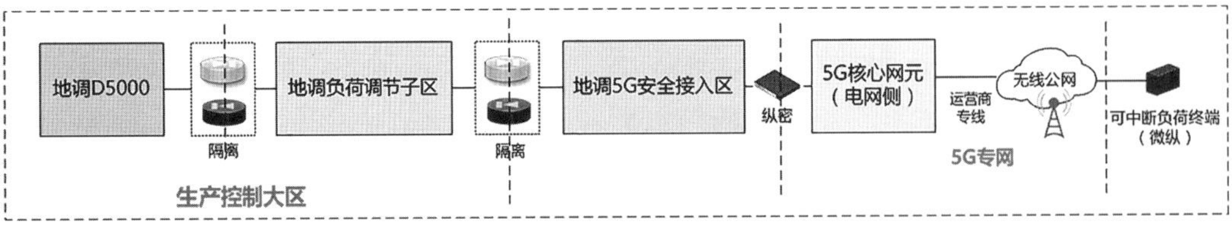

图 11-9 可中断负荷负荷调节子区示意图

在通道安全方面，主要采用 5G 硬切片技术。可中断负荷等生产控制类业务核心网采用公网专用方式部署，即控制面共享运营商网元，用户面 UPF 采用独立专用部署模式，业务采用硬切片模式确保网络资源专用。管理信息类和互联网业务采用共享运营商行业专用 UPF 方式，即不单独部署 UPF，业务采用软切片模式确保与其他行业用户逻辑隔离。

同步开展 5G 通信能力与电网业务深度融合创新，建立浙江电力 5G 业务管理平台，实现对业务终端运行状态的在线管控和对 5G 切片网络运行状态的集中监视。

在安全接入区内部署 I 型网络安全监测装置，采集服务器、网络设备、安全防护等设备的运行和告警信息，在安全接入区前置服务器部署可信验证模块，纳入网络安全管理平台统一监视。在终端安全方面，通过终端集成微型纵密模块，终端接入增加地理区域位置接入限制，终端与 SIM 卡机卡绑定，重要终端采用双卡模式等四个措施保障安全。

2. 分布式能源接入安全防护

针对分布式电源单体容量小、数量多，调节需求不大的特点，按照“全省统一出口，1+11 的安全接入子区”的方式设置分布式电源专用的省地一体化安全接入区，在省调侧统一对接“移动、联动、电信”三大运营商作为安全接入区无线公网的唯一出口，11 个地调不设立独立的无线公网出口，最大化节约资源。分布式能源接入方式示意如图 11-10 所示。

3. 虚拟电厂接入安全防护

针对虚拟电厂等需要参与省调 AGC 实时调节的控制类业务，通过调度数据网方式接入调度主站。虚拟电厂作为调度对象，其主站严格按照生产控制大区要求落实安全防护措施，虚拟电厂设置安全接入区，与终端进行通信，安全接入区内部署网络安全监测装置、纵向加密认证装置等安全防护措施。虚拟电厂接入方式示意如图 11-11 所示。

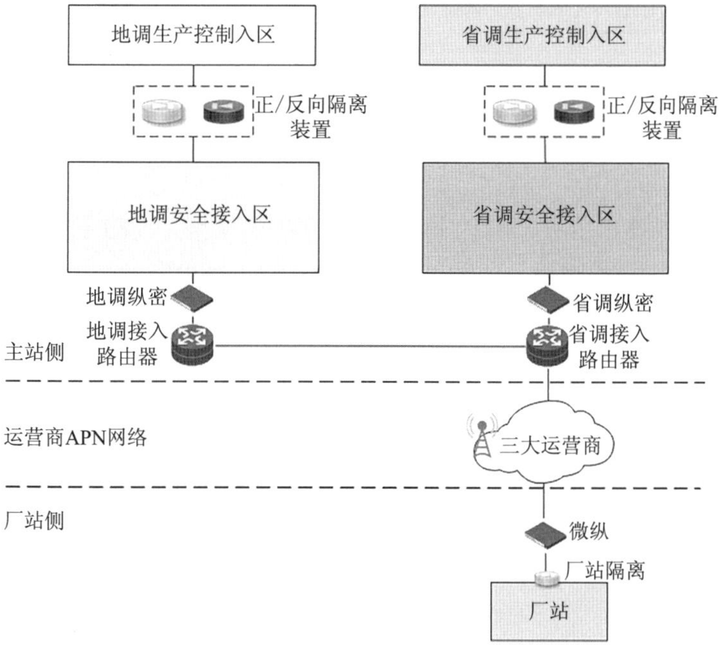

图 11-10　分布式能源接入方式示意图

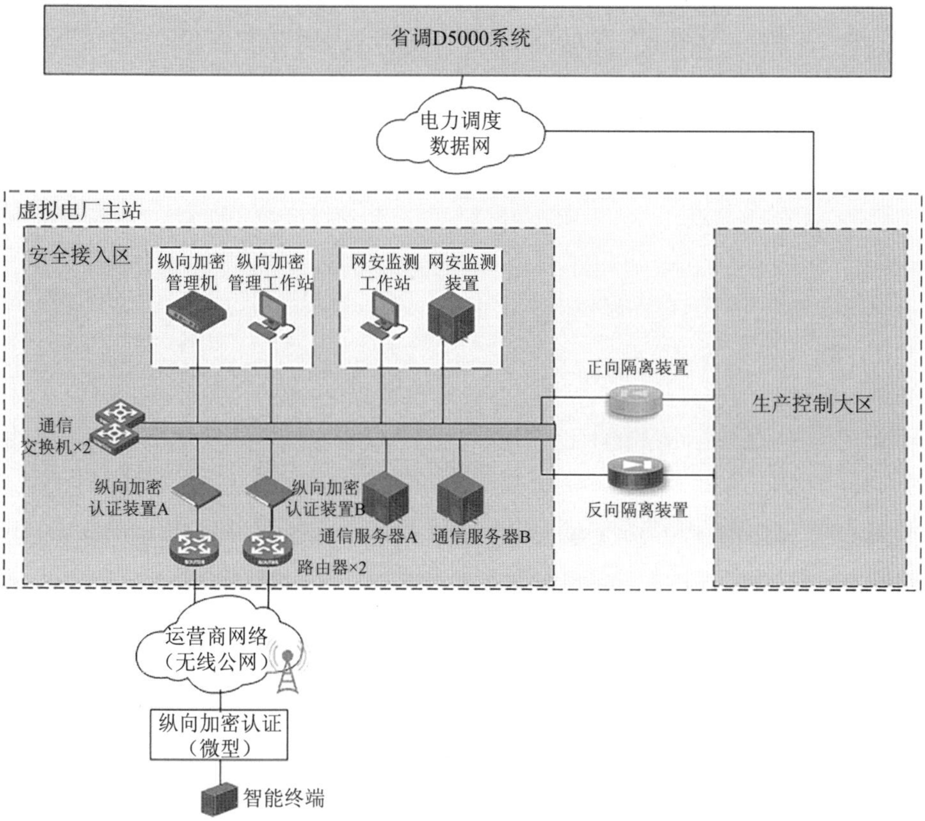

图 11-11　虚拟电厂接入方式示意图

11.4.3 安全防护试点应用成效

安全防护试点工作增强了新型电力系统安全接入能力，可实现电网调度对不同类型资源的安全接入，支撑新型电力系统源网荷储资源的可观、可测、可控、可调，有效支撑了新型电力系统电力保供。

试点应用通过技术攻关，突破了纵密隧道在5G硬切片通道下无法直接建立的难题，完成了5G承载电力控制业务的试点验证工作，建设用户侧可中断负荷调节功能，有力支撑了迎峰度夏有序用电保供工作。

【参考资料】

[1] K Chakraborty，G Saha. Off-Line Voltage Security Assessment of Power Transmission Systems Using Uvsi through Artificial Neural Network［C］. 2016 International Conference On Intelligent Control Power And Instrumentation（Icicpi），Kolkata，2016，158-162.

[2] M R Aghamohammadi，F Mahdavizadeh，Bagheri. Power System Dynamic Security Classification Using Kohenen Neural Networks［C］. 2009 Ieee/Pes Power Systems Conference And Exposition，Seattle，Wa，2009，1-7.

[3] C Zhong，J Shao，F Zheng，et al. Research on Electricity Consumption Behavior of Electric Power Users Based on Tag Technology and Clustering Algorithm［C］. 2018 5th International Conference On Information Science And Control Engineering（Icisce），Zhengzhou，2018，459-462.

[4] 杨辉虎. 网络安全技术在风电场运营中的应用［J］. 网络安全技术与应用，2016，（9）：107-108.

[5] 辛耀中，石俊杰，周京阳，等. 智能电网调度控制系统现状与技术展望［J］. 电力系统自动化，2015，39（1）：2-8.

[6] 王超. 分布式网络安全预警系统研究与实现［D］. 成都：电子科技大学，2015.

[7] 张晓，李伟，高明慧，等. 基于树模型的电力监控系统链路信息管理［J］. 电力系统自动化，2016，40（11）：126-131.

[8] 齐建，程成，徐楠楠. 涉密计算机信息系统网络安全监控技术研究与应用［J］. 网络安全技术与应用，2017（11）：9-10.

[9] V. Zamfir，M Carabas，C Carabas，et al. Systems Monitoring and Big Data Analysis Using the Elasticsearch System［C］. 2019 22nd International Conference on Control Systems and Computer Science（Cscs），Bucharest，Romania，2019，188-193.

[10] Y Yu，W Lin. Study on the Security Assessment Platform for Electric Power Secondary System［C］. 2006 International Conference on Power System Technology，Chongqing，2006，1-6.

第 12 章

总结与展望

12.1 总结与创新点

本书针对省域新型电力系统调度运行与控制面临的相关问题展开研究，从运行机理和防御控制、电力电量平衡、源网荷储协同等十个方面，分析了适应新型电力系统发展的新型调度体系，提出了相关关键技术、讨论了相应发展趋势，提供了相关建议措施，并介绍了浙江电网的有关实践应用案例。现将本书主体章节内容总结如下。

第二章节针对大量电力电子装置接入电力系统后，电网运行面临的稳定机理变化、控制和分析手段不适应的相关问题，从五个方面总结了相关特性的演化趋势及分析控制方法。短路电流方面，精益化建模和精细化在线分析是提升短路电流管理水平的主要方式，短路电流柔性抑制技术可实现短路电流的快速控制，提升电网方式安排灵活性。同步稳定性方面，基于时域的特征值分析法和基于频域的阻抗分析法仍是主流，利用变流器和储能的控制以及合理布置构网型和跟网型新能源可以提升系统同步稳定性。电压稳定方面，除了传统 P-V 曲线分析方法，基于短路比的相关工作可以从一定程度上反映系统的电压稳定强度，利用调相机和新能源场站的无功调节能力是提升系统电压稳定的有效手段。在频率稳定方面，考虑双馈机组并网和基于中心频率偏差的转动惯量分析方法逐步受到关注，新能源主动支撑和面向特高压的频率协控是提升系统频率稳定的重要措施。在宽频振荡方面，面临机理不清晰、新型能源并网和多直流馈入系统电能质量复杂等问题，开展宽频振荡在线监测以及采用有源滤波器进行宽频振荡抑制是亟须开展的工作。在上述分析结果的基础上提出了提升认知水平，充分利用新技术、新装备及数字化辅助手段等相关建议。本章最后介绍了短路电流柔性抑制、宽频振荡在线监测以及高压有源滤波器在浙江电网的落地应用。

第三章针对高比例新能源接入背景下省域新型电力系统面临的平衡难题展开分析，提出了以综合性、概率性、灵活性为核心内涵的新型电力系统平衡机理，在此基础上进一步提出一二次能源耦合的发电能力预测、多周期供需平衡滚动优化关键技术。考虑煤、气、水、风、光等一次能源供给特性，建立了一次能源约束下的发电能力预测方法。根据各时间尺度的平衡决策要求和各类调度资源的时序响应特性，构建了涵盖多时间尺度、多颗粒度、多资源的协调调度框架。提出了三条相关建议，一是要从气象数据接入、理论方法、平台建设、管理模式等环节出发，建立精细化新能源与负荷预测体系；二是要建立省地县协同的电力电量分层分区平衡模式，提出兼顾省地县需求的优化控制策略；三是要深刻认识一次能源供应对电力保供的影响，建立一二次能源供需预警理论和技术支持系统，考虑新能源预测误差动态变化特性，建立电力电量多周期滚动优化模式。本章最后介绍了电力保供数字驾驶舱在浙江电网的落地实践，该示范工程实现了考虑一二次能源耦合的日前－日内协同电网备用滚动优化，有利于提高电网运行的经济性和灵活性。

第四章针对源网荷储各侧可调节资源协同参与电网调峰、调频和事故处置等场景下面临的分布式资源感知难、不同类型资源聚合难、多级协同优化难的问题展开了分析，并提出了面向多元可调节资源的全景感知技术、利用不同资源互补特性的动态聚合技术以及灵活资源的高效互动技术三个关键技术。通过不同资源的响应特性建模，构建标准化信息模型纳入多元灵活资源监控平台，实现全景感知；通过结合爬坡、削峰、填谷等不同类型调用场景，利用各场景适应性指标实现不同类型可调节资源的动态聚合；通过构建省地县三级协同调控模式和三阶段辅助服务市场，分别利用直接控制和价格信号两种方式提升资源协同调控效率。提出了两条相关建议，一是利用微电网和虚拟电厂的灵活组织形式高效接入各类分布式灵活可调节资源，二是构建将可调节资源纳入全网电力电量平衡的主配协同调度控制管理体系。本章最后介绍了微网集群省地县三级协同控制示范工程在浙江电网的落地实践，该示范工程有利于提高灵活资源动态聚合准确率和对电网需求的响应速度。

第五章针对新型电力系统背景下，配电网有源化后，电网调度运行方面存在的配网运行感知及控制能力不足、调控运行管控手段技术支撑不足等问题展开了分析，并提出了新型有源配电网的透明化感知技术、面向有源配电网的调控运行管控技术、分级平衡主配协同运行机制构建方法三个关键技术。通过广泛接入与各类配电网终端及其感应数据，建设以能源广泛互联和信息全息感知为基础的新型有源配电网信息管理模型，实现对区域配电网的微观感知、泛在监测与宏观评价；通过基于主动配电网技术的分区电压控制、分布式电源集群划分及群控群调技术提升配电网的调控运行管控水平；通过打通主配信息交互壁垒，在日常运行、计划检修安排、故障处置、安全校核以及分布式能源、负荷侧资源等方面构建协同运行机制。提出了三条建议，一是构建“台区－线路－分区”分层分区全景观测体系；二是推动配电网源网荷储柔性控制建设；三是完善主配协同运行机制建设及智能应用。本章最后介绍了基于调控云的非统调电厂数智化管理平台建设在浙江衢州的落实实践，该示范工程有利于提升地区非统调电厂运行管控水平。

第六章针对面向“安全－经济－低碳－能效”的电网理想调度关键技术，首先介绍了其基本理念、实践基础和实践理想调度的现实意义，然后阐述了推进理想调度开展实施的四个关键技术。一是通过构建新能源功率预测数据－物理驱动融合模型、负荷功率时空关联预测模型以及追踪碳排放数据监测及动态，实现电网运行态势感知及边界条件预测。二是通过开展可调度资源适配性分析，构建基于安全约束的电网运行优化模型，实现促进新能源消纳的多目标运行裕度优化。三是通过构建理想调度后评估指标体系，开展运行成本量化归因分析和在线滚动评估预警，实现面向“安全-经济-低碳-能效”的理想调度后评估。四是通过构建面向理想调度的端到端调度决策模型并开发相应的智慧调度技术支持系统实现基于端到端理念的电网全过程智慧调度。结合上述关键技术，提出了三方面建议，一是提高电网运行边界预测精细化水平；二是完善电网运行成效评估管理体系；三是建立电网运行全过程智慧调度平台。本章最后介绍了理想调度综合评价体系在地区电网的应用和考虑安全约束的燃机智能优化调度应用在检修方式下保障局部电网运行合理裕度的成效。

第七章针对电力市场经济运营与电网低碳运行双重目标下，电力碳排放总量和强度的控制压力加大、缺乏碳成本有效传导机制、无法实现低成本减排、难以挖掘碳减排潜力等问题展开研究，提出了促进新能源发展的电力现货市场机制设计、考虑碳成本的电力现货市场优化出清技术以及电力碳足迹追踪与市场降碳能力评估技术三个关键技术。通过构建科学的电力现货市场机制框架，建立考虑安全保供的新能源市场化消纳机制、电力市场化需求响应机制，实现市场充分引导；通过碳电市场协同优化出清，计及碳成本与电价联动申报信息共享，实现碳价对电力系统运行减排的价格引导；通过构建碳排放指标体系、电力碳足迹追踪技术，打通“电-碳-能”数据壁垒，实现发输变配用储各环节碳数据的全面收集和碳足迹的全景展示。提出了三条相关建议，一是扩大交易范围、引入多元市场主体、提高交易频次、完善交易机制，推动灵活调节资源纳入现货市场体系；二是完善电力市场与碳市场协同管理体系，保障能源转型过程中电网安全稳定运行、电力可靠供应和清洁能源有效消纳；三是加快电网低碳调度前瞻性项目研究，依托重点科技攻关项目，推动能源清洁转型下智能技术布局攻坚。本章最后介绍了“电碳一张图”和碳电协同优化平台在浙江电网的落地实践，全面掌控“双碳”目标下的电网运行态势和能源网碳排态势，促进低碳电源多发电、高碳电源少发电，充分发挥了市场机制在节能降碳、促进清洁能源消纳等方面的作用。

第八章针对电网数字化转型的实践基础和需求，探讨了面向大数据和人工智能的智慧调度关键技术。为实现海量电网调度信息的高效存储及全局统一规划，构建了多源异构电力大数据存储与处理技术。为应对电网运行随机性、复杂性日益凸显的问题，从基于数据驱动的电网运行信息事件化技术、基于知识图谱的电网故障智能处置技术、实时调度业务协同并行交互技术三方面，阐述了电力调度生产运行全流程辅助决策的实现。为提高资源调配的灵活性、数据利用的智能性、服务集成的高效性、应用开发的便捷性，浙江电网积极推进面向微服务微应用的智慧调控云平台建设，为其他业务系统提供统一标准的模型和数据服务，并依托调控云数据平台开发了新一代调度技术支持系统。针对现有的智慧调度支撑体系以及人工智能未来的发展趋势，从构建多级协同的故障预警及辅助决策系统、研究典型调度业务与区块链技术深度融合、应用数字孪生技术提升电网智慧运行水平三方面给出了相关建议。本章最后通过金华的主网调控机器人“悟空”及杭州的配网虚拟调度员“帕奇”两个试点建设及应用，介绍了智慧调度在浙江电网的落地实践情况。

第九章针对适应新型电力系统运行的保护控制技术进行了总结。针对直流混联网络全局化特征、电力电子化电力系统暂态特性复杂多变、保护控制技术难以满足新型电力系统需求等问题介绍了新型电力系统建设背景下继电保护状况。分析了新型电力系统建设对继电保护带来的影响和挑战，并针对存在的问题与挑战，分析介绍了保护控制协同机制、快速保护新原理、可靠隔离阻断装置、智能整定与分析平台等四项适应新型电力系统继电保护的关键技术。给出了新型电力系统保护控制的发展趋势及相关建议，一是研究考虑新能源特性的电网全过程故障分析方法；二是构建适应新型电力系统的保护控制策略协同机制；三是开发面向新型电力系统故障特性的保护新技术。本章最后以舟山柔性直流输电系统为例，介绍了新型电力系统建设背景下浙江电网继电保护发展的落地实践。

第十章针对电力分散资源大规模发展带来的海量电力业务给电力通信网络在通信效率、通信范围及通信精度上带来的一系列难题进行了分析，提出了适应分布式新能源广泛接入的专网通信技术、支撑灵活资源精准控制的5G关键技术以及面向海量终端互联通信的无线公网管理技术三个关键技术。通过构建面向新能源接入弹性光网络以及适应分布式新能源负控的电力通信无线专网，实现分布式新能源可观、可测、可调、可控；通过5G切片与边缘计算技术，实现灵活资源可靠监控、控制和管理；通过构建无线公网管理平台的应用架构、数据架构以及网络架构，实现海量终端下无线公网的统一可靠管理。提出了三条相关建议，一是构建新一代通信数字化运营支撑体系，提升通信专网与电网数据共享支撑能力；二是进一步强化5G接入网无线通信适配手段，建立面向灵活资源广泛接入的5G电力专网；三是通过建设面向无线公网的通信监测平台，实现对业务终端运行状态的在线管控和对无线公网运行状态的集中监视。本章最后介绍了适应分散资源发展的电力通信网络示范工程在浙江电网的落地实践，这些示范工程基于5.8GHz频段组建本地无线专网，并利用5G网络的高速、低时延和大容量的特性构建了负荷控制系统及无线公网综合控制平台，为分散资源接入和智能化提供了广泛的应用场景。

第十一章针对电力监控系统面临的新系统、新技术、海量资源接入等可能导致网络安全风险，影响电力监控系统正常运行的因素进行了分析。介绍了电力监控系统的安全态势感知与脆弱性评估、电力监控系统网络安全防护策略、无线网络环境下电力监控系统的安全接入三个关键技术。明确了电力监控系统安全态势感知中建立指标体系、感知运行风险、预估安全态势等基本环节；综述了安全区划分、横向隔离、纵向认证等网络安全防护的各类策略；介绍了无线安全接入区、集控站、“无线公网 + 量子加密”等无线网络接入技术。对电力网络安全在基础设施建设、感知预警处置能力、自主创新安全可控方面提出了三点发展建议。本章最后介绍了浙江电网源荷储灵活资源接入安全防护实用案例，结合实际应用介绍了可中断负荷、虚拟电厂、分布式能源的接入方式，为新型电力系统中分布式灵活资源的大规模接入提供了样本。

12.2 局限性与不足

本书的编写主要从新型电力系统建设不断推进的背景下浙江电网运行面临的实际问题出发，由具备多年经验的省地调度运行管理人员和相关技术领域的专业人员执笔，从多角度讲解分析了省域电网调度运行相关知识。本书存在一定的局限性和不足之处，主要包括以下几个方面。

一是相关技术发展日新月异，如柔性直流输电、新型储能、碳捕集和碳封存技术等，这些技术的突破和工程应用均有可能对省域电网的运行特性、调度管理模式和碳电协同机制等方面产生颠覆性的影响，本书介绍的关键技术、发展趋势预测和技术管理建议等内容主要面向主流技术应用，未充分考虑新技术发展可能带来的相关问题。

二是本书论述的主要内容侧重技术层面，包括技术原理、应用场景和初步实践情况等，对专业人员队伍建设、调度业务流程优化等管理方面的讨论较为欠缺。管理制度革新强调的是如何利用好现有的技术通过改变组织管理模式适应新形势的发展，在相关技术没有出现跨越式发展的情况下，管理制度上的革新是运行好新型电力系统的重要组成部分。

三是由于未能开展更大范围的充分调研和相关材料涉密等原因，本书各章工程应用实践的介绍方面均采用浙江电网的相关案例，相信国内外一定有技术更为先进、管理经验更为丰富、应用效果更为突出的实践案例，如深圳的虚拟电厂建设、美国 PJM 的理想调度实践等。

在今后的工作中，本书编者将以问题为导向，结合实际工作和科技发展方向，积极学习先进电力技术和运行管理理念，不断更新和完善本书内容，为培养高素质高水平电力调度运行和管理人员做出更大贡献。

12.3 未来研究工作展望

我国经济和科技发展十分快速，用电需求急剧增长，电力行业发展也十分快速，新能源装机和发电占比进一步提高，电动汽车、储能等新兴用电主体大规模接入，电网形态和运行特性进一步复杂化。在碳中和和碳达峰建设不断深化的背景下，新型电力系统在节能、降碳、提质、增效方面将承担更为重要的角色，其发展任重道远。新型电力系统相关技术有着广阔的发展前景和重要的研究价值，未来研究工作将涉及以下几个方面。

一是在多能流的耦合与协同优化方面。从区域级电网的角度来看，水、煤、天然气等一次能源的供应与电力电量平衡相互交织，尤其是在中长期的时间尺度上。从园区级电网的角度来看，冷、热、气、电之间的耦合十分紧密，如何实现不同能源系统间的统一调度、优化运行和互补互济，是有效提升能源利用率、促进可再生能源消纳，实现节能减排的关键。综合能源系统方面的相关研究已经取得较为丰富的成果，但相关应用仍处于试点阶段。

二是在碳捕集和封存等技术发展方面。新型电力系统的建设和运行服务于“双碳”目标。为了从源头上降低电力系统运行的碳排放，以风电和光伏为主体的新能源大规模接入，带来了一系列电网运行安全稳定的问题，如何解决这些问题是本书讨论的重点内容。碳捕集和封存技术同样是从源头上解决碳排放的问题，可能对新型电力系统的整体发展和建设思路都产生颠覆性的影响，需要从战略高度开展相关产业的调研和决策研究。

三是在人工智能技术的深化应用方面。以大数据、云计算、图像识别、语音识别等为代表的主流人工智能技术已经广泛应用于电力系统生产运行各环节，包括负荷预测、可靠性评估、风险辨识等。但在复杂的应用场景下，如预案生成、事故处置、协同交互等方面，仍然存在一定的技术瓶颈，大量的决策仍然需要依靠人工经验。以大模型为引领的新兴人工智能技术在语意理解、知识推理等方面的能力大幅提升，有望真正实现调控运行智能决策。

四是在新型储能的规划、调控和运营方面。储能作为源网荷储协同的重要组成部分，为电网运行提供了重要的可调节能力支撑，是维持新能源大规模接入下电力电量平衡的重要手段。新型储能包括电储能、氢储能、重力储能、压缩空气储能等，不同类型的储能具有不同的调节特性，应用于不同的电网运行场景，相关技术也处于不同的发展阶段。亟须从规划、调控、运营的整体视角，多方协同推动新型储能的有序建设、高效调控和可持续运营。

新形势下，国家电网有限公司坚持贯彻落实“四个革命、一个合作”能源安全新战略，保障国家能源安全和构建清洁低碳、安全高效的现代能源体系。在党的二十大精神指引下，国家电网有限公司从实际出发加快电网转型，以新型电力系统推动建设新型能源体系。与此同时，新型电力系统建设有序推进，新能源发展迅速，也伴随着电力系统结构日益复杂，系统性风险显著增大，给电网稳定性分析和控制带来巨大的挑战，省域电网的调度运行难度进一步加大。为有效应对新能源发展带来的电力电量平衡挑战，总结丰富省域电网调度运行工作经验，进一步深入研究适合大规模新能源接入的电网调度运行管理措施，需面向不同环节对省域电网规划、设计、运行提出的新要求，实现统一规划、统一设计、统一管理。准确把握电力系统清洁、低碳、安全、高效转型发展的关键，尽量减少和避免弃风、弃光、切负荷等资源利用不足、供电不足等现象。“源网荷储”中新型储能、综合能源系统、虚拟电厂、碳电协同等方面仍有大量有助于推进新型电力系统发展且值得探索的新领域。

未来，我们将从新能源发电大规模接入、新能源与常规电源相互影响以及调控运行灵活性提升等多方面深入思考，认真研究省域电网调控运行难点问题，为系统性解决新能源发展过程中的电力保供和稳价提供保障，推动源随荷动模式向源网荷储多元智能互动方式转变，不断增强电网气候弹性、安全韧性、调节柔性，助力实现“双碳”目标，更好地服务经济社会发展和人民美好生活。